高等职业教育系列教材

人工智能控制技术

关景新　高健　张中洲　编著

机 械 工 业 出 版 社

本书针对人工智能技术领域人才培养的需要，从实际应用出发，以人工智能涉及的“会运动、会看懂、会听懂、会思考”四方面为主线进行编写。本书采用理实一体的编写方式，设置了5个学习情境，分别为认识人工智能、运动系统的设计与应用、视觉识别系统的设计与应用、语音识别系统的设计与应用和认知系统的设计与应用，循序渐进地介绍了人工智能控制技术的知识。每个学习情境由若干子任务组成，结合实际案例介绍人工智能控制技术的原理和知识，通俗易懂，由表及里地引导学生掌握人工智能软硬件系统的搭建、设计及相关程序开发，进而建构一个完整的人工智能系统。

本书可作为高等职业院校电子信息类专业及相关专业的教材，也可作为相关技术人员的参考用书。

本书配有微课视频和知识拓展，扫描二维码即可观看。另外，本书配有电子课件，需要的教师可登录 www.cmpedu.com 免费注册，审核通过后下载，或联系编辑索取（QQ：1239258369，电话：010-88379739）。

图书在版编目（CIP）数据

人工智能控制技术/关景新，高健，张中洲编著．—北京：机械工业出版社，2020.3（2023.6重印）
高等职业教育系列教材
ISBN 978-7-111-64798-0

Ⅰ.①人… Ⅱ.①关… ②高… ③张… Ⅲ.①人工智能-高等职业教育-教材 Ⅳ.①TP18

中国版本图书馆CIP数据核字（2020）第028869号

机械工业出版社（北京市百万庄大街22号　邮政编码100037）
策划编辑：和庆娣　　责任编辑：和庆娣
责任校对：张艳霞　　责任印制：常天培
北京机工印刷厂有限公司印刷
2023年6月第1版·第5次印刷
184mm×260mm·14.5印张·357千字
标准书号：ISBN 978-7-111-64798-0
定价：49.00元

电话服务
客服电话：010-88361066
010-88379833
010-68326294

网络服务
机　工　官　网：www.cmpbook.com
机　工　官　博：weibo.com/cmp1952
金　　书　　网：www.golden-book.com
机工教育服务网：www.cmpedu.com

二维码资源清单

（续）

序号	名　　称	图　　形	页码	序号	名　　称	图　　形	页码
17	OpenCV for Android 形状识别的 MainActivity		126	25	声纹识别		154
18	线性回归		128	26	语音听写		159
19	正样本		137	27	语音听写系统的 MainActivity		165
20	负样本		137	28	语音合成系统的 MainActivity		170
21	生成模型文件		145	29	语音合成		170
22	测试模型文件		145	30	训练模型的完整代码		208
23	手写体 View		147	31	新建预测识别类代码		213
24	人与机器的交流		152				

前　言

人工智能作为新一轮科技革命和产业变革的重要驱动力，已上升为国家战略，党的二十大报告指出，推动战略性新兴产业融合集群发展，构建新一代信息技术、人工智能、生物技术、新能源、新材料、高端装备、绿色环保等一批新的增长引擎。人工智能控制技术是有关多元化、个性化、定制化的智能硬件和智能化系统的一门技术，该技术是推动人工智能在制造、教育、环境保护、交通、商业、健康医疗、网络安全等重要领域规模化应用的一种关键技术。

本书是在与珠海格力电器股份有限公司、深圳联合创新实业有限公司进行深入的校企合作基础上，由教学科研人员和企业技术人员共同编写而成的。围绕智能控制这一核心，为电子信息技术类专业的学生学习人工智能相关的知识、理论服务，主要讲述人工智能的发展历史、人工智能用于日常生活、工业智能智造方面应用，以智能控制为核心快速掌握人工智能的开发技术与理论。

本书以人工智能涉及的“会运动、会看懂、会听懂、会思考”4 方面为线索进行编写，全书分为 5 个学习情境，分别为认识人工智能、运动系统的设计与应用、视觉识别系统的设计与应用、语音识别系统的设计与应用和认知系统的设计与应用，采用了理论实践一体化的编写方式，方便教师学生讲练结合开展教学。每个学习情境都由若干个子学习任务组成，配套了案例来陈述有关人工智能控制方面的原理和知识，通俗易懂，采用了基于工作过程系统化的方式来编排，由表及里地引导学生学习掌握人工智能软硬件系统的搭建、设计及相关程序开发，有利于学生建构一个完整的人工智能系统。

本书所涉及的人工智能控制技术实训平台是基于嵌入式系统和 Android 相结合的软硬件平台，在有关人工智能较深层次的理论，如视觉算法、机器学习等方面，则采用了行业内成熟的开源库，如视觉库 OpenCV、语音库科大讯飞、TensorFlow 等，重点介绍如何二次开发实现人工智能在不同领域的具体应用。

本书得到了珠海格力电器股份有限公司、深圳联合创新实业有限公司的大力支持，感谢珠海格力电器股份有限公司肖彪高级工程师在技术上的指导，感谢珠海城市职业技术学院高健教授和珠海市技师学院张中洲教授的鼎力支持，书中的核心内容来自广东省普通高校优秀青年创新人才培养计划项目——“珠海线路板产业集群环境监测与失效预防的 AI 控制技术研究”（2017GkQNCX074）、2019 年广东普通高校重点项目（自然科学类）——“基于移动机器人平台的多运动目标识别与跟踪技术研究”等省级项目的研究成果和珠海城市职业技术学院的教学总结，本书对此做了系统的组织和讲解，力求做到通俗易懂，深入浅出。本书在编写过程中参考了 CSDN 等技术网站和相关图书，在此向原作者们表示诚挚的感谢。

由于编者经验有限，撰写时间仓促，书中难免有不足之处，恳请读者批评指正。

编　者

目　录

学习情境1　认识人工智能

学习目标

【知识目标】

■ 了解人工智能的历史由来和发展。

■ 掌握人工智能的分类。

■ 了解人工智能的应用及意义。

【能力目标】

■ 能分辨各种人工智能的类型。

■ 能阐述人工智能的产生与发展。

【重点 难点】

人工智能分类方法、人工智能的历史发展阶段。

情境简介

本学习情境让我们了解人工智能的产生和发展，掌握目前有关人工智能的主流定义和分类方法，并对有关人工智能的应用案例进行分析，从而理解发展人工智能的远大意义。

情境分析

目前，人工智能作为一种新领域新应用带动了社会经济发展。2017年，《国务院关于印发新一代人工智能发展规划的通知》（国发［2017］35号）指出“大数据驱动知识学习、跨媒体协同处理、人机协同增强智能、群体集成智能、自主智能系统成为人工智能的发展重点，受脑科学研究成果启发的类脑智能蓄势待发，芯片化硬件化平台化趋势更加明显，人工智能发展进入新阶段。”

通过本学习情境的学习，我们可以了解到人工智能的历史由来和发展，学习人工智能的分类方法，并通过案例分析来感觉人工智能的奇妙，从而萌发对人工智能的学习兴趣。

支撑知识

在本学习情境实施前需要学习人工智能的相关知识与内容，包括产生、发展、分类及应用。

1.1 人工智能的产生

自古以来，人类就力图根据认识水平和当时的技术条件，尝试用机器来代替人的部分脑力劳动，以提高探索自然的能力。公元前 850 年，古希腊就有制造机器人帮助人们劳动的神话传说，如图 1-1 所示的古希腊侍者机器人。在公元前 900 多年，我国也有歌舞机器人传说的记载，这说明古代人就有人工智能的幻想。随着历史的发展，到 12 世纪末至 13 世纪初年间，西班牙的神学家和逻辑学家 Romen Luee 试图制造能解决各种问题的通用逻辑机。17 世纪法国物理学家和数学家 B. Pascal 制成了世界上第一台会演算的机械加法器并获得实际应用。随后德国数学家和哲学家 G. W. Leibniz 在这台加法器的基础上发展并制成了进行全部四则运算的计算器。19 世纪英国数学和力学家 C. Babbage 致力于差分机和分析机的研究，虽因条件限制未能完全实现，但其设计思想已经成为当时人工智能的最高成就。

图 1-1　古希腊侍者机器人

而近代人工智能源于 1956 年，经过 60 多年的发展，目前成为一门应用越来越广泛的学科。简单来说，人工智能的目的就是让机器能够像人一样思考。如果希望做出一台能够思考的机器，那就必须知道什么是思考，更进一步讲就是什么是智慧。什么样的机器才是智慧的呢？科学家已经做出了汽车、火车、飞机、收音机等，它们模仿我们身体器官的功能，但是能不能模仿人类大脑的功能呢？

当计算机出现后，人类开始真正有了一个可以模拟人类思维的工具，在以后的岁月中，无数科学家为这个目标努力着。现在人工智能已经不再是几个科学家的专利了，全世界几乎所有大学的计算机系都有人在研究这门学科，学习计算机的大学生也必须学习这样一门课程，在大家不懈的努力下，现在计算机似乎已经变得十分聪明了。例如，1997 年 5 月，IBM 公司研制的深蓝（Deep Blue）计算机战胜了国际象棋大师卡斯帕洛夫（Kasparov），见图 1-2。

图 1-2　深蓝计算机下国际象棋

1.2 人工智能的发展

1936 年，年仅 24 岁的英国数学家 A. M. Turing 在他的《理想计算机》论文中，就提出了著名的图灵机模型，见图 1-3，1945 年他进一步论述了电子数字计算机设计思想，1950 年他又在《计算机能思维吗?》一文中提出了机器能够思维的论述，可以说这些都是图灵为人工智能做出的杰出贡献。1946 年，美国科学家 J. W. Mauchly 等人制成了世界上第一台电子数字计算机 ENIAC，见图 1-4。还有同一时代美国数学家 N. Wiener 控制论的创立，美国数学家 C. E. Shannon 信息论的创立，英国生物学家 W. R. Ashby 提出“设计一个脑”所设计的脑等，这一切都为人工智能学科的诞生作了理论和实验工具的巨大贡献。

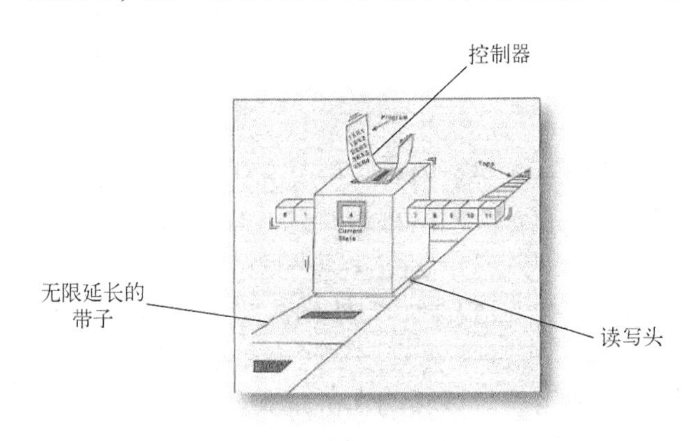

图 1-3　图灵机模型

图 1-4　第一台电子数字计算机

1956 年美国的几位心理学家、数学家、计算机科学家和信息论学家在 Dartmonth 大学召开了会议，提出了人工智能这一学科，现在普遍认为人工智能学科是这个时间建立的，到现在已有 60 多年的历史，它的发展先后经历了“认知模拟”“语意信息理解”“专家系统”等阶段。

1.2.1 计算机时代

1941 年，第一台电子计算机诞生，但由于其体积庞大，线路复杂，极不便于应用。1949 年改进后的能存储程序的计算机使得输入程序变得简单些，而且计算机理论的发展产生了计算机科学，这种用电子方式处理数据的发明，为人工智能的实现提供了一种媒介。

1.2.2 人工智能的开端

虽然计算机为人工智能提供了必要的技术基础，但直到 20 世纪 50 年代早期人们才注意到人类智能与机器之间的联系。最早有关人工智能的应用原型是自动调温器，这种自动调温器是基于美国人 Norbert Wiener 提出的反馈控制理论设计制作出来的，见图 1-5。它将收集到的房间温度与希望的温度比较，并做出反应将加热器开大或关小，而控制环境温度。这项对反馈回路的研究重要性在于：Wiener 从理论上指出，所有的智能活动都是反馈机制的结果，而反馈机制是有可能用机器模拟的。这项发现对早期 AI 的发展影响重大。

图 1-5　Norbert Wiener 及自动调温器

1.2.3　人工智能程序积累阶段

自动调温器发明后几年出现了大量程序。其中一个著名的叫“SHRDLU”。“SHRDLU”是“微型世界”项目的一部分，包括在微型世界（例如只有有限数量的几何形体）中的研究与编程。在 MIT 由 Marvin Minsky 领导的研究人员发现，面对小规模的对象，计算机程序可以解决空间和逻辑问题。其他如在 20 世纪 60 年代末出现的“STUDENT”可以解决代数问题，“SIR”可以理解简单的英语句子。这些程序的结果对处理语言理解和逻辑有所帮助。

20 世纪 70 年代另一个进展是专家系统。专家系统可以预测在一定条件下某种解的概率。由于当时计算机已有巨大容量，专家系统有可能从数据中得出规律。专家系统的市场应用很广。十年间，专家系统被用于股市预测，帮助医生诊断疾病（见图 1-6），以及指示矿工确定矿藏位置等。这一切都因为专家系统存储规律和信息的能力而成为可能。70 年代许多新方法被用于人工智能开发，著名的如 Minsky 的构造理论。另外 David Marr 提出了机器视觉方面的新理论，如，如何通过一副图像的阴影、形状、颜色、边界和纹理等基本信息辨别图像。通过分析这些信息，可以推断出图像可能是什么。同时期另一项成果是 PROLOGE 语言，于 1972 年提出。20 世纪 80 年代期间，人工智能发展更为迅速，并更多地进入商业领

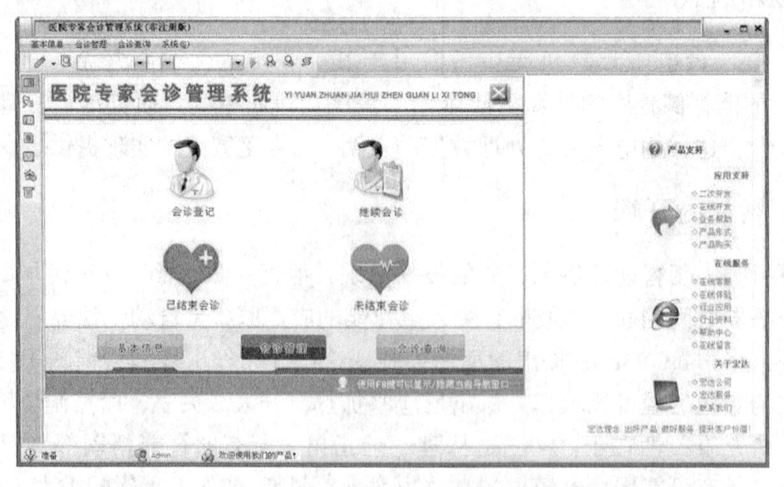

图 1-6　某医院专家会诊管理系统

域。1986 年，美国 AI 相关软硬件销售高达 4.25 亿美元。专家系统因其效用需求很大。像数字电气公司这样的公司用 XCON 专家系统为 VAX 大型机编程。杜邦、通用汽车公司和波音公司也大量依赖专家系统。为满足计算机专家的需要，一些生产专家系统辅助制作软件的公司，如 Teknowledge 和 Intellicorp 成立了。为了查找和改正已有专家系统中的错误，又有另外一些专家系统被设计出来。从实验室到日常生活人们开始感受到计算机和人工智能技术的影响。计算机技术不再只属于实验室中的一小群研究人员。个人计算机和众多技术杂志使计算机技术展现在人们面前。

1.2.4 超越人类的临界点

2016 年 1 月，Google 旗下的深度学习团队 Deepmind 开发的人工智能围棋软件 AlphaGo，以 5:0 战胜了围棋欧洲冠军樊麾。这是人工智能第一次战胜职业围棋手。

AlphaGo 能通过图灵测试不是偶然。在过往围棋人工智能通常采用的蒙特卡洛法之外，它加入了两种神经网络，以减少搜索所需的广度和深度：用价值网络评估棋子位置的优劣，用策略网络来为下一步取样。Deepmind 团队在其论文中指出，在与樊麾的对局中，靠着更精准的评估和更聪明的棋步选择，AlphaGo 与人类的思维方式更接近，计算量要比 20 年前 IBM 深蓝计算机击败国际象棋世界大师卡斯帕罗夫要少几千倍。

2016 年，腾讯人工智能实验室研发出了围棋人工智能程序—“绝艺”（如图 1-7 所示）。它曾在第 10 届 UEC 杯中打败了日本的 DeepZenGo、法国的“疯石”（Crazy Stone）、美国 Facebook 公司的“黑暗森林”（Dark Forest）等诸多的计算机围棋程序。

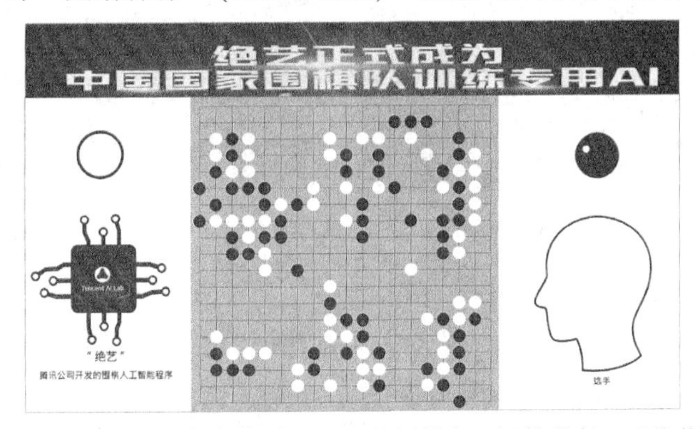

图 1-7 腾讯人工智能实验室研发的围棋人工智能程序—“绝艺”

围棋成为人工智能新突破选择的领域，意义重大。围棋规则简单，变化繁多，而结果不确定，没有“正解”。不是说初始输入一个值，然后直线计算到终局，而是每一步都有判断、权衡、取舍。是因为它的标准化程度较高；一般的棋类游戏标准化程度虽然不错，但认知复杂度不行，然而围棋不一样，兼具了标准测试集与认知复杂度高双重特点，这样使得人工智能在围棋上取得的突破，具有划时代意义。

1.3 人工智能的定义

人工智能（Artificial Intelligence，AI）是一门科学的前沿和交叉学科，但像许多新兴学科一样，人工智能至今尚无统一的定义。要给人工智能下个准确的定义是困难的。人类的许多活动，如解算题、猜谜语、进行讨论、编制计划和编写计算机程序，甚至驾驶汽车和骑自行车等，都需要“智能”。如果机器能够执行这种任务，就可以认为机器已具有某种性质的“人工智能”。

定义 1　智能机器（intelligent machine）

能够在各类环境中自主地或交互地执行各种拟人任务（anthro－pomorphic tasks）的机器。

例子 1：能够模拟人的思维，进行博弈的计算机。腾讯“绝艺”与柯洁、古力、常昊、范蕴若、范廷钰、朴廷桓等超过 100 位知名职业棋手有过交锋，其对战的数量达 534 盘，战绩是 406 胜 128 负，胜率 76%。

例子 2：我国自主研发的水下机器人—潜龙号，能够对海平面以下 3900 米的深海进行微地貌成图、温盐探测、甲烷探测、浊度探测、氧化还原电位探测等。如图 1-8 所示。

例子 3：在星际探险中的移动机器人，如我国自主研发的火星探测车祝融号。见图 1-9 所示。

图 1-8　潜龙号三兄弟

图 1-9　火星探测车祝融号

定义 2　人工智能学科与应用

斯坦福大学 Nilsson 教授提出人工智能是关于知识的科学（知识的表示、知识的获取以及知识的运用），需要从学科和功能两方面来定义。

❖ 从学科的界定来定义：人工智能（学科）是计算机科学中涉及研究、设计和应用智能机器的一个分支。它的近期主要目标在于研究用机器来模仿和执行人脑的某些智能功能，并开发相关理论和技术。

❖ 从人工智能所实现的功能来定义：人工智能（能力）是智能机器所执行的通常与人类智能有关的功能，如判断、推理、证明、识别、感知、理解、设计、思考、规划、学习和问题求解等思维活动。

定义 3　人工智能＝会运动+会看懂+会听懂+会思考

如图 1-10 所示，第三种主流的定义是将人工智能分为两部分，即“人工”和“智能”，用“四会”进行界定。核心的理解是离不开“人”，但此“人”非彼“人”，是指人类制造出来的“机器人”。因此，对“人工”的理解不难，需要机器人做工，称之为“人工”，而这种做工必须会导致某种物件或者事情发生乃至变化，要么是物理空间上的变化、要么是性质上出现变化，在哲学上称之为运动。所以主流认为人工智能是涉及机器人运动的一门学科。

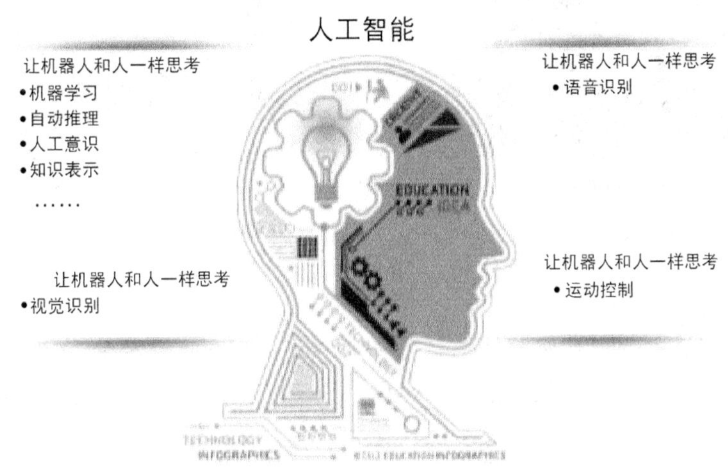

图 1-10　人工智能“四会”定义

❖ 让机器人像人一样会运动。

此外，“智能”部分认为机器人能按照人类一样能具有智慧去处理各种运动，也就是说具有意识自发地来决策并执行的一个整体，不需要人类去干预。目前对于“智能”的统一认识包括三点：

❖ 让机器人像人一样会看懂世界。

❖ 让机器人像人一样会听懂世界。

❖ 让机器人像人一样会思考“人生”。

1.4　人工智能的分类

关于人工智能的分类方法也很多，可以从发展阶段、应用领域、智能化强弱等进行划分。

1.4.1　按发展阶段分

（1）计算智能

机器可以像人类一样存储、计算和传递信息，帮助人类存储和快速处理海量数据，即能“存储会算”，最典型的例子，就是计算器，如图 1-11 所示。

（2）感知智能

机器具有类似人的感知能力，如视觉、听觉等，不仅可以听懂、看懂，还可以基于此做出判断并反应，即“能听会说，能看会认”，如图 1-12 所示。

（3）认知智能

机器能够像人一样主动思考并采取行动，全面辅助或替代人类工作。如图 1-13 所示，如卡通片《哆啦 A 梦》里的机器猫。

图 1-11　计算器

图 1-12　自动驾驶汽车

图 1-13　“机器猫”般的机器人

1.4.2　按应用领域分

（1）人机对话

人要和机器对话的前提是机器能够“听懂”人类语言，这必须使用语音语义识别技术。当人说话的时候，首先机器接收到语音，然后将语音转变为文字进行处理，随后对文字进行内容识别并理解，进而生成相应的文字并转化为语音，最后输出语音。以上这个过程不断重复，人们就会感觉是和机器在对话。

（2）机器翻译

2014 年，机器翻译取得重大突破，可以相对全面的处理整个句子的信息，其 BLEU 值最高达到 40。目前，机器翻译已经支持 100 多种语言之间的互译，这让不同国家之间的人们进行即时交流成为可能。

（3）人脸识别

银行开户、安防影像分析和刑侦破案都离不开对个人身份的确定，人脸识别技术可以让个人身份认证的精确度大大提高，如图 1-14 所示。首先计算机通过摄像头检测出人脸所在位置，然后定位出五官的关键点，随后把人脸的特征进行提取，识别出人的性别、年龄、肤色和表情等，最后将特征数据与人脸库中的样本进行对比，判断是否为同一个人。

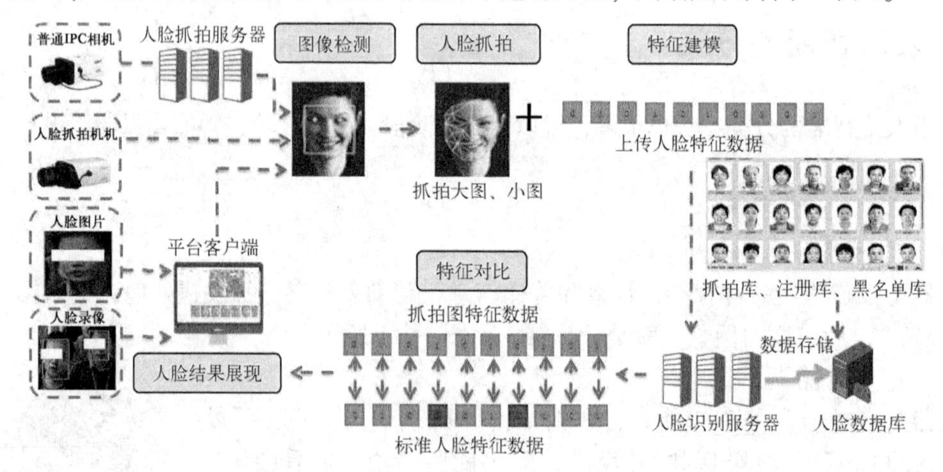

图 1-14　人脸识别

（4）无人驾驶

人长时间开车会感觉到疲劳，容易出交通事故，并且对健康不利，而无人驾驶则很好地解决了这些问题。首先无人驾驶汽车上的传感器把道路、周围汽车的位置和障碍物等信息搜集并传输至数据处理中心，然后再识别这些信息并配合车联网以及三维高清地图做出决策，最后把决策指令传输至汽车控制系统，通过调节车速、转向、制动等功能达到汽车在无人驾驶的情况下也能顺利行使的目的。

同时，无人驾驶系统还能对交通信号灯、汽车导航地图和道路汽车数量进行整合分析，规划出最优交通线路，提高道路利用率，减少堵车情况，节约交通出行时间。

（5）风险控制

一个人的信用是否良好可以由人工智能来判断。首先通过大数据技术搜集多维度用户数据，包括：登录 IP 地址、登录设备、登录时间、社交关系、资金关系和购物习惯等，然后把这些数据通过计算机进行处理，生成信用分变量，最后把信用分变量输入风控模型得出最后的信用结论，识别出个人的信用状况。

（6）机器写作

写一篇新闻稿需要编辑花费几个小时，而一份优质的分析报告则需要 1 个月甚至更长时间才能完成，而利用机器来写作只需要几分钟。机器通过算法对网络上海量原始的信息和数据进行去重、排序、实体发现、实体关联、领域知识图谱生成、筛选和整理，最终形成结构化的内容，随后再利用算法和模型把这些内容进一步加工成可读的新闻稿或可视化报告。

（7）教育领域

人工智能在自适应教育的应用可以帮助老师们从重复的应试教育工作中解脱出来，重点培养学生们的创新思维。

在学习管理中，人工智能可以完成拍照搜题和分层排课等工作；在学习评测中，人工智能可以完成作业布置、作业批改和组卷阅卷等工作；在学习方法中，人工智能可以完成推送学习内容、规划学习路径等工作。通过这些环节的密切配合，人工智能让每个学生都有个性化的学习方式，从而极大地提高了学习效率。

（8）医疗领域

通过语音录入病例，提高了医患沟通效率；通过机器筛选医疗影像，减少了医生的工作量；通过对患者大数据的分析，随时监控健康状况，预防疾病发生；通过医疗机器人的运用，提高了手术精度。而在药物研发中，通过人工智能算法来研制新药可以大大缩短研发时间和降低成本。

（9）工业制造

人工智能可以优化生产，缩减人工成本，主要在 4 个方面有显著应用：

- 机械设备管理。对设备进行故障预测、智能维修和生命周期管理。
- 质检。通过计算机视觉对产品缺陷进行大规模检测，缩短了人工检测时间。
- 参数性能。通过智能数据挖掘，优化工艺参数，提高产品品质。
- 分拣机器人。通过三维视觉技术进行识别、抓取、并摆放不规则物体，完全消除重复的人工流水线工作，如图 1-15 所示。

（10）零售领域

通过大数据与业务流程的密切配合，人工智能可以优化整个零售产业链的资源配置，为企业创造更多效益，让消费者体验更好。在设计环节中，机器可以提供设计方案；在生产制造环节中，机器可以进行全自动制造；在供应链环节中，由计算机管理的无人仓库（如图 1-16 所示）可以对销量以及库存需求进行预测，合理进行补货、调货；在终端零售环节中，机器可以智能选址，优化商品陈列位置，并分析消费者购物行为。

图 1-15　分拣机器人

图 1-16　无人仓库

（11）网络营销

用户在互联网中的行为留下了大量的数据，通过人工智能算法对这些数据进行分析，可以得出每个用户的标签、行为和习惯。因此，当用户在使用搜索引擎、视频网站和直播等平台的时候，算法又会根据不同的用户精准推送不同的个性化广告，即“千人千面”，这极大地降低了用户对广告的反感程度，其接受程度大大提高，购买率也随之上升。

（12）智能客服

传统客服业务面临招人困难，工资成本高，浪费消费者时间等问题。而 1 个客服机器人则可以同时通过语音和文字与大量客户沟通，理解客户需求，回答客户问题，并能指导客户进行操作。这无疑节约了客户的等待时间，提升了客户体验，实现了以“客户为中心”的理念。

1.4.3　按智能化强弱程度分

目前另外一种分类方法，即以智能化强弱程度，分弱人工智能、强人工智能和超人工智能。

（1）弱人工智能

弱人工智能只专注于完成某个特定的任务，例如语音识别、图像识别、翻译等，是擅长于单个方面的人工智能。它们只是用于解决特定的具体类的任务问题而存在，大都是统计数据，以此从中归纳出模型。由于弱人工智能只能处理较为单一的问题，且发展程度并没有达到模拟人脑思维的程度，所以弱人工智能仍然属于“工具”的范畴，与传统的“产品”在本质上并无区别。

弱人工智能就是我们现在看见的，从简单的计算器到计算机，然后是深蓝，再到如今各种建立在大数据统计分析基础上的，通过唯相模拟人脑智能的小冰、小白等，以及最新热炒的无人驾驶。包括近年来出现的 IBM 的 Watson 和谷歌的 AlphaGo，它们是优秀的信息处理者，但都属于受到技术限制的“弱人工智能”。比如，能战胜围棋世界冠军的人工智能 AlphaGo（如图 1-17 所示），它只会下围棋，如果问它怎样更好地在硬盘上存储数据，它就无法回答。

使用弱人工智能技术制造出的智能机器，看起来像是智能的，但是并不真正拥有智能，也不会有自主意识。

（2）强人工智能

强人工智能属于人类级别的人工智能，在各方面都能和人类比肩，人类能干的脑力工作它都能胜任。它能够进行思考、计划、解决问题、抽象思维、理解复杂理念、快速学习和从经验中学习等操作，并且和人类一样得心应手。

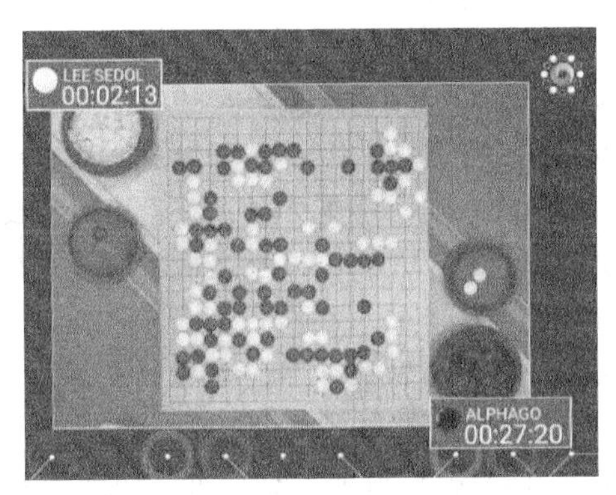

图 1-17　AlphaGo

强人工智能系统包括了学习、语言、认知、推理、创造和计划，目标是使人工智能在非监督学习的情况下处理前所未见的细节，并同时与人类开展交互式学习。在强人工智能阶段，由于已经可以比肩人类，同时也具备了具有“人格”的基本条件，机器可以像人类一样独立思考和决策。

创造强人工智能比创造弱人工智能难得多，我们现在还做不到。但在一些科幻影片中可以窥见一斑。比如，《人工智能》中的小男孩大卫，以及我国电影《人工智能：伏羲觉醒》中的人工智能系统—伏羲，如图 1-18 所示。

(3) 超人工智能

超人工智能的定义，其实质是相对于人的另外一种智慧物种了，而这种物种，不但具有人类的意识、思维和智能，更可能的是具有了自我繁衍的能力。

牛津哲学家、知名人工智能思想家 Nick Bostrom 把超级智能定义为“在几乎所有领域都比最聪明的人类大脑都聪明很多，包括科学创新、通识和社交技能”。

在超人工智能阶段，人工智能已经跨过“奇点”，其计算和思维能力已经远超人脑。此时的人工智能已经不是人类可以理解和想象的了。人工智能将打破人脑受到的维度限制，其所观察和思考的内容，人脑已经无法理解，人工智能将形成一个新的社会。

我国动画片《新大头儿子小头爸爸 4：超能爸爸》（如图 1-19 所示）中的爸爸，因人工智能程序变成了完美爸爸，或许可以理解为超人工智能。

图 1-18　人工智能：伏羲觉醒

图 1-19　新大头儿子小头爸爸 4：超能爸爸

1.5　人工智能对人类的影响

人工智能的发展现状和展示出来的未来远景，让人相信它必将为人类的未来带来翻天覆地的变化。甚至有观点认为，随着智能科技的发展，或许有一天人工智能设备将对人类的生存带来挑战甚至是危险。那么，人工智能对人类未来的生活将有哪些影响呢？

1）人工智能的发展，可以让我们人类更安全。比如：人工智能机器人的发展，未来可以代替人来照顾老人和病弱者，让人生活得更长久，并且可以把更多的人解放出来；车祸将会因为人工智能技术的使用变得更少，人们可以根据危险情况采取更有效的扼制手段。

2）人工智能技术将使人变得更能干，工作效率更高。把人工智能技术和人的智慧结合，相辅相成，可以让人类的思想认知得到延伸；同时，依靠人工智能技术，人类将变得更为强大，为人类完成自身现在还不能完成的事情；依靠人工智能技术，也许未来人类将变成我们现在想象当中的“超人”，拥有超出目前视觉、听觉和操控力的超能力。

3）人工智能技术将解决许多人类目前无法解决的一些难题。比如现在人类面临的大气变化、环境污染等世界性难题，可能会因为智能科技的发展而在某一天得到彻底解决。如果说，人工智能在未来可能会拯救世界，这绝对不是一种夺人眼球的夸夸之谈。

4）人工智能的发展，可以让人类生活的空间得到大大的拓展。人类在几十年前就已经开始进行外太空的探索。人工智能的发展，对于宇宙空间探索事业而言无异于如虎添翼。

5）人工智能的发展，让人类多了一位“朋友”。只要做好对智能设备的控制，那么人工智能就能够最大限度地为人类生活服务，并且风险降到最低。

1.6 人工智能应用案例

人工智能技术在我们的生活中使用频率越来越高，我们曾经观看的科幻电影中的情节，也逐步开始实现。加州理工学院和迪士尼打算一起合作研发一套神经网络系统，它们希望可以追踪到观众的面部表情，然后预测一下观众对电影的反应，如图 1-20 所示。并且通过这项技术，了解人类行为，对于开发更高级的人工智能系统有极大的帮助。

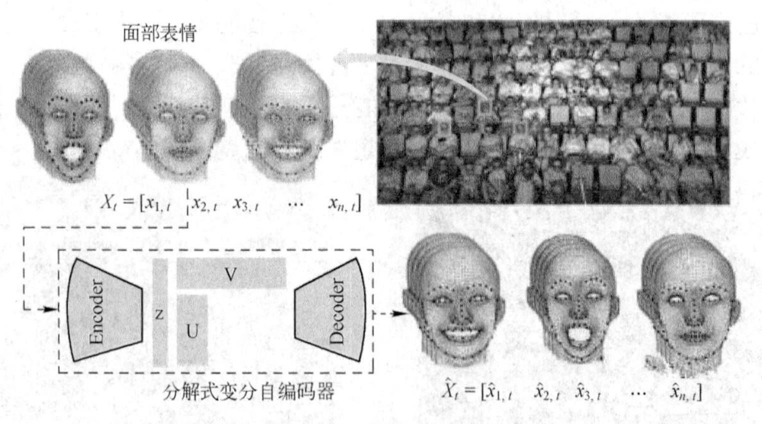

图 1-20　迪士尼利用人工智能开发观众表情监测系统

这种新的方式能够相对简单、可靠、实时地对影院中的观众的面部表情进行识别和跟踪。而且这套系统使用了一种名为分解式变量自动编码技术，据研发团队介绍，该技术能够更好地捕捉复杂的事物，比如动态的面部表情。

任务实施

请根据以上所学的有关人工智能的知识，假设您是一位企业的人工智能设计开发工程师，将自己设身处地于一个真实工作情境中，解决相应的问题。

工 作 任 务

近年来，珠海市开通了有轨电车的城市交通项目，某公司是有轨电车的运营维护公司，负责对有轨电车整个系统的检测、维护与运维。在有轨电车运行了一段时间后，该公司发现由于轨道受到挤压、摩擦等因素而出现变形或者受损等现象而影响了有轨电车的正常运行，甚至出现了一些隐患，而该公司也尝试过通过人为检测的方式来解决却效果不好。

为此，该公司想设计一套智能化系统为其解决这个问题。

工 作 内 容

1. 引导问题

1）该项目对有轨电车要解决什么问题？解决问题的关键点在哪里？

____

____

2）如果需要设计一个系统，至少包括几个部分的功能？

____

____

3）请您根据所学人工智能的知识，该系统属于什么类别，为什么？

____

____

____

____

2. 工作实施

请您为该系统设计一个结构外形，可以采用描绘的方法，也可以采用积木堆砌等方法来实现。

3. 工作评价

请您对自己的工作做一个评价，并把作品或者想法向大家进行陈述后，争取大家的认同然后开始实施。

____

____

小结

通过本学习情境的学习，主要学习了有关人工智能的产生与发展，清楚了解到人工智能的出现并不是偶然，而是必然。近年来，人工智能的发展迅猛，已经有了很多的应用案例和潜在的应用需求。随着技术的发展，势必在扩大弱人工智能应用的广度和深度的同时，进一步深入研究并推动强人工智能的发展，从而为超人工智能的到来而不断地助力，相信不久的将来，人类会因为人工智能的全面发展和应用而使生活更美满幸福。

课后习题

第一部分

简答题

1）什么是人工智能？

2）给出人工智能的 5 个应用领域。

3）你认为人工智能未来的发展趋势是什么？

4）你认为机器的智能会超过人类吗？为什么？

第二部分

一、单选题

1）当代的人工智能研究是源于________年。

A. 1956　　B. 1965　　C. 1856　　D. 1865

2）被认为是人工智能之父是________。

A. J. W. Mauchly　　B. John McCarthy　　C. Romen Luee　　D. A. M. Turing

3）最早的有关人工智能的应用原型是________。

A. 计算器　　B. 无人驾驶汽车　　C. 自动调温器　　D. 通用解题机

4）被许多人认为是第一个人工智能程序的是____________。

A. SHRDLU　　B. Logic Theorist　　C. List Processing　　D. STUDENT

5）动画片《哆啦 A 梦》里的机器猫是________类别的人工智能。

A. 计算智能　　B. 感知智能　　C. 认知智能　　D. 弱人工智能

二、填空题

1）人工智能是一门研究会________、会________、会________、会________的机器人的学科及应用。

2）计算智能类别的人工智能系统特点是________。

3）感知智能类别的人工智能系统特点是________。

4）认知智能类别的人工智能系统特点是________。

三、简述题

1）请列举身边的有关人工智能的应用，并简要说一下其工作过程。

2）人工智能对人类的影响有哪些？

学习情境 2　运动系统的设计与应用

学习目标

【知识目标】

- 了解运动系统的内涵。
- 了解智能控制的定义。
- 掌握不同运动系统的分类。
- 了解运动控制的核心技术——脉冲宽度调制。
- 掌握反馈控制的原理及应用。

【能力目标】

- 能掌握不同的技术平台实现 PWM。
- 能根据应用设计出不同的运动控制系统。
- 能设计出 PID 反馈控制系统。

【重点 难点】

PWM 控制方法、PID 反馈应用控制方法、运动控制方案选定。

情境简介

本学习情境针对人工智能系统设计与应用所需要的运动系统而设置，主要讲述运动控制系统的内涵，通过温度等非位移式以及物理位移式运动变化系统等学习任务的设计来掌握运动控制所需要的 PWM 控制、PID 反馈理论及控制方法，从而了解根据运动量的不同，选择不同的软硬件方案。本部分内容将会涉及 STM32 单片机的应用，当然过多复杂的编程只需要会调用提供的库函数代码来实施即可。

情境分析

人工智能研究与发展的目的是为了便民、提效、升质，所采取的形式是研制出各种机器人来代替人类工作完成各种事情或者工作。这种促成的事情或者工作，就是一个运动变化的过程，而且是可以被感知的，例如，第一个人工智能的应用案例——自动调温器，通过它可以改变环境温度，人是可以感知的，再如，无人驾驶汽车通过其内部优质的反馈控制器，可以实现避让车辆、加减速等物理位移运动变化控制，人也是可以感知的。

通过本学习情境的学习，主要使我们了解人工智能系统设计的目的、或者说人工智能系统应用的目的是为了促成变化、促成运动，人工智能系统设计的价值最终体现在“运动”这一感观层面。将从温度控制、位移控制两个视角来共同学习有关人工智能的运动控制系统设计应用。

支撑知识

在本学习情境实施前需要学习有关智能控制的原理、运动控制、反馈理论、脉冲宽度调制以及 PID 控制原理等。

2.1 智能控制

知识拓展
智能控制与自动控制

2.1.1 定义

常规控制是用常规装置（由调节器、测量元件和执行器等仪器仪表组成）根据一般规律所进行的一种自动控制系统。

智能控制，顾名思义，就是智能化的控制，有别于常规控制。智能控制是具有智能信息处理、智能信息反馈和智能控制决策的控制方式，是控制理论发展的高级阶段，主要用来解决那些用传统方法难以解决的复杂系统的控制问题，如图 2-1 所示。智能控制研究对象的主要特点是具有不确定性的数学模型、高度的非线性和复杂的任务要求。

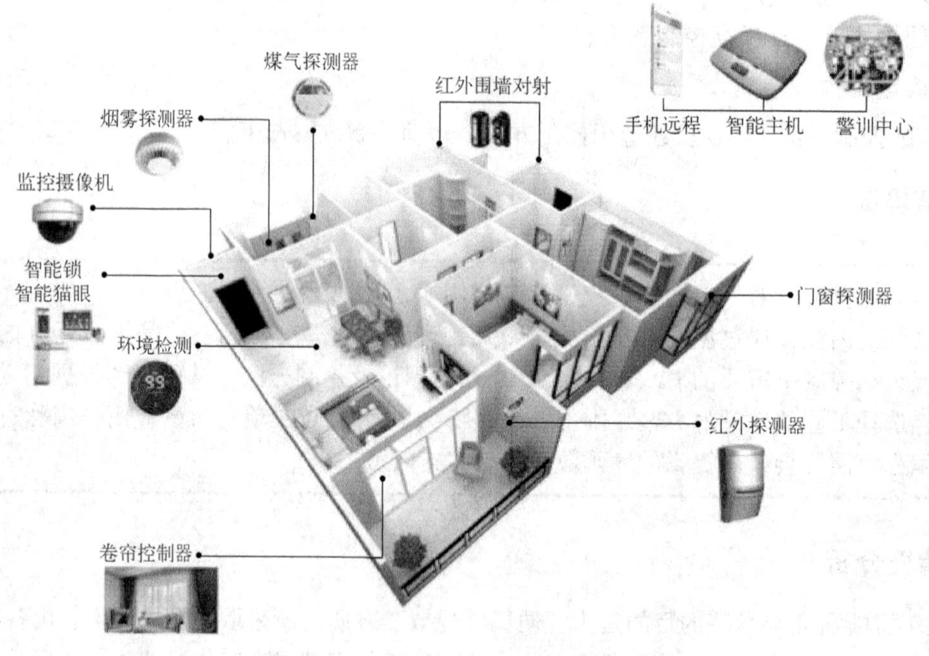

图 2-1　智能控制在家居生活中的应用

有关智能控制的定义有以下几个版本：

定义 1：智能控制是由智能机器自主地实现其目标的过程。而智能机器则定义为：在结构化或非结构化的、熟悉的或陌生的环境中，自主地或与人交互地执行人类规定的任务的一种机器。

定义 2：K. J. 奥斯托罗姆则认为，把人类具有的直觉推理和试凑法等智能加以形式化或机器模拟，并用于控制系统的分析与设计中，使之在一定程度上实现控制系统的智能化，这就是智能控制。他还认为自调节控制，自适应控制就是智能控制的低级体现。

定义 3： 智能控制是一类无须人的干预就能够自主地驱动智能机器实现其目标的自动控制，也是用计算机模拟人类智能的一个重要领域。

定义 4： 智能控制实际只是研究与模拟人类智能活动及其控制与信息传递过程的规律，研制具有仿人类智能的工程控制与信息处理系统的一个新兴分支学科。

2.1.2 应用

（1）工业过程中的智能控制——智能工厂

智能工厂是在数字化工厂的基础上，利用物联网技术和监控技术加强信息管理服务，提高生产过程可控性、减少生产线人工干预，以及合理计划排程。同时，集初步智能手段和智能系统等新兴技术于一体，构建高效、节能、绿色、环保、舒适的人性化工厂。

智能工厂已经具有了自主能力，可采集、分析、判断、规划；通过整体可视技术进行推理预测，利用仿真及多媒体技术展示设计与制造过程，如图 2-2 所示。智能工厂系统中各组成部分可自行组成最佳系统结构，具备协调、重组及扩充特性，系统具备了自我学习、自行维护能力。因此，智能工厂实现了人与机器的相互协调合作，其本质是人机交互。

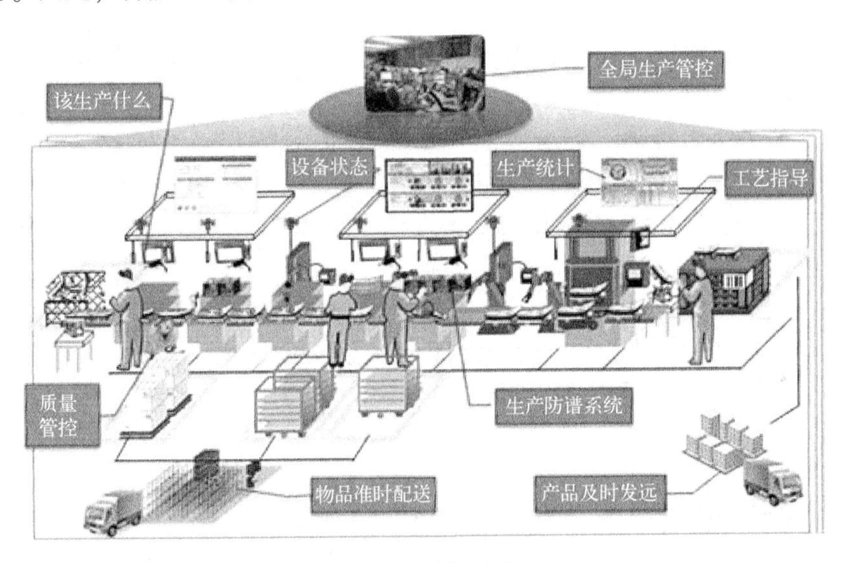

图 2-2　智能工厂

（2）电子电力中的智能控制——智能电网

智能电网包括先进的通信和控制技术应用，以及电力输送基础设施实现现代化涉及的重点部分如提高可靠性、效率和安全性的实践。图 2-3 所示的智能电网表明，智能电网技术正在全部电网系统中应用，包括输电、配电和基于消费者的终端系统。

配电系统中传感、通信和控制技术的整合可以提高可靠性和效率。智能电网应用可以实现自动定位并隔离错误，从而减少故障，动态地优化电压和无功功率可以提高用电效率，同时监测并指导维修。此外，公用事业正在升级和整合计算机系统，从而提高电网合并运行和业务流程的效率。

图 2-3　智能电网

（3）家居生活中的智能控制——智能家居

智能家居通过物联网技术将家中的各种设备（如音视频设备、照明系统、窗帘控制、空调控制、安防系统、数字影院系统、影音服务器、影柜系统、网络家电等）连接到一起，提供家电控制、照明控制、电话远程控制、室内外遥控、防盗报警、环境监测、暖通控制、红外转发以及可编程定时控制等多种功能和手段，智能家居的 AI 管家如图 2-4 所示。与普通家居相比，智能家居不仅具有传统的居住功能，且兼备建筑、网络通信、信息家电、设备自动化，能提供全方位的信息交互功能，甚至能降低各种能源消耗。

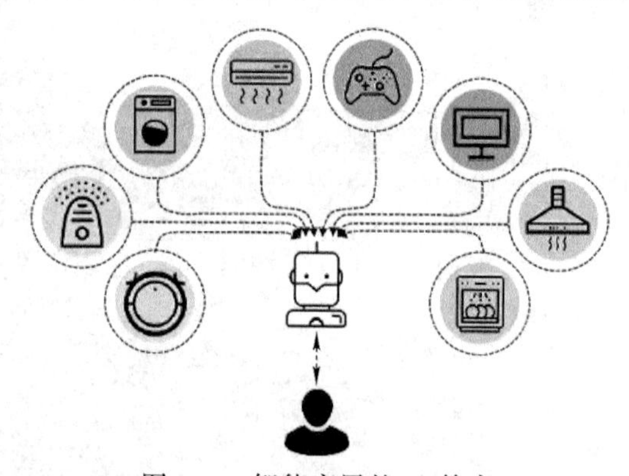

图 2-4　智能家居的 AI 管家

2.1.3　特点

从以上的 3 个案例可以看出，智能控制具有以下的特点：一是系统的设计重点不在常规控制器上，而在智能机模型上；二是智能控制的核心在高层控制，即组织级，而高层控制的任务是在于对实际环境或过程进行组织，即决策和规划，实现广义问题求解。

2.1.4　发展

目前，智能控制已经作为一门重要的技术，其发展方向主要有基于人工智能技术的智能控制方向、智能控制的模糊控制方向和智能控制的人工神经网络控制方向。在智能控制的人工神经网络控制方向上，基于人工神经网络和模糊逻辑有机结合的神经模糊控制技术，已成为近年来的一个热门课题。

2.2　运动控制

知识拓展
身边的运动控制

2.2.1　定义

运动控制是智能控制的执行层面，智能控制倾向于高层控制、实施组织管理，而运动控制则是倾向于完成智能控制所交付的任务，使得控制的对象发生质量或者数量上的变化。

运动控制有狭义和广义两个层面的定义。

（1）狭义运动控制

狭义运动控制指的是物理空间上位移发生变化的控制，如汽车在公路上行驶的运动控制、电梯从 1 楼运行至 12 楼的运动控制。

（2）广义运动控制

广义运动控制除了包括狭义运动控制外，还泛指一切发生变化的现象的控制，如物体的质量上或者数量上的变化控制，又如某工厂的锅炉温度上的变化控制。

2.2.2　分类

（1）按运动的连续性分类

按运动的连续性分类，可以分为线性型和开关型。如汽车运动是线性型的，而家居门锁打开和关闭是开关型的。

（2）按运动的物性分类

按运动的物性分类，可以分为机械运动型和非机械运动型。如电梯的运动是机械运动型的，而家居空调控制属于调温，是非机械运动型。

（3）按运动结果输出的感观性分类

按运动结果输出的感观性分类，可以分为直观型和隐晦型。如打 CS 游戏，操作者向敌人射击做出运动操作，得到了敌人一枪爆头的图形界面和声效，这是直观型的；而像交通管理将某一红绿灯的时间调整，可能不会立刻被发现，这是隐晦型的。

（4）按运动的互联性分类

按运动的互联性分类，可以分为分布式和局域式。将运动控制系统接入互联网实现统一管理，便是分布式的运动控制，否则是局域式。如智慧消防系统接入 119 管理中心，这就是分布式的运动控制系统。

2.2.3　执行过程

运动控制的完美执行需要多个子功能协同工作，如需要传感系统的信息注入后，经智能控制的信息处理后，由运动执行部件实施，然后继续传感系统测量信息进行注入，再分析、执行，如此循环。

2.2.4　机械运动

机械运动是在实际的生活应用中经常需要的一种运动方式。如图 2-5 所示，机械运动常见的有角位移运动、直线运动、旋转运动等。为了实现控制，在工程领域需要对运动的速度、加速度、路径及路程进行控制，可见，一个优秀的机械运动控制系统一定是一个优秀的智能控制系统。

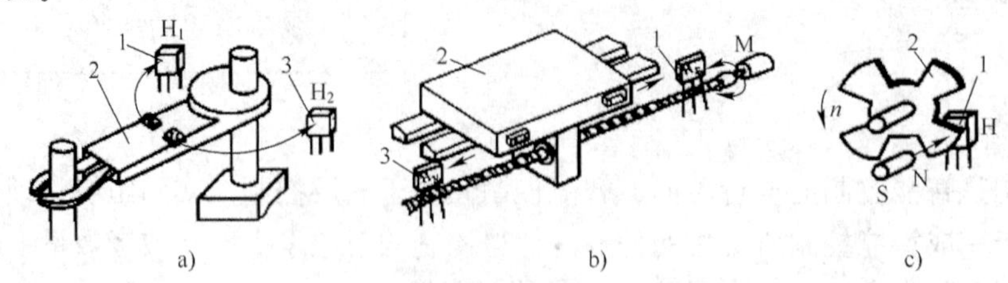

图 2-5　机械运动

a）角位移　b）直线运动　c）旋转运动

1，3—位置传感器　2—运动执行块

而机械运动的核心是控制电机，何时起动、何时停止，何时加速、何时减速等，从而完成运动控制。

电机（英文：Electric machinery，俗称“马达”）是指依据电磁感应定律实现电能转换或传递的一种电磁装置。电机的分类和种类多样，包括了直流电机、减速电机、交流电机、高速电机、低速电机等。根据控制类型的不一样，需要选择不同的电机。本部分内容选用了步进电机来进行介绍学习，其他电机控制方式与此类似，主要是功率需求不一样。

步进电机是典型的开环驱动装置，如图 2-6 所示，它将插补输出的进给脉冲转换为具有一定方向、大小和速度的机械转角位移（一个脉冲控制步进电机走一个脉冲当量），并带动机械部件运动。在机床设备中，开环伺服系统的精度主要由步进电机决定，速度也受步进电机性能的限制。但它的结构和控制简单，容易调整，在速度和精度要求不太高的场合，仍有一定的使用价值。

图 2-6　步进电机

1. 步进电机结构

步进电机主要由两部分构成：定子和转子，它们均由磁性材料构成。以三相步进电机为例，其定子和转子上分别有 6 个、4 个磁极。定子的 6 个磁极上有控制绕组，两个相对的磁极组成一相，如图 2-7 所示，存在 AA′、BB′、CC′三相。

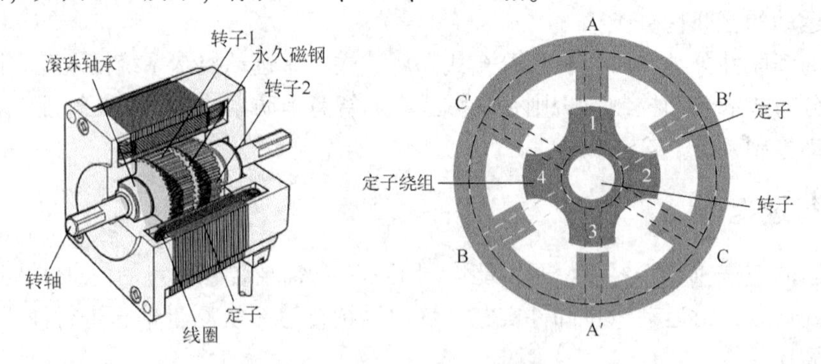

图 2-7　步进电机的内部结构图

2. 工作原理

三相步进电机的工作方式可分为：三相单三拍、三相单双六拍、三相双三拍等。

知识拓展

步进电机的相与拍

(1) 三相单三拍

这种工作方式，因三相绕组中每次只有一相通电，而且，一个循环周期共包括三个脉冲，所以称三相单三拍。

三相绕组中的通电顺序为：A 相→B 相→C 相→A 相，如此循环。

其工作过程如下：A 相通电，A 方向的磁通经转子形成闭合回路。若转子和磁场轴线方向原有一定角度，则在磁场的作用下，转子被磁化，转子的位置力图使通电相磁路的磁阻最小，使转、定子的齿对齐停止转动，如图 2-8a 转子 1-3 对端与 A 定子对齐。接着 B 相通电，B 方向的磁通经转子形成闭合回路，使得图 2-8b 转子 2-4 对端与 B 定子对齐。接着 C 相通电，C 方向的磁通经转子形成闭合回路，使得图 2-8b 转子 1-3 对端与 C 定子对齐。

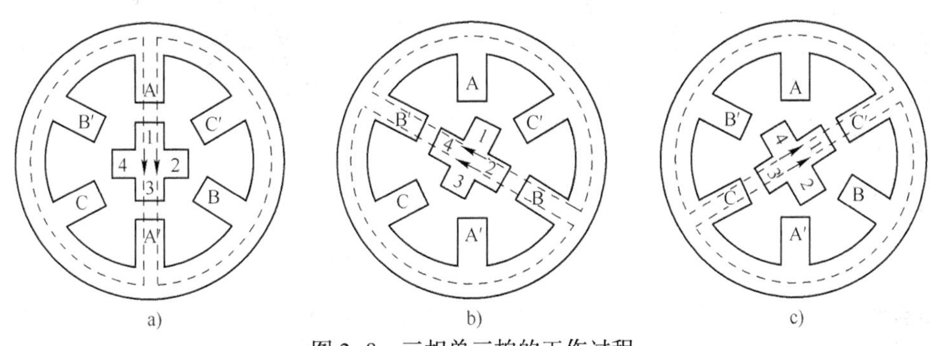

图 2-8 三相单三拍的工作过程

a) A 相通电 b) B 相通电 c) C 相通电

三相单三拍的特点：

1) 每来一个电脉冲，转子转过 30°，此角称为步距角，用 θ_s表示。

2) 转子的旋转方向取决于三相线圈通电的顺序，改变通电顺序即可改变转向。具体是这样：正转相序为 A 相→B 相→C 相→A 相；反转相序为 A 相→C 相→B 相→A 相。

(2) 三相单双六拍

这种工作方式，因三相绕组中有 3 次只有一相通电，另外 3 次为相邻的两相同时通电，一个循环周期共包括 6 个脉冲，所以称三相单双六拍。

三相绕组中的通电顺序为：A 相→AB 相→B 相→BC 相→C 相→CA 相→A 相，如此循环。

其工作过程如下：A 相通电，转子 1、3 齿和 A 相对齐；A、B 相同时通电，BB′磁场对 2、4 齿有磁拉力，该拉力使转子顺时针方向转动，AA′磁场继续对 1、3 齿有拉力，所以转子转到两磁拉力平衡的位置上，相对 AA′通电，转子转了 15°。B 相通电，转子 2、4 齿和 B 相对齐，又转了 15°；B、C 相同时通电，CC′磁场对 1、3 齿有磁拉力，该拉力使转子顺时针方向转动，BB′磁场继续对 2、4 齿有拉力，所以转子转到两磁拉力平衡的位置上，相对 BB′ 通电，转子转了 15°；C 相通电，转子 1、3 齿和 B 相对齐，又转了 15°；C、A 相同时通电，AA′ 磁场对 2、4 齿有磁拉力，该拉力使转子顺时针方向转动，CC′ 磁场继续对 1、3 齿有拉力，所以转子转到两磁拉力平衡的位置上，相对 CC′ 通电，转子转了 15°；A 相通电，转子 2、4 齿和 B 相对齐，又转了 15°。

(3) 三相双三拍

这种工作方式，因三相绕组中每次都有两相通电，而且，一个循环周期共包括 3 个脉冲，所以称三相双三拍。

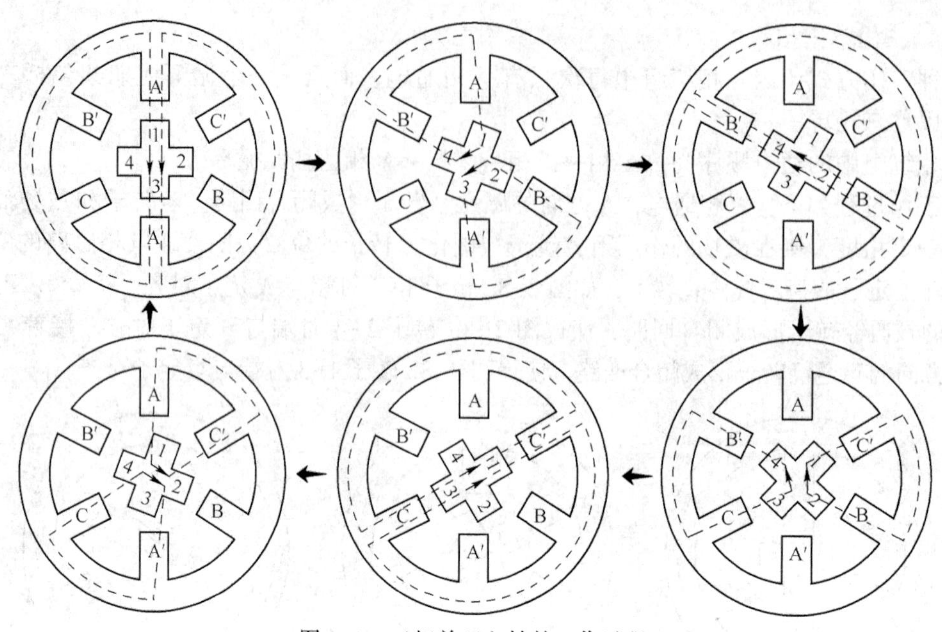

图 2-9　三相单双六拍的工作过程

三相绕组中的通电顺序为：AB 相→BC 相→CA 相→AB 相，如此循环，如图 2-10 所示。工作方式为三相双三拍时，每通入一个电脉冲，转子也是转 30°，即 $\theta_s=30°$。

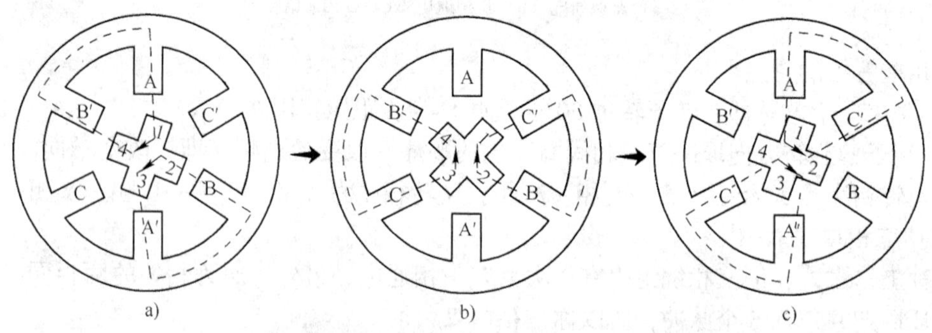

图 2-10　三相双三拍的工作过程
a）AB 相通电　b）BC 相通电　c）CA 相通电

2.3　反馈

步进电机可以实现开环控制方式，但很多控制需要闭环的工作方式，而闭环式自动控制技术、智能控制技术得以迅速发展的基础之一是因为 Norbert Wiener 提出的反馈控制理论。基于反馈原理发展而来的模糊控制、基于知识的专家控制、神经网络控制等方法便成了智能控制技术的主要实现方法。可见，反馈是控制论的一个极其重要的概念。

2.3.1　定义

反馈就是由控制系统把信息输送出去，又把其作用结果返送回来，并对信息的再输出发生影响，起到控制的作用，以达到预定的目的，见图 2-11。原因产生结果，结果又构成新的原因、新的结果……反馈在原因和结果之间架起了桥梁。

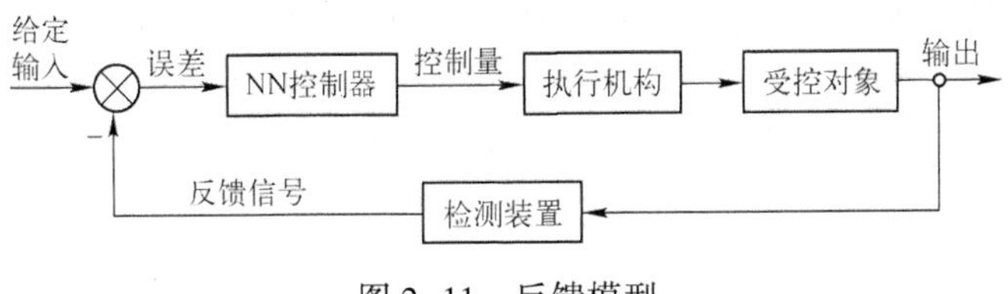

图 2-11　反馈模型

这种因果关系的相互作用，不是各有目的，而是为了完成一个共同的功能目的，所以反馈又在因果性和目的性之间建立了紧密的联系。面对不断变化的客观实际，组织管理是否有效，关键在于是否有灵敏、准确和有力的反馈。这就是控制管理的反馈原理。

2.3.2　分类

1. 按反馈作用分类

反馈分正反馈和负反馈两种，前者使系统的输入对输出的影响增大，后者则使其影响减少。反馈的最终目的就是要求对客观变化做出应有的反应，正反馈有促进作用，负反馈有抑制作用。

日常工作生活有很多正反馈的例子。如某人做了符合他人价值观，让他人感到高兴的、兴奋的事情，并受到夸奖、鼓励，进而做事人就会继续努力的把这件事情做好，而且会越做越好，这就是正反馈。又如，河水很脏的时候会出现死鱼现象，而死鱼这些东西又让河水污染更严重，这也是正反馈。

日常工作生活中也有很多负反馈的例子。如草原上的食草动物因为迁入而增加，植物就会因为受到过度啃食而减少，植物数量减少以后，反过来又会抑制动物数量的增加，这就是负反馈。

在技术应用领域中反馈技术应用很广泛。如医生用电击设备来抢救心跳停止的病人，当用低档电流实施抢救不能奏效时，医生将会加大施救的电流，这就是一种正反馈的应用。又如家用空调制冷系统，当室内温度高于设定温度时，通过制冷来降低室内温度，当室内温度低于设定温度时，停止制冷来等待室内温度的升高，这也是一种负反馈的应用。

2. 按反馈目标分类

如果系统所给的目标是一个常量，这样的控制叫“简单控制”；系统所给的目标是一个随时间而变的函数，那么，这样的控制称为“程序控制”；系统给的目标是一个随其他变量而变的函数，这样的控制称为“跟踪控制”；如果系统给的目标是达到某一函数的极值，这样的控制就是“最佳控制”。

对于“简单控制”和“程序控制”这两种应用所需要的反馈称之为简单反馈，又叫作静态反馈，通常通过次数不多的反馈，便完成了控制；对于“跟踪控制”和“最佳控制”这两种应用所需要的反馈称之为复杂反馈，又叫作动态反馈，通常需要不断地进行反馈才能很好地完成控制。

3. 按实现反馈方法分类

按实现反馈的方法，反馈可以分为模拟反馈和数字反馈两种。

模拟反馈是对控制系统的模拟信号进行直接检测、处理及输出的反馈过程。模拟反馈的速度可以很高，但易于被干扰，精确度会受到影响。

数字反馈是对控制系统的信号进行数字化后，再进行检测、处理及输出的反馈过程。数字反馈的速度可能会比模拟反馈略差，随着现代数字技术发展，这个缺点正逐渐被克服，反而由于数字反馈信号抗干扰能力强、精度高而被广泛应用。

2.3.3 应用

上述有关反馈例子是生活中或者自然界中存在的，并不是电子控制领域。下面介绍两个有关工程应用上的案例。

1. 图像识别的形态学处理基础之一 —— 腐蚀

图像识别时会经常需要进行形态处理，就会不断使用腐蚀技术，见图 2-12。

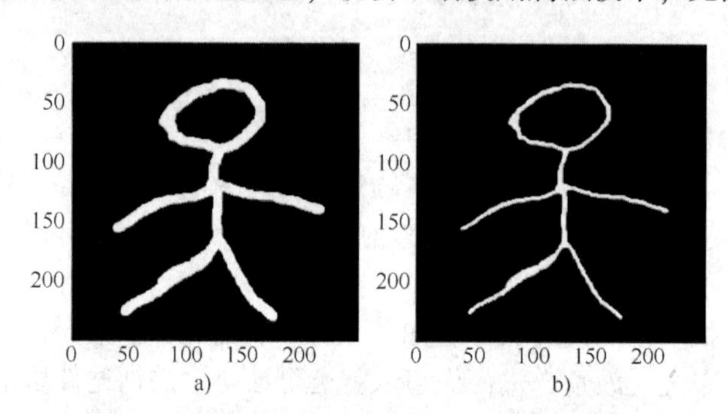

图 2-12 图像识别的形态学处理基础腐蚀技术

a) 未腐蚀 b) 腐蚀

腐蚀就是将图像的边界腐蚀掉，或者说使得图像整体上看起来变瘦了。它的操作原理就是卷积核沿着图像滑动，如果与卷积核对应的原图像的所有像素值都是 1，那么中心元素保持原来的值，否则就变为 0。这对于去除白噪声很有用，也可以用于断开两个连接在一起的物体。

用这种技术将图像进行数字化处理，然后不断地腐蚀处理变瘦，裁直图像的所有像素值中心都是 1，周围为 0，从而方便用于识别。

2. 汽车定速巡航控制

汽车定速巡航用于控制汽车的定速行驶，汽车一旦被设定为巡航状态时，发动机的供油量便由电脑控制，电脑会根据道路状况和汽车的行驶阻力不断地调整供油量，使汽车始终保持在所设定的车速行驶，而无须操纵油门。这种调整就是一种反馈。目前巡航控制系统已成为中高级轿车的标准装备。

这个功能使用很简单，汽车定速巡航控制见图 2-13，首先要保证车速在 40 km/h 以上，然后按一下 ON/OFF 按钮（中间那个按钮），打开这个功能。注意并不是打开这个功能就可以定速巡航了。还要按一下三个按钮的最上面那个按钮，巡航功能才正式启用。按这个按键的方法是：用手指向下拨一下就可以了。这时定速巡航功能启用了！你能够感觉到油门明显好像脱离了你的脚一样，有一股内在的力量带着你的车匀速前进。你踩油门的脚可以松开了！任何时候只要踩刹车，此功能即自动取消，也可以按 ON/OFF 手动取消。

3. 自平衡车

自平衡车，又叫体感车、思维车、摄位车等，见图 2-14。市场上主要有独轮和双轮两

图 2-13　汽车定速巡航控制

类。其运动平衡主要是建立在一种被称为“动态稳定”（Dynamic Stabilization）的原理上。而这种“动态稳定”原理实际上就是一种反馈。以内置的精密固态陀螺仪（Solid-State Gyroscopes）来判断车身所处的姿势状态，透过精密且高速的中央微处理器计算出适当的指令后，驱动马达来做到平衡的效果。

图 2-14　自平衡车

2.4　PID 技术

当今智能控制技术（闭环自动控制技术）都是基于反馈的概念以减少不确定性的。反馈理论的要素包括 3 部分：测量、比较和执行。测量的关键是被控变量的实际值，与期望值相比较，用两者的偏差来纠正系统的响应，执行调节控制。在工程实际中，应用最为广泛的调节器控制规律为比例积分微分（Proportion Integration Differentiation，PID）控制，又称 PID 调节。

PID 控制器（比例-积分-微分控制器）是工业控制应用中常见的反馈回路部件，由比例单元 P、积分单元 I 和微分单元 D 组成，如图 2-15 所示。PID 控制的基础是比例控制；积分控制可消除稳态误差，但可能增加超调；微分控制可加快大惯性系统响应速度以及减弱超调趋势。

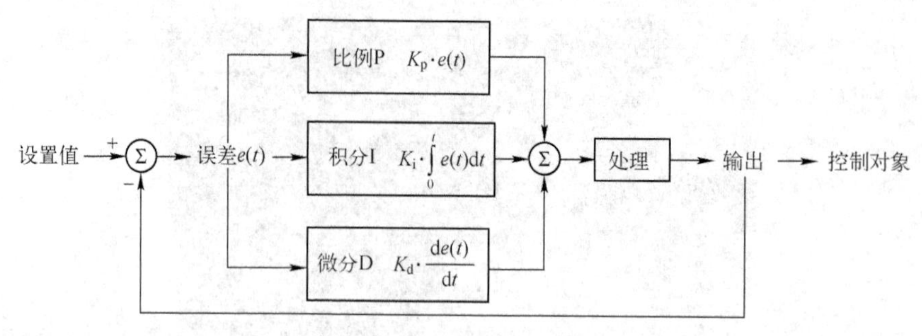

图 2-15　PID 控制模块

这个理论和应用的关键是，做出正确的测量和比较后，如何才能更好地纠正系统。

PID 控制器作为最早实用化的控制器已有近百年历史。PID 控制器简单易懂，使用中不需精确的系统模型等先决条件，因而仍然是目前应用最为广泛的控制器。

PID 控制的难点不是编程，而是控制器的参数整定。参数整定的关键是正确地理解各参数的物理意义，PID 控制的原理可以用人对炉温的手动控制来理解。

2.4.1　比例控制

有经验的操作人员手动控制电加热炉的炉温，可以获得非常好的控制品质，PID 控制与人工控制的控制策略有很多相似的地方。

下面介绍操作人员怎样用比例控制的思想来手动控制电加热炉的炉温。假设用热电偶检测炉温，用数字仪表显示温度值。在控制过程中，操作人员用眼睛读取炉温，并与炉温给定值比较，得到温度的误差值。然后用手操作电位器，调节加热的电流，使炉温保持在给定值附近。

操作人员知道炉温稳定在给定值时电位器的大致位置（称为位置 L），并根据当时的温度误差值调整控制加热电流的电位器的转角。炉温小于给定值时，误差为正，在位置 L 的基础上顺时针增大电位器的转角，以增大加热的电流。炉温大于给定值时，误差为负，在位置 L 的基础上反时针减小电位器的转角，并令转角与位置 L 的差值与误差成正比。上述控制策略就是比例控制，即 PID 控制器输出中的比例部分与误差成正比。

闭环中存在着各种各样的延迟作用。例如调节电位器转角后，到温度上升到新的转角对应的稳态值时有较大的时间延迟。由于延迟因素的存在，调节电位器转角后不能马上看到调节的效果，因此闭环控制系统调节困难的主要原因是系统中的延迟作用。

比例控制的比例系数如果太小，即调节后的电位器转角与位置 L 的差值太小，调节的力度不够，使系统输出量变化缓慢，调节所需的总时间过长。比例系数如果过大，即调节后电位器转角与位置 L 的差值过大，调节力度太强，将造成调节过头，甚至使温度忽高忽低，来回震荡。

增大比例系数使系统反应灵敏，调节速度加快，并且可以减小稳态误差。但是比例系数过大会使超调量增大，振荡次数增加，调节时间加长，动态性能变坏，比例系数太大甚至会使闭环系统不稳定。

单纯的比例控制很难保证调节得恰到好处，完全消除误差。

2.4.2 积分控制

PID 控制器中的积分对应于图 2-16 中误差曲线与坐标轴包围的面积（图中的灰色部分）。PID 控制程序是周期性执行的，执行的周期称为采样周期。计算机的程序用如图 2-16 所示的各矩形面积之和来近似精确的积分，图中的 T_S 就是采样周期。

每次 PID 运算时，在原来的积分值的基础上，增加一个与当前的误差值 $ev(n)$ 成正比的微小部分。误差为负值时，积分的增量为负。

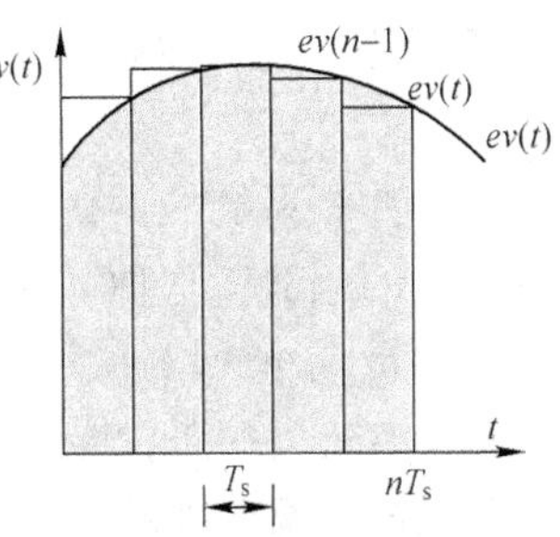

图 2-16 积分运算示意图

手动调节温度时，积分控制相当于根据当时的误差值，周期性地微调电位器的角度，每次调节的角度增量值与当时的误差值成正比。温度低于设定值时误差为正，积分项增大，使加热电流逐渐增大，反之积分项减小。因此只要误差不为零，控制器的输出就会因为积分作用而不断变化。积分调节的“大方向”是正确的，积分项有减小误差的作用。一直要到系统处于稳定状态，这时误差恒为零，比例部分和微分部分均为零，积分部分才不再变化，并且刚好等于稳态时需要的控制器的输出值，对应于上述温度控制系统中电位器转角的位置 L。因此积分部分的作用是消除稳态误差，提高控制精度，积分作用一般是必需的。

PID 控制器输出中的积分部分与误差的积分成正比。因为积分时间 *Ti* 在积分项的分母中，*Ti* 越小，积分项变化的速度越快，积分作用越强。

2.4.3 PI 控制

控制器输出中的积分项与当前的误差值和过去历次误差值的累加值成正比，因此积分作用本身具有严重的滞后特性，对系统的稳定性不利。如果积分项的系数设置得不好，其负面作用很难通过积分作用本身迅速地修正。而比例项没有延迟，只要误差一出现，比例部分就会立即起作用。因此积分作用很少单独使用，它一般与比例和微分联合使用，组成 PI 或 PID 控制器。

PI 和 PID 控制器既克服了单纯的比例调节有稳态误差的缺点，又避免了单纯的积分调节响应慢、动态性能不好的缺点，因此被广泛使用。

如果控制器有积分作用（例如采用 PI 或 PID 控制），积分能消除阶跃输入的稳态误差，这时可以将比例系数调得小一些。

如果积分作用太强（即积分时间太小），相当于每次微调电位器的角度值过大，其累积的作用会使系统输出的动态性能变差，超调量增大，甚至使系统不稳定。积分作用太弱（即积分时间太长），则消除稳态误差的速度太慢，积分时间的值应取得适中。

2.4.4 微分作用

误差的微分就是误差的变化速率，误差变化越快，其微分绝对值越大。误差增大时，其微分为正；误差减小时，其微分为负。控制器输出量的微分部分与误差的微分成正比，反映了被控量变化的趋势。

阶跃响应曲线如图 2-17 所示，图中的 $c(\infty)$ 为被控量 $c(t)$ 的稳态值或被控量的期望值，

误差 $e(t)=c(\infty)-c(t)$。在图 2-17 中启动过程的上升阶段，被控量尚未超过其稳态值。但是因为误差 $e(t)$ 不断减小，误差的微分和控制器输出的微分部分为负值，减小了控制器的输出量，相当于提前给出了制动作用，以阻碍被控量的上升，所以可以减少超调量。因此微分控制具有超前和预测的特性，在超调尚未出现之前，就能提前给出控制作用。

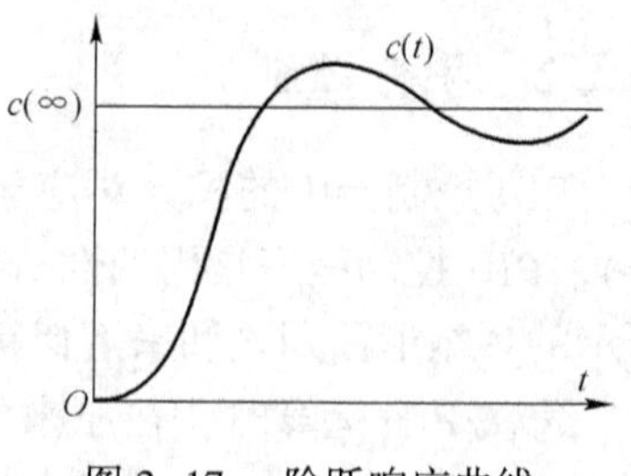

图 2-17　阶跃响应曲线

闭环控制系统的振荡甚至不稳定的根本原因在于有较大的滞后因素。因为微分项能预测误差变化的趋势，这种“超前”的作用可以抵消滞后因素的影响。适当的微分控制作用可以使超调量减小，增加系统的稳定性。

对于有较大的滞后特性的被控对象，如果 PI 控制的效果不理想，可以考虑增加微分控制，以改善系统在调节过程中的动态特性。如果将微分时间设置为 0，微分部分将不起作用。

微分时间与微分作用的强弱成正比，微分时间越大，微分作用越强。如果微分时间太长，在误差快速变化时，响应曲线上可能会出现“毛刺”。

微分控制的缺点是对干扰噪声敏感，使系统抑制干扰的能力降低。为此可在微分部分增加惯性滤波环节。

2.4.5　采样周期

PID 控制程序是周期性执行的，执行的周期称为采样周期。采样周期越小，采样值越能反映模拟量的变化情况。但是太小会增加 CPU 的运算工作量，相邻两次采样的差值几乎没有变化，将使 PID 控制器输出的微分部分接近为零，所以采样周期也不宜过小。

应保证在被控量迅速变化时（例如启动过程中的上升阶段），能有足够多的采样点数，不致因为采样点数过少而丢失被采集的模拟量中的重要信息。

2.4.6　参数调整方法

在整定 PID 控制器参数时，可以根据控制器的参数与系统动态性能和稳态性能之间的定性关系，用实验的方法来调节控制器的参数。有经验的调试人员一般可以较快地得到较为满意的调试结果。在调试中最重要的问题是在系统性能不能令人满意时，知道应该调节哪一个参数，该参数应该增大还是减小。

为了减少需要整定的参数，首先可以采用 PI 控制器。为了保证系统的安全，在调试开始时应设置比较保守的参数，例如比例系数不要太大，积分时间不要太小，以避免出现系统不稳定或超调量过大的异常情况。给出一个阶跃给定信号，根据被控量的输出波形可以获得系统性能的信息，例如超调量和调节时间。应根据 PID 参数与系统性能的关系，反复调节 PID 的参数。

如果阶跃响应的超调量太大，经过多次振荡才能稳定或者根本不稳定，应减小比例系数、增大积分时间。如果阶跃响应没有超调量，但是被控量上升过于缓慢，过渡过程时间太长，应按相反的方向调整参数。

如果消除误差的速度较慢，可以适当减小积分时间，增强积分作用。

反复调节比例系数和积分时间，如果超调量仍然较大，可以加入微分控制，微分时间从

0 逐渐增大，反复调节控制器的比例、积分和微分部分的参数。

总之，PID 参数的调试是一个综合的、各参数互相影响的过程，下面框中为 PID 常用口诀，图 2-18 所示为 PID 调节波形理想图，实际调试过程中的多次尝试是非常重要的，也是必需的。

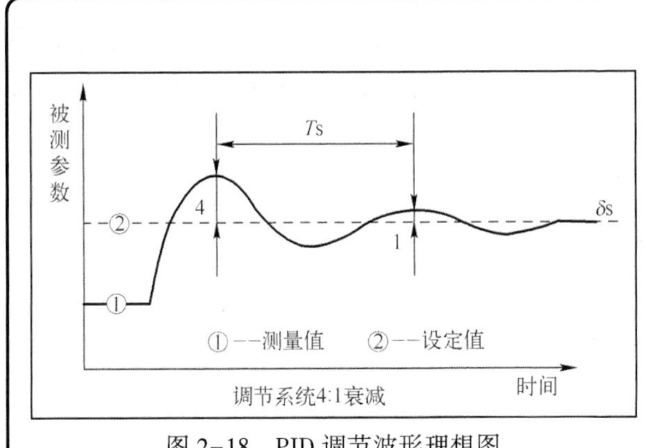

图 2-18　PID 调节波形理想图

PID 常用口诀

参数整定找最佳，从小到大顺序查，
先是比例后积分，最后再把微分加，
曲线振荡很频繁，比例度盘要放大，
曲线漂浮绕大湾，比例度盘往小扳，
曲线偏离回复慢，积分时间往下降，
曲线波动周期长，积分时间再加长，
曲线振荡频率快，先把微分降下来，
动差大来波动慢，微分时间应加长，
理想曲线两个波，前高后低四比一，
一看二调多分析，调节质量不会低。

2.5　脉冲宽度调制

知识拓展

变化的实质——PWM

运动控制作为人工智能的执行输出部分，在控制各种对象需要脉冲宽度调制技术，脉冲宽度调制（Pulse Width Modulation，PWM）技术是利用微处理器的数字输出来对模拟电路进行控制的一种非常有效的技术，广泛应用在从测量、通信到功率控制与变换的许多领域中。

脉冲宽度调制是一种采用数字技术实现对模拟信号控制的实现方式。其工作原理如图 2-19 所示。图 2-19a 所示是工作原理图，通过一个开关 K 对直流电机控制，便可以实现直流电动机对外输出功率的调整。假设直流电动机全速运行所需要的额定电压为 U，由于开关 K 的存在，如图 2-19b 所示，K 在一个周期 T 内接通时间为 t_1，t_1时间内直流电动机在额定电压下工作，剩下时间（$T-t_1$）断开，但由于惯性电动机会继续运转，等待下一个周期

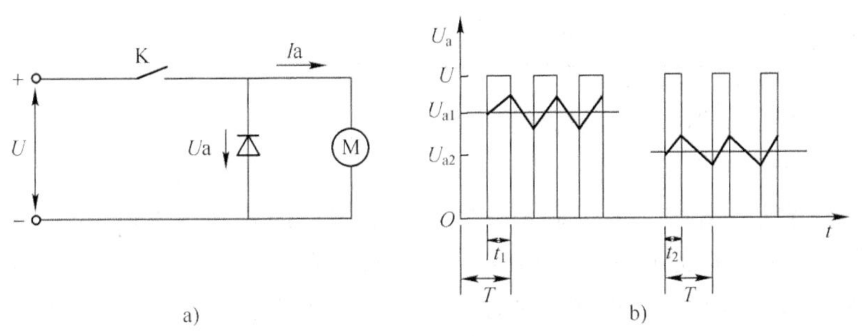

图 2-19　脉冲宽度调制技术工作原理

a）电路图　b）波形图

接通时间，如此循环下去，直流电动机从电源所得到的向外输出总功等效为平均电压 U_{a1} 所做的功；如图 2-19b 所示，如果 K 在一个周期 T 内接通时间为 t_2，直流电动机从电源所得到的向外输出总功等效为平均电压 U_{a2} 所做的功，从图中可见 U_{a2} 比 U_{a1} 小得多。

实际上应用时开关 K 会采用 MOS 管来代替。如开关电源控制系统会根据相应载荷的变化来调制晶体管基极或 MOS 管栅极的偏置电压，见图 2-20，来实现晶体管或 MOS 管导通时间的改变，从而实现开关稳压电源输出的改变。这种方式能使电源的输出电压在工作条件变化时保持恒定，就是利用微处理器的数字信号对模拟电路进行控制的一种非常有效的技术。

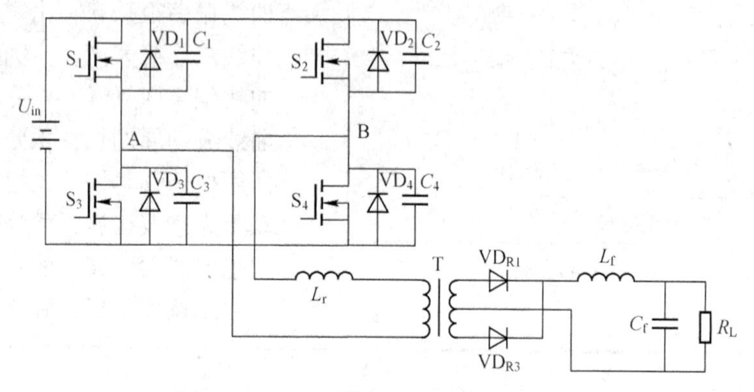

图 2-20 PWM 技术在开关电源中应用

PWM 控制技术以其控制简单，灵活和动态响应好的优点而成为广泛应用的控制方式，也是人们研究的热点。由于当今科学技术的发展已经没有了学科之间的界限，结合现代控制理论思想或实现无谐振波开关技术将会成为 PWM 控制技术发展的主要方向之一。

PWM 在具体控制实现时，主要通过数字技术产生如图 2-21 所示的脉冲波形，并且脉宽时间可调。目前很多数字芯片、微型处理器（MCU）、数字信息处理器（DSP）和 ARM 都自带了 PWM 功能，只需要简单设置便可以产生可调脉宽的波形，方便于具体应用实施。

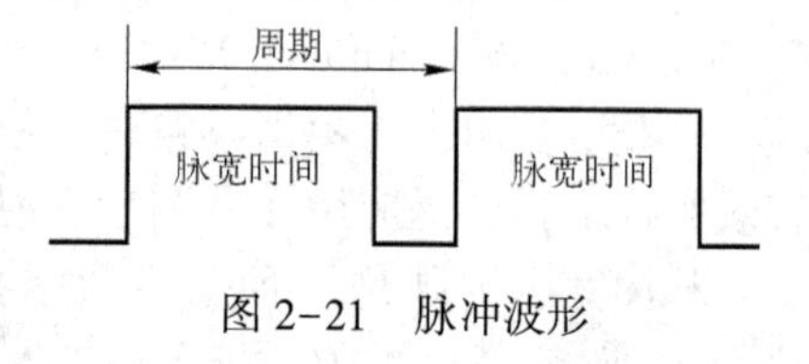

图 2-21 脉冲波形

任务实施

本学习情境的实施主要从机械运动和非机械运动的两个不同类型来对运动控制系统设计与应用，知识与技能训练包括以下 3 个子学习任务。

- 任务 1：定级恒温系统设计与应用。
- 任务 2：无级变温恒温系统设计与应用。
- 任务 3：步进电机控制系统设计与应用。

任务 1、2 属于非机械运动的控制系统设计与应用，任务 3 属于机械运动的控制系统设计与应用。任务 1 主要是通过运用 PWM 技术实现对温度的控制；任务 2 主要是通过运用 PWM 技术与 PID 技术实现对温度的反馈控制，实现无级变温；任务 3 主要是通过运用 PWM 技术对步进电机系统实现加减速控制，进行各种运动，如直线、曲线，旋转等，结合传感技术进行速度测试并反馈，可以有效地设计出一个好的机械运动控制系统。

2.6 任务1 定级恒温系统设计与应用

任务描述

红外线治疗仪作为家庭便携式医疗器械（如图2-22所示）主要是由于其能从不同水平调动人体本身的抗病能力而治疗疾病。某公司现业务需求开发一套红外治疗仪的控制系统，能通过参数的设置，实现对红外线发热管定温控制而发出对人体有益的红外波长的光线，透过衣服作用于患者的治疗部位，穿过皮肤，直接使肌肉、皮下组织等产生热效应，加速血液循环，增加新陈代谢、减少疼痛、产生按摩效果等。

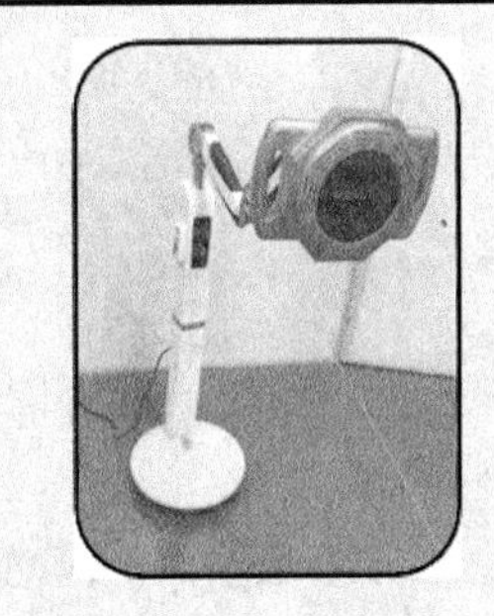

图2-22 红外线治疗仪

任务要求

所需要设计的控制系统采用AC 220 V（50~60 Hz）供电，并对红外灯管（额定功率为120 W）功率调节，实现三档温度控制（低温为60℃，中温为70℃，高温为80℃），每档温度可分别选择3档工作时长中的一种（20 min、40 min、60 min）。

任务目标

通过定级温度控制系统的设计与应用，达到以下的目标。

❖ 知识目标

- 了解非机械类运动控制系统的设计与特点。
- 了解开环控制方式的特点。
- 掌握功率类、速度类等运动系统通用性原理图。
- 掌握MCU对GPIO口进行PWM的设置方法。
- 掌握PWM对功率调整的优点。

❖ 能力目标

- 能设计有关功率类、速度类等运动系统的原理图。
- 能对MCU进行配置，产生PWM波。
- 能对系统进行调试测量。

❖ 素质目标

善于查找资料分析并解决设计过程中的问题。

2.6.1 开环控制

开环控制与控制对象只存在单向作用而没有反馈联系。例如图2-23所示的晶闸管供电的直流电动机开环控制系统。U_g作为系统的输入量，经过触发电路控制晶闸管整流电路的输出电压，从而控制了电动机的转速。这样，一定输入量 U_g对应一定的转速。由图可见，该系统只有输入量对输出的量的控制，而没有输出量再返回来影响系统控制，这种系统叫开环控制系统。

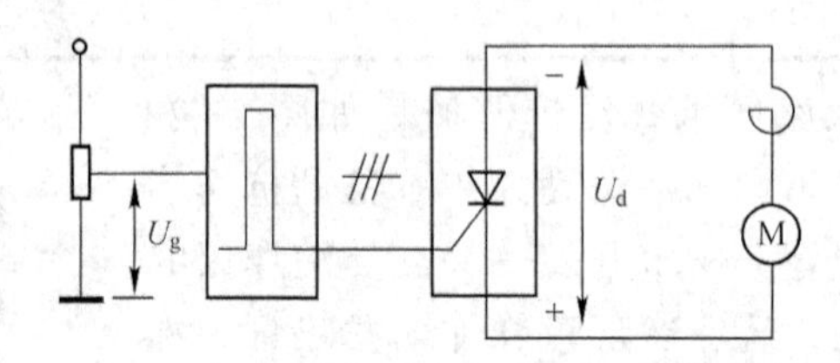

图 2-23　晶闸管供电的直流电动机开环控制系统

2.6.2　MCU 配置 PWM

脉宽调制技术 PWM 是一种被广泛应用的技术，现在很多数字芯片、MCU 和 DSP 等处理器都提供了 PWM 功能，只需要简单的配置便可以实现 PWM 控制。现在我们以意法半导体 ST 公司的 STM32 单片机为例进行说明。

1. STM32 单片机简介

STM32 系列基于专为要求高性能、低成本、低功耗的嵌入式应用专门设计的 ARM Cortex ©-M0，M0+，M3，M4 和 M7 内核，见图 2-24。它具有以下 3 个特点：

图 2-24　STM32

1）基于 ARM 内核的 32 位 MCU 系列——标准的 ARM 架构，内核是 ARM 公司为高性能、低成本、低功耗的嵌入式应用专门设计的 Cortex-M 内核。

2）超前的体系结构——高性能、低电压、低功耗、创新的内核以及外设。

3）简单易用、自由、低风险。

2. STM32 单片机硬件资源

时钟、复位和电源管理：2.0~3.6 V 的电源供电和 IO 接口的驱动电压；POR、PDR 和可编程的电压探测器（PVD）；可以采用 4~16 MHz 的晶体振荡器；内嵌出厂前调校的 8 MHz RC 振荡电路；内部 40 kHz 的 RC 振荡电路；用于 CPU 时钟的 PLL；带校准用于 RTC 的 32 kHz 的晶体振荡器。

低功耗：3 种低功耗模式——休眠、停止、待机模式；为 RTC 和备份寄存器供电的 VBAT。

调试模式：串行调试（SWD）和 JTAG 接口。

DMA：12 通道 DMA 控制器。

A-D 转换器：2 个 12 位的 μs 级分辨率；测量范围：0~3.6 V；共有 16 通道，双采样和保持能力；片上集成一个温度传感器。

D-A 转换器：2 通道 12 位分辨率、STM32F103xC，STM32F103xD，STM32F103xE 独有。

快速 IO 端口：最多 112 个，根据型号的不同，有 26、37、51、80 和 112 个 IO 端口，

所有的端口都可以映射到16个外部中断向量。除了模拟输入，所有的端口都可以接受5 V以内的电压输入。

定时器：最多11个。其中4个16位定时器，每个定时器有4个ICOCPWM或者脉冲计数器；2个16位的6通道高级控制定时器：最多6个通道可用于PWM输出。

看门狗定时器：2个，分别为独立看门狗和窗口看门狗。

通信接口：最多13个，其中2个IIC接口（SMBusPMBus）；5个USART接口（ISO7816接口、LIN、IrDA兼容、调试控制）；3个SPI接口（18 Mbit/s），两个和IIS复用；CAN接口（2.0B）；USB 2.0全速接口；SDIO接口。

3. PWM配置原理

STM32单片机实现PWM输出的原理：每个定时器有4个通道，每一个通道都有一个捕获比较寄存器，将寄存器值和计数器值比较，通过比较结果输出高低电平，实现PWM信号。

PWM输出原理图如图2-25所示，定时器采用向上的计数方式，定时器重装载值为ARR，比较值为CCRx。在t时刻对计数器值和比较值进行比较，如果计数器值小于CCRx值，输出低电平，如果计数器值大于CCRx值，输出高电平。PWM的一个周期过程具体是这样的，定时器从0开始向上计数，当0~t_1段，定时器计数器TIMx_CNT值小于CCRx值，输出低电平，t_1-t_2段，定时器计数器TIMx_CNT值大于CCRx值，输出高电平，当TIMx_CNT值达到ARR时，定时器溢出，重新向上计数……循环此过程，至此一个PWM周期完成。可见，影响PWM输出的因素有ARR和CCRx两个，ARR决定PWM周期（在时钟频率一定的情况下，当前为默认内部时钟CK_INT），CCRx决定PWM占空比（高低电平所占整个周期比例）。

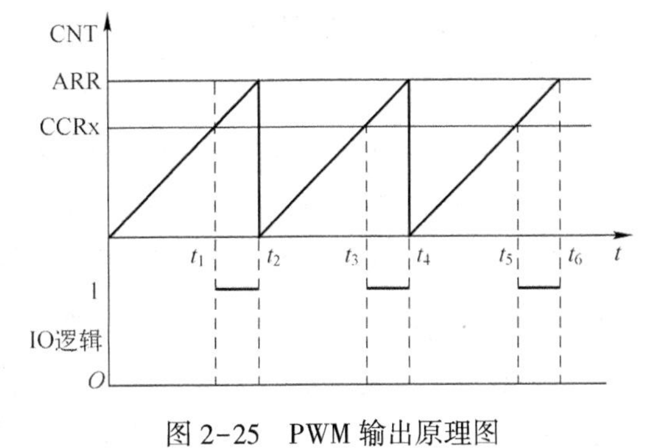

图2-25 PWM输出原理图

4. STM32单片机实现PWM输出设置

1）定时器通道初始化-TIM_OC1Init。

定时器通道初始化如图2-26所示。

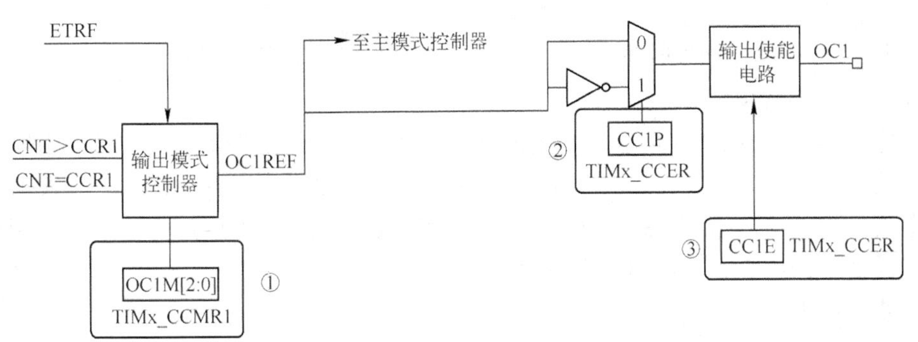

图2-26 定时器通道初始化

① TIMx_CCMR1寄存器的OC1M[2:0]位，设置输出模式控制器。

② TIMx_CCER 寄存器的 CC1P 位，设置输入/捕获通道 1 输出极性。

③ TIMx_CCER 寄存器的 CC1E 位，控制输出使能电路，信号由此输出到对应引脚。

初始化定时器输出比较通道使用以下库函数：

```
void TIM_OC1Init(TIM_TypeDef * TIMx, TIM_OCInitTypeDef * TIM_OCInitStruct);
```

其中，TIM_OCInitTypeDef 结构体具体如下：

```
typedef struct
{
    uint16_t TIM_OCMode;            //PWM 模式 1 或者模式 2
    uint16_t TIM_OutputState;       //输出使能, OR 失能
    uint16_t TIM_OutputNState;      //PWM 输出不需要
    uint16_t TIM_Pulse;             //比较值,写 CCRx,可以有次函数写入,这里暂时不设置
    uint16_t TIM_OCPolarity;        //比较输出极性
    uint16_t TIM_OCNPolarity;       //PWM 输出不需要
    uint16_t TIM_OCIdleState;       //PWM 输出不需要
    uint16_t TIM_OCNIdleState;      //PWM 输出不需要
} TIM_OCInitTypeDef;
```

2）设置比较值函数-TIM_SetCompare1。

作用：外部改变 TIM_Pulse 值，即改变 CCR 的值。

```
void TIM_SetCompare1(TIM_TypeDef * TIMx, uint16_t Compare1);
```

3）使能输出比较预装载-TIM_OC1PreloadConfig。

作用：TIM_CCMRx 寄存器 OCxPE 位使能相应的预装载寄存器。

```
void TIM_OC1PreloadConfig(TIM_TypeDef * TIMx, uint16_t TIM_OCPreload);
```

4）使能自动重装载的预装载寄存器允许位-TIM_ARRPreloadConfig。

作用：操作 TIMx_CR1 寄存器 ARPE 位，使能自动重装载的预装载寄存器。

```
void TIM_ARRPreloadConfig(TIM_TypeDef * TIMx, FunctionalState NewState);
```

5）修改通道极性。

作用：操作 TIMx_CCER 的 CC1P 位，修改通道极性。

```
void TIM_OC1NPolarityConfig(TIM_TypeDef * TIMx, uint16_t TIM_OCNPolarity);
```

5. PWM 输出实验

使用定时器 3 初始 PWM 信号，输出占空比可变的 PWM 波驱动 LED（PB5 引脚），实现 LED 亮度变换。LED：低电平点亮，高电平熄灭。占空比越大，一个周期中高电平持续时间越长，亮度越大，反之越暗。STM32 技术手册有关 PB5 设置如图 2-27 所示，查找手册 PB5 引脚为定时器 3 的通道 2，需要部分重映射。

实验步骤如下：

1）使能定时器 3 和相关 IO 时钟（LED-PB5）。

使能定时器 3 时钟：RCC_APB1PeriphClockCmd( );

使能 GPIOB 时钟：RCC_APB2PeriphClockCmd( );

位11:10	TIM3_REMAP[1:0]：定时器3的重映像 (TIM3 remapping) 这些位可由软件置'1'或置'0'，控制定时器3的通道1至4在GPIO端口的映像。 00：没有重映像(CH1/PA6，CH2/PA7，CH3/PB0，CH4/PB1)； 01：未用组合； 10：部分映像(CH1/PB4，CH2/PB5，CH3/PB0，CH4/PB1)； 11：完全映像(CH1/PC6，CH2/PC7，CH3/PC8，CH4/PC9)。 注：重映像不影响在PD2上的TIM3_ETR。

图 2-27　STM32 技术手册有关 PB5 设置

2）初始化 IO 口为复用功能输出 GPIO_Init( )。

```
GPIO_InitStructure. GPIO_Mode = GPIO_Mode_AF_PP;
```

3）PB5 输出 PWM（定时器 3 通道 2），需要部分冲突映射。

```
RCC_APB2PeriphClockCmd(RCC_APB2Periph_AFIO,ENABLE);  //开启 AFIO 时钟设置
GPIO_PinRemapConfig(GPIO_PartialRemap_TIM3, ENABLE);     //部分重映射
```

4）初始化定时器（重装载值 ARR，与分频系数 PSC 等）。

```
TIM_TimeBaseInit( );     //决定 PWM 周期
```

5）初始化输出比较参数。

```
TIM_OC2Init( );      //通道 2 输出比较初始化
```

6）使能预装载寄存器。

```
TIM_OC2PreloadConfig(TIM3, TIM_OCPreload_Enable);      //定时器 3 通道 2
```

7）使能定时器。

```
TIM_Cmd( );
```

8）不断改变比较值 CCRx，达到不同的占空比效果。

```
TIM_SetCompare2( );     //通道 2,改变比较值 CCRx
```

6. 代码实现

1）添加 PWM 初始化函数 void TIM3_PWM_Init(u16 arr,u16 psc)。

```
#include "timer.h"

//TIM3 PWM 初始化
//arr     重装载值
//psc     预分频系数
void TIM3_PWM_Init(u16 arr,u16 psc)
{
    GPIO_InitTypeDef        GPIO_InitStrue;
    TIM_OCInitTypeDef        TIM_OCInitStrue;
    TIM_TimeBaseInitTypeDef        TIM_TimeBaseInitStrue;

    RCC_APB1PeriphClockCmd(RCC_APB1Periph_TIM3,ENABLE);     //使能 TIM3 和相关 GPIO 时钟
```

```
    RCC_APB2PeriphClockCmd(RCC_APB2Periph_AFIO,ENABLE);//使能 GPIOB 时钟(LED 在 BP5 引脚),
    //使能 AFIO 时钟(定时器 3 通道 2 需要重映射到 BP5 引脚)
    RCC_APB2PeriphClockCmd(RCC_APB2Periph_GPIOB,ENABLE);

    GPIO_InitStrue.GPIO_Pin=GPIO_Pin_5;                     //TIM_CH2
    GPIO_InitStrue.GPIO_Mode=GPIO_Mode_AF_PP;               //复用推挽
    GPIO_InitStrue.GPIO_Speed=GPIO_Speed_50MHz;             //设置最大输出速度
    GPIO_Init(GPIOB,&GPIO_InitStrue);                       //GPIO 端口初始化设置

    GPIO_PinRemapConfig(GPIO_PartialRemap_TIM3,ENABLE);

    TIM_TimeBaseInitStrue.TIM_Period=arr;                   //设置自动重装载值
    TIM_TimeBaseInitStrue.TIM_Prescaler=psc;                //预分频系数
    TIM_TimeBaseInitStrue.TIM_CounterMode=TIM_CounterMode_Up;//计数器向上溢出
    TIM_TimeBaseInitStrue.TIM_ClockDivision=TIM_CKD_DIV1; //时钟的分频因子,起到了一点点的延时作
                                                            //用,一般设为 TIM_CKD_DIV1
    TIM_TimeBaseInit(TIM3,&TIM_TimeBaseInitStrue);          //TIM3 初始化设置(设置 PWM 的周期)

    TIM_OCInitStrue.TIM_OCMode=TIM_OCMode_PWM2;             //PWM 模式 2:CNT>CCR 时输出有效
    TIM_OCInitStrue.TIM_OCPolarity=TIM_OCPolarity_High;  //设置极性-有效为高电平
    TIM_OCInitStrue.TIM_OutputState=TIM_OutputState_Enable;      //输出使能
    TIM_OC2Init(TIM3,&TIM_OCInitStrue);                     //TIM3 的通道 2PWM 模式设置

    TIM_OC2PreloadConfig(TIM3,TIM_OCPreload_Enable);       //使能预装载寄存器

    TIM_Cmd(TIM3,ENABLE);                                   //使能 TIM3
}
```

2）main.c 改变 CCR 值实现 PWM 占空比变化，小灯亮暗变化。

```
int main(void)
{
    u8 i=1;                   //设置方向 0:变暗 1:变亮
    u16 led0pwmval;           //设置 CCR 值
    delay_init();             //延时函数初始化
    LED_Init();               //LED 初始化
    TIM3_PWM_Init(899,0);     //设置频率为 80 kHz,公式为:溢出时间 Tout=(arr+1)(psc+1)/Tclk
    //Tclk 为通用定时器的时钟,如果 APB1 没有分频,则就为系统时钟, 72 MHz PWM 时钟频率=
    //72000000/(899+1)=80 kHz,设置自动装载值 899,预分频系数 0(不分频)
    while(1)
    {
        delay_ms(10);
        if(i)led0pwmval++;              //由暗变亮
            else led0pwmval--;          //由亮变暗
```

```
        if(led0pwmval = = 0) i = 1;              //已达到最亮,开始变暗
        if(led0pwmval>100) i = 0;                //已达到最暗,开始变亮

        TIM_SetCompare2( TIM3, led0pwmval);      //改变比较值 TIM3->CCR2 达到调节占空比的效果
    }
}
//此处 led0pwmval 值最大可以设置到 899,输出 pwm 波全为 1,大小随意设定
```

2.6.3 非机械类的运动控制结构图

非机械类运动控制结构图如图 2-28 所示，MCU 主要作用产生 PWM 输出信号，经过光电隔离电路实现驱动功率输出模块工作，光电隔离和功率输出模块两者联合实现了交直流信号转换，实现低压直流小信号控制了交流大电流高压信号输出，从而使得负载得到功率。

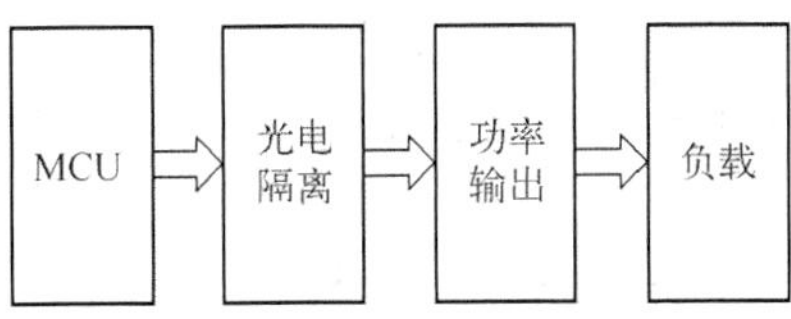

图 2-28　控制结构图

2.6.4 过程实施

（1）任务分析

本设计实现的红外线治疗仪的外形如图 2-29a 所示，为了方便教学，采用了简化设计的方法，将不采纳图 2-29b 所示显示屏，通过对项目分析，认为采用以下的方案较为便捷。

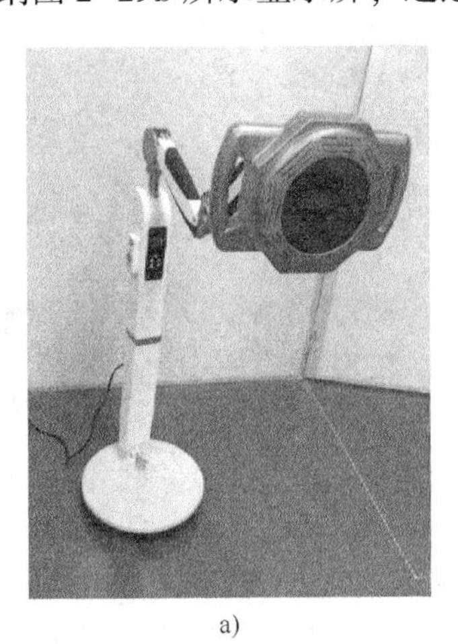

a)

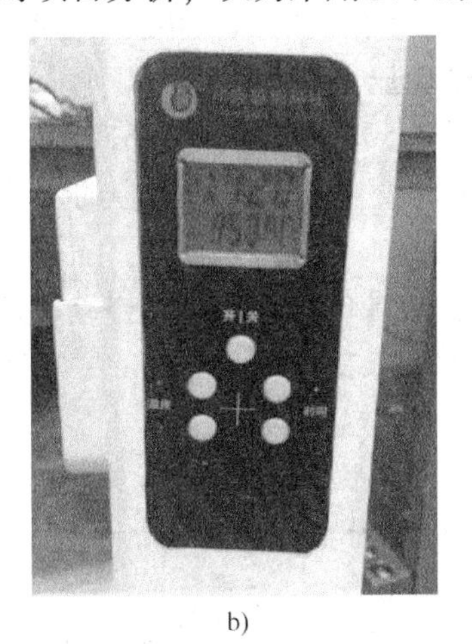

b)

图 2-29　红外线治疗仪的控制系统

1）采用 3 个 LED 分别表示低、中、高 3 个温度等级；另采用 3 个 LED 分别表示 20 min、40 min 和 60 min。

2）采用 5 个按键进行系统控制，其中 1 个电源+功能按键，1 个为温度+、1 个为温度-，1 个为时间+，最后 1 个为时间-。

（2）硬件设计

1）电源及功率输出模块设计。

在可变温度控制系统里，不管是定级还是无级变温系统，电源和功率模块的设计相当重要，如图 2-30 所示。本设计采用了阻容降压的方式对数字系统供电，同时与交流功率输出模块有一个共同的地端，从而实现直流信号控制交流输出。

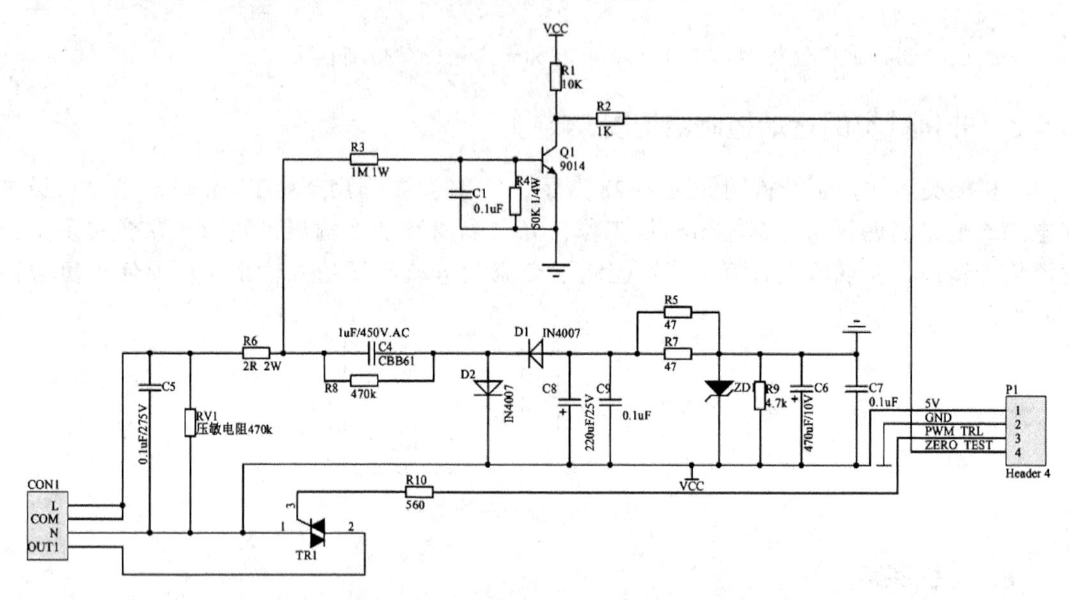

图 2-30　电源和功率输出模块原理图

工作原理如下：交流 220 V/50 Hz 的电源从 CON1 插座相线 L、零线 N 输入，另外 CON1 插座的 COM 和 OUT1 接红外线发热管的两端，其中 TR1 为双向晶闸管，控制信号为 P1 接口的 PWM_CTL 信号。5 V 的电源从相线 L、零线 N 经过电容 C_4 和电阻 R_8 降压后经稳压二极管 VD_1 得到，为单片机等电路进行供电，在 50 Hz 的工频条件下，CBB61 的 1 μF 电容的容抗约为 3180 Ω，当 220 V 的交流电压加在电容的两端，则流过电容的最大电流约为 70 mA。

另外，由 VT_1 组成的共基极放大电路，是用来测量交流信号的过零信号，从而形成数字控制电路的触发信号，在实际应用中可以不需要。

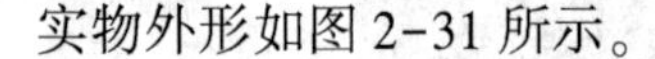

实物外形如图 2-31 所示。

图 2-31　电源和功率输出模块

> 注意事项：
>
> 1）阻容降压电路因直接连接在交流电源的两端，因此有一定的危险性。
>
> 2）现在主流产品已经不采用阻容降压电路进行供电，原因是供电电流有限，电容容易烧坏等，一般采用开关电源进行供电。

2）主控制电路设计。

主控制电路设计主要包括 MCU、显示电路、按键电路、下载电路、PWM 输出接口等。

如图 2-32 所示。

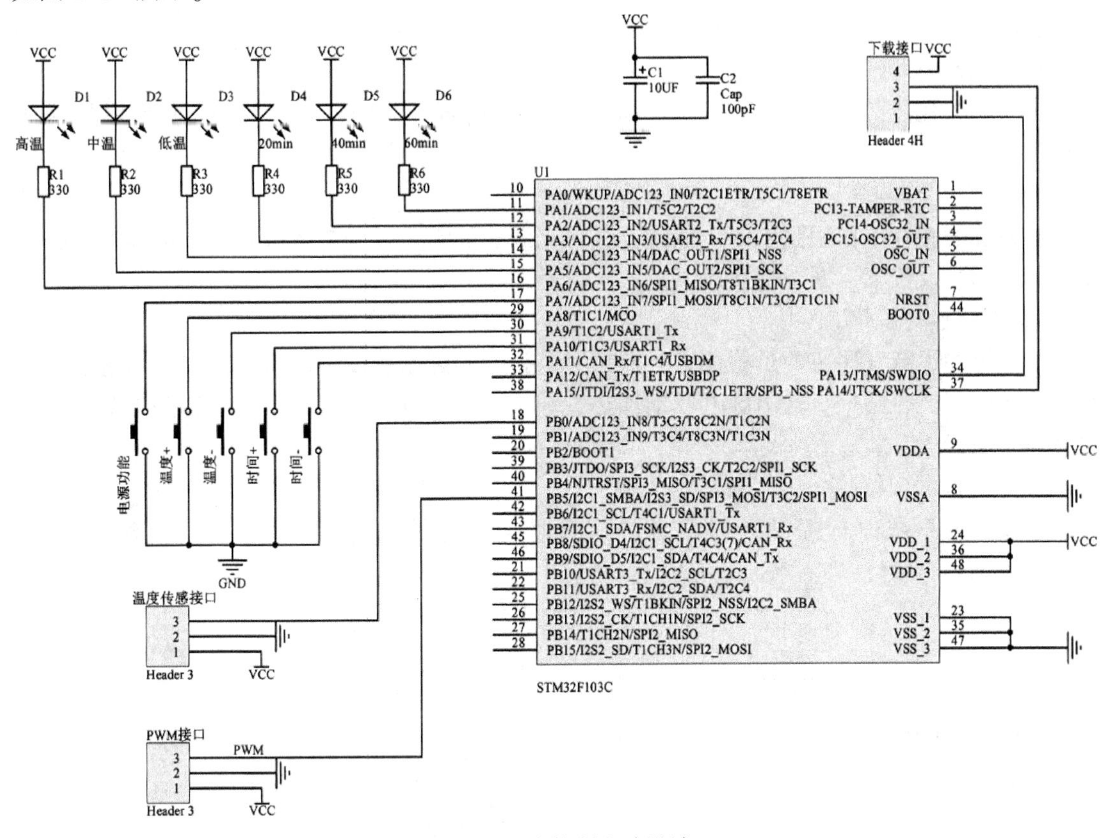

图 2-32　主控制电路设计

从此原理图可见，其实并不复杂。以 STM32F103C 为 MCU，$D_1 \sim D_6$ 为 LED 灯，分别对应温度调节、时间调节 3 个档次，同时有 5 个按键，实现电源功能、温度+、温度-、时间+、时间-的功能。

主控板实物图如图 2-33 所示。

图 2-33　主控板实物图

（3）软件设计

程序设计的流程如图 2-34 所示。主要程序模块有 4 个：

1）系统初始化。

主要初始化按键、LED 显示、PWM 接口的端口设置，此外，还需要初始化定时器为加热计时。

2）键盘工作程序。

本系统的键盘工作用到了 5 个按键，其中电源功能键为多功能按键，第一次按下，系统要运行，第二次按下，系统停止运行。

3）系统运行程序。

本系统的运行程序主要是检测定时器计时是否已经到达所设定的时长，如果到达了时长将会停止运行，否则一直输出脉冲驱动加热管加热。在运行的过程中，按键的停止功能按下将会停止运行。

4）定时器定时程序。

定时器为系统运行提供计时服务。定时器定时时长定为 1 s 时，方便实现 20 min、40 min、60 min 计时。

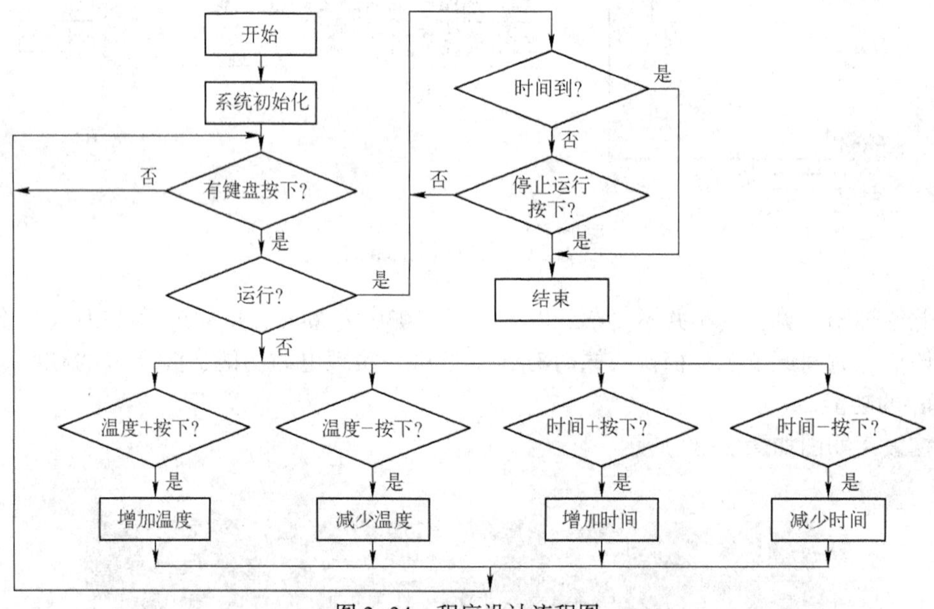

图 2-34　程序设计流程图

系统的整个运行过程是这样子的，系统上电后首先进行初始化按键、LED 显示、PWM 接口的端口设置以及定时器，随后执行键盘扫描过程循环，如果触发电源按键启动运行功能，系统立刻启动定时器计时和 PWM 信号输出，一直升温，直到计时完成或者触发电源按键停止功能，系统停止工作。在不是运行状态时，系统会一直扫描键盘识别是否需要温度和时间参数修改，并根据按键的功能设定用户所需要的时间和温度。

（4）主要程序举例

1）定义全局变量。

定义如下全局变量：

```
uint8_t   point_temp;                //选择温度档位指针
uint8_t   point_time;                //选择时间档位指针
uint8_t   power_fun_flag = 0;        //系统运行开始、停止标志位,0 为停止状态,1 为运行状态
uint16_t  pwm_count;                 //脉冲宽度长度
uint16_t  time_count=0;              //计时量
```

2）初始化程序。

```
void System_Init(void)
{
    GPIO_InitTypeDef        GPIO_InitStrue;
    TIM_OCInitTypeDef       TIM_OCInitStrue;
    TIM_TimeBaseInitTypeDef       TIM_TimeBaseInitStrue;

    RCC_APB1PeriphClockCmd(RCC_APB2Periph_GPIOA,ENABLE);       //使能 GPIOA
    //初始化显示 LED 灯
    GPIO_InitStrue. GPIO_Pin =   GPIO_Pin_1|GPIO_Pin_2|GPIO_Pin_3|GPIO_Pin_4
                                 |GPIO_Pin_3|GPIO_Pin_4;
    GPIO_InitStrue. GPIO_Mode = GPIO_Mode_Out_PP;
    GPIO_InitStrue. GPIO_Speed = GPIO_Speed_50MHz;
    GPIO_Init(GPIOA, &GPIO_InitStrue);
    GPIO_SetBits(GPIOA,GPIO_Pin_1|GPIO_Pin_2|GPIO_Pin_3|GPIO_Pin_4|GPIO_Pin_5
            |GPIO_Pin_6);
    //初始化按键
    GPIO_InitStrue. GPIO_Pin =   GPIO_Pin_7|GPIO_Pin_8|GPIO_Pin_9|GPIO_Pin_10
                                 |GPIO_Pin_11;
    GPIO_InitStrue. GPIO_Mode = GPIO_Mode_IPU;
    GPIO_Init(GPIOA, &GPIO_InitStrue);
}
```

3）按键程序。

```
void Key_Scan(void)
{
    //电源功能键
    if(GPIO_ReadInputDataBit(GPIOA,GPIO_Pin_7)= =0)          //读 GPA7 输入状态
    {
        Delay(1500);                                          //软件防抖
        if(GPIO_ReadInputDataBit(GPIOA,GPIO_Pin_7)= =0)       //读 GPA7 输入状态
        {
            if(power_fun_flag = = 0)
            {
                power_fun_flag = 1;                           //设置为运行标志位
                time_count = 0;                               //计时数清零
                TIM_Cmd(TIM3,ENABLE);                         //启动 PWM 输出
```

```
                TIM_Cmd(TIM2,ENABLE);                    //启动计时        }
            else
            {
                power_fun_flag = 0;                      //设置为停止标志位
                TIM_Cmd(TIM3,DISABLE);                   //停止 PWM 输出
                TIM_Cmd(TIM2,DISABLE);                   //停止计时
            }
        }
    }
    //温度+
    if(GPIO_ReadInputDataBit(GPIOA,GPIO_Pin_8)= =0)          //读 GPA7 输入状态
    {
        Delay(1500);                                         //软件防抖
        if(GPIO_ReadInputDataBit(GPIOA,GPIO_Pin_8)= =0)      //读 GPA7 输入状态
        {
            GPIO_ResetBits(GPIOA,GPIO_Pin_4+point_temp);     //熄灭温度选择档位
            point_temp++ ;                                   //温度档位调高一档
            if(point_temp >= 3)    point_temp =0;            //如果超过第三档,跳回第一档
            GPIO_SetBits(GPIOA,GPIO_Pin_4+point_temp);       //重新点亮新的温度选择档位
        }
    }
    //温度-、时间+、时间- 按键程序类似
}
```

4）定时器程序。

如果采用自动重装载寄存器赋值的方式，定时器周期 TIM_Period 的大小实际上表示的是需要经过 TIM_Period 次计数后才会发生一次更新或中断，需要设置时钟预分频数 TIM_Prescaler。

这里有一个公式，以系统时钟频率为 72 MHz 举例来说明：

$$时钟频率=72\ \text{MHz}/(时钟预分频+1)$$

说明当前设置的 TIM_Prescaler 直接决定定时器的时钟频率。通俗来说，就是 1 s 能计数多少次。比如算出来的时钟频率是 2000，也就是 1 s 会计数 2000 次，而此时如果 TIM_Period 设置为 4000，即 4000 次计数后就会中断一次。由于时钟频率是 1 s 计数 2000 次，因此只要 2 s，就会中断一次。

$$发生中断时间=(\text{TIM\_Prescaler}+1)\times(\text{TIM\_Period}+1)/\text{FLK}$$

用上述公式可算出：发生中断时间 $=(2000-1+1)\times(36000-1+1)/72000000=1(\text{s})$

```
void Timer_Config(void)
{
    RCC_APB1PeriphClockCmd(RCC_APB1Periph_TIM2,ENABLE);

    //允许 TIM2 全局中断 Enable the TIM3 gloabal Interrupt
```

```
    NVIC_InitStructure.NVIC_IRQChannel = TIM2_IRQn;
    NVIC_InitStructure.NVIC_IRQChannelPreemptionPriority = 0x2;
    NVIC_InitStructure.NVIC_IRQChannelSubPriority = 0x2;
    NVIC_InitStructure.NVIC_IRQChannelCmd = ENABLE; NVIC_Init(&NVIC_InitStructure);

    TIM_DeInit(TIM2);
    TIM_TimeBaseStructure.TIM_Period=2000-1;                          //自动重装载寄存器值
    TIM_TimeBaseStructure.TIM_Prescaler=(36000-1);                    //时钟预分频数
    TIM_TimeBaseStructure.TIM_ClockDivision=TIM_CKD_DIV1;             //采样分频
    TIM_TimeBaseStructure.TIM_CounterMode=TIM_CounterMode_Up;         //向上计数模式
    TIM_TimeBaseInit(TIM2,&TIM_TimeBaseStructure);
    TIM_ClearFlag(TIM2,TIM_FLAG_Update);                              //清除溢出中断标志
    TIM_ITConfig(TIM2,TIM_IT_Update,ENABLE);
    //TIM_Cmd(TIM2,ENABLE);                                           //开启时钟
}
```

通过定时器的配置函数，完成了定时器的初始化准备工作，然后再写上中断处理函数。

```
void TIM3_IRQHandler(void)
{

    if (TIM_GetITStatus(TIM3, TIM_IT_Update) != RESET)
    {
        TIM_ClearITPendingBit(TIM3, TIM_IT_Update);
        //自己写的代码
        time_count ++;                                    //计时数自加 1
        switch(point_time)
        {
            case 0:                                       //20 min 档
                if(time_count >= 1200)
                {
                    power_fun_flag = 0;                   //设置为停止标志位
                    TIM_Cmd(TIM3,DISABLE);                //停止 PWM 输出
                    TIM_Cmd(TIM2,DISABLE);                //停止计时
                }break;
            case 1:                                       //40 min 档
                if(time_count >= 2400)
                {
                    power_fun_flag = 0;                   //设置为停止标志位
                    TIM_Cmd(TIM3,DISABLE);                //停止 PWM 输出
                    TIM_Cmd(TIM2,DISABLE);                //停止计时
                }break;
```

```
            case 2:                              //60 min 档
                if(time_count >=3600)
                {
                    power_fun_flag = 0;          //设置为停止标志位
                    TIM_Cmd(TIM3,DISABLE);       //停止 PWM 输出
                    TIM_Cmd(TIM2,DISABLE);       //停止计时
                }break;
            }
        }
}
```

（5）软硬件调试

本任务采用了开环控制的方法，在温度控制时，某一固定的 PWM 设置值对应着某一温度，因此在软件测试时，需要外加温度检测系统来调整不同档位的温度对应的 PWM 设置值。

2.7 任务 2 无级变温恒温系统设计与应用

任务描述

经过上一任务设计出来的温度控制系统交付给某公司检验后发现有问题，温度调节的档位太少，灵活性差，因此要求重新设计一套可以连续控温的系统用于红外线治疗仪。

任务要求

所需要设计的控制系统采用 AC 220V（50~60 Hz）供电，并对红外灯管（额定功率为 120 W）进行功率输出，实现 N 档温度控制（温度范围为 40~130℃，每 5℃一个档位），每档温度可分别选择 3 档工作时长中的一种（20 min、40 min、60 min）。

任务目标

通过无级调温温度控制系统的设计与应用，实现以下目标。

❖ 知识目标

- 了解闭环控制方式的特点。
- 掌握无级调温的工作原理和应用。
- 掌握数字 PID 实现的无级调温的工作原理。

❖ 能力目标

- 能设计一般的闭环控制系统。
- 能编写数字 PID 的程序。
- 能对系统进行调试测量。

❖ 素质目标

善于查找资料分析并解决设计过程中的问题。

2.7.1 闭环控制

闭环控制是根据控制对象输出反馈来进行校正的控制方式，它是在测量出实际与计划发生偏差时，按定额或标准来进行纠正的。闭环控制，从输出量变化取出控制信号作为比较量反馈给输入端控制输入量，一般这个取出量和输入量相位相反，所以叫负反馈控制，自动控制通常是闭环控制。比如家用空调温度的控制。

2.7.2 无级调温

无级调温采用晶闸管调温，利用调整电位器阻值的变化来改变晶闸管的导通使温度的调整由低到高平滑的进行的方式，无级调温电锅炉如图 2-35 所示。没有了档位的区分，实现无级调节，使用更方便。但这种采用模拟电路进行调温的方法，由于存在温漂，难以精确控制。

图 2-35　无级调温电锅炉

目前，无级调温主要采用数字式调温方法，原理是利用 PWM 技术，实现温度相邻等级间的温差很小，连续变化的 PWM 信号输出就可以实现连续变化的温度控制。

2.7.3 数字 PID

1. 定义

自从计算机和各类微控制器芯片进入控制领域以来，用计算机或微控制器芯片取代模拟 PID 控制电路组成控制系统，不仅可以用软件实现 PID 控制算法，而且可以利用计算机和微控制器芯片的逻辑功能，使 PID 控制更加灵活。将模拟 PID 控制规律进行适当变换后，以微控制器或计算机为运算核心，利用软件程序来实现 PID 控制和校正，就是数字（软件）PID 控制。

知识拓展
数字 PID 实现

由于数字控制是一种采样控制，它只能根据采样时刻的偏差值来计算控制量，因此需要对连续 PID 控制算法进行离散化处理。对于实时控制系统而言，尽管对象的工作状态是连续的，但如果仅在离散的瞬间对其采样进行测量和控制，就能够将其表示成离散模型，当采样周期足够短时，离散控制形式便能很接近连续控制形式，从而达到与其相同的控制效果。

2. 分类

PID 控制算法在实际应用中又可分为两种：位置式 PID 控制算法和增量式 PID 控制算法。

3. 算法说明

以数字 PID 控制器的增量式算法为例进行说明如下：

$$u(kT)=u((k-1)T)+\left(K_P+K_IT+\frac{K_D}{T}\right)e(kT)-\left(K_P+\frac{2K_D}{T}\right)e((k-1)T)+\frac{K_D}{T}e((k-2)T)$$

其中，T 为步长，即采样周期（由微控制器的定时器确定）。

令 $u(kT)=u(k)$，便得到PID控制器增量式算法的差分方程：

$$u(k)=u(k-1)+\left(K_P+K_IT+\frac{K_D}{T}\right)e(k)-\left(K_P+\frac{2K_D}{T}\right)e(k-1)+\frac{K_D}{T}e(k-2)$$

为使编程方便，可引入中间变量，定义如下：

$$a_0=K_P+K_IT+\frac{K_D}{T}\quad a_1=K_P+\frac{2K_D}{T}\quad a_2=\frac{K_D}{T}$$

则，PID控制器增量式算法的差分方程为

$$u(k)=u(k-1)+a_0e(k)-a_1e(k-1)+a_2e(k-2)$$

说明：

1）在PID增量式算法中只需对输出 $u(t)$ 进行限幅处理。

2）当微分系数 $K_D=0$ 时，PID控制器就成了PI控制器（在编写PID程序时默认使其为PI调节器）；当积分系数 $K_I=0$ 时，PID控制器就成了PD控制器。

4. 算法编程举例

以某调速系统举例，程序采用了模块化编程的思想，这样做的目的是增强代码的可移植性及程序的可读性。

程序被拆分成3个模块：

1）PID的头文件“PID. h”：主要是定义算法实现有关的数据类型。

2）PID的源文件“PID. c”：主要是定义算法实现的函数。

3）主函数文件“main. c”：PID程序的使用方法，即在主程序中做相应的初始化工作，在中断服务程序中进行PID的计算。

以下是PID的头文件代码：

```
//PID. h
//定义 PID 计算用到的结构体类型
typedef struct
{
    float Ref;              //输入:系统待调节量的给定值
    float Fdb;              //输入:系统待调节量的反馈值

    //PID 控制器部分
    float Kp;               //参数:比例系数
    float Ki;               //参数:积分系数
    float Kd;               //参数:微分系数
    float T;                //参数:离散化系统的采样周期

    float a0;               //变量:a0
    float a1;               //变量: a1
    float a2;               //变量: a2

    float Err;              //变量:当前的偏差 e(k)
    float Err_1;            //历史:前一步的偏差 e(k-1)
```

```
    float Err_2;            //历史:前一步的偏差 e(k-2)

    float Out;              //输出:PID 控制器的输出 u(k)
    float Out_1;            //历史:PID 控制器前一步的输出 u(k-1)
    float OutMax;           //参数:PID 控制器的最大输出
    float OutMin;           //参数:PID 控制器的最小输出
}PID;
//定义 PID 控制器的初始值
#define PID_DEFAULTS {0,0, 0,0,0, 0.0002, 0,0,0, 0,0,0, 0,0,0,0}
```

以下是 PID 的源文件代码:

```
//PID.C
#include "PID.h"
//=====================函数定义========================
void pid_calc(PID *p)
{
    float a0,a1,a2;
    //计算中间变量 a0、a1、a2
    a0=p->Kp+p->Ki*p->T+p->Kd/p->T;
    a1=p->Kp+2*p->Kd/p->T;
    a2=p->Kd/p->T;
    //计算 PID 控制器的输出
    p->Out=p->Out_1+a0*p->Err-a1*p->Err_1+a2*p->Err_2;

    //输出限幅
    if(p->Out>p->OutMax)
        p->Out=p->OutMax;
    if(p->Out<p->OutMin)
        p->Out=p->OutMin;

    //为下步计算做准备
    p->Out_1=p->Out;
    p->Err_2=p->Err_1;
    p->Err_1=p->Err;

}
```

以下是 main.c 的源文件代码:

```
#include "PID.h"
//==============宏定义=====================
#define T0      0.0002          //离散化采样周期,单位 s
//=============全局变量========================
//定义 PID 控制器对应的结构体变量
```

```
PID ASR=PID_DEFAULTS;                                   //速度 PI 调节器 ASR

//定义 PID 控制器的参数及输出限幅值
float SpeedKp=2,SpeedKi=1,SpeedLimit=10;  //速度 PI 调节器 ASR

void main()
{
    //初始化 PID 控制器
    ASR.Kp=SpeedKp;
    ASR.Ki=SpeedKi;
    ASR.T=T0;
    ASR.OutMax=SpeedLimit;
    ASR.OutMin=-SpeedLimit;
}

//============中断服务程序====================
//本中断服务程序请根据 MCU 的种类自行修改
interrupt void T1UFINT_ISR(void)
{
//转速调节 ASR
    ASR.Ref=input1;                           //速度给定
    ASR.Fdb=input2;                           //速度反馈
    ASR.Err=ASR.Ref-ASR.Fdb;                  //偏差
    ASR.calc(&ASR);                           //函数调用:启动 PID 计算
    output=ASR.Out;                           //读取 PID 控制器的输出
}
```

2.7.4 过程实施

(1) 任务分析

通过本设计实现的红外线治疗仪的控制系统如图 2-36a 所示，为了能实时显示温度值和时间值，采用了图 2-36b 所示的显示屏，通过对项目分析，需要实现以下功能：

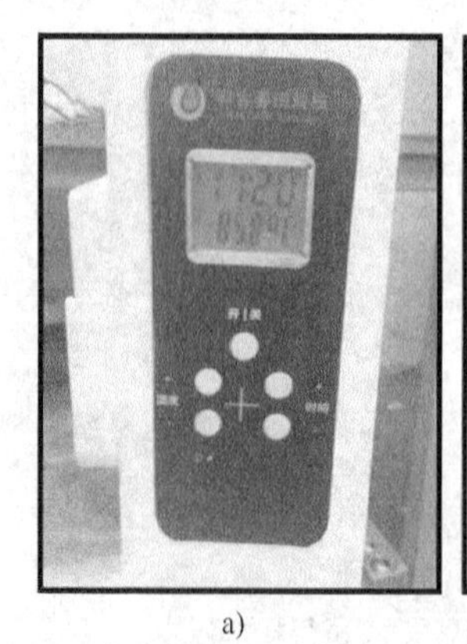

a)

b)

图 2-36　红外线治疗仪的控制系统

1）时间参数设定，按“时间加减键”来设定所需的工作时间。

2）温度参数设定，按“温度加减键”来设定所需的工作温度。

3）过程中显示检测的实际温度和倒计时间。

（2）硬件设计

1）电源与功率输出模块。

本模块与任务 1 的相同。

2）主控制电路。

无级调温控制系统的主电路如图 2-37 所示，与任务 1 相比，将 LED 显示改成液晶屏显示，同时增加温度传感器实时测量温度，形成完整的闭环控制电路。

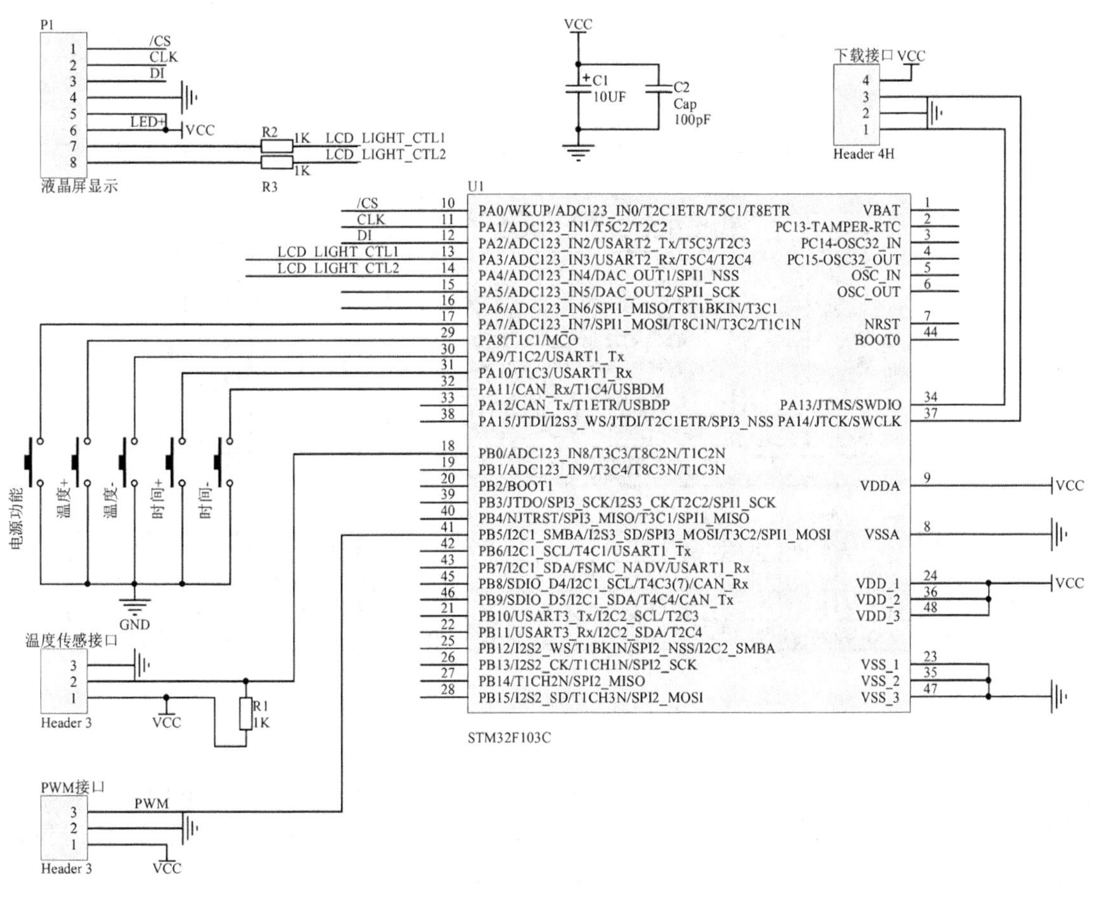

图 2-37　无级调温系统的主控电路

3）液晶显示屏控制显示。

液晶显示屏采用了华欧电子 HEO-LCD10803R 型号的 8 段码 LCD 液晶模块，本模块可以显示两排数字“8”，第一排显示 88：88，第二排显示 88：88：88，自带了 HT1621 驱动，工作电压 3~5 V，背光可选蓝色、绿色和红色，编程方便，采用三线式串行接口（CS 片选、CLK 时钟、DI 数据）。其结构及工作原理如图 2-38 所示。从器件的右下方为第一个数字“8”，左上方为第十个数字“8”，呈现反“Z”字排列。

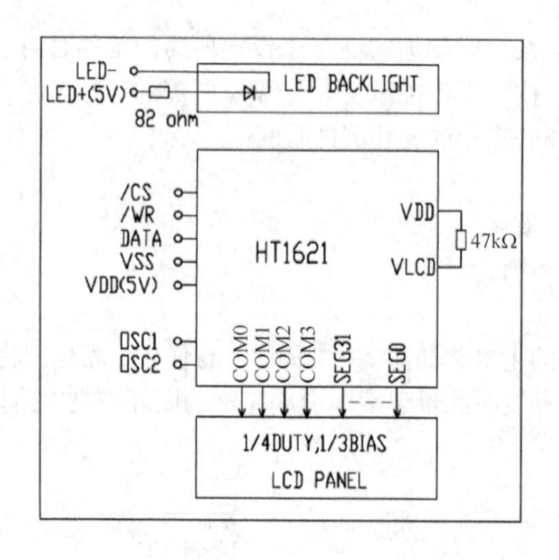

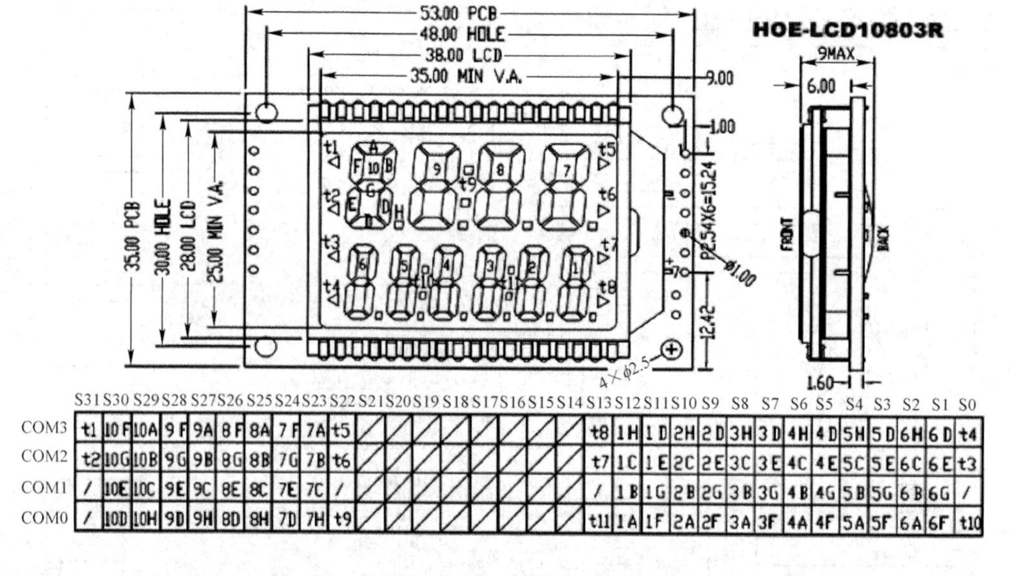

	S31	S30	S29	S28	S27	S26	S25	S24	S23	S22	S21	S20	S19	S18	S17	S16	S15	S14
COM3	t1	10F	10A	9F	9A	8F	8A	7F	7A	t5								
COM2	t2	10G	10B	9G	9B	8G	8B	7G	7B	t6								
COM1	/	10E	10C	9E	9C	8E	8C	7E	7C	/								
COM0	/	10D	10H	9D	9H	8D	8H	7D	7H	t9								

	S13	S12	S11	S10	S9	S8	S7	S6	S5	S4	S3	S2	S1	S0
COM3	t8	1H	1D	2H	2D	3H	3D	4H	4D	5H	5D	6H	6D	t4
COM2	t7	1C	1E	2C	2E	3C	3E	4C	4E	5C	5E	6C	6E	t3
COM1	/	1B	1G	2B	2G	3B	3G	4B	4G	5B	5G	6B	6G	/
COM0	t11	1A	1F	2A	2F	3A	3F	4A	4F	5A	5F	6A	6F	t10

图 2-38　LCD 显示屏结构及工作原理

利用 MCU 对显示屏写数据便可以进行显示，对 HT1621 驱动显示芯片的内存写显示数据内容，HT1621 收到数据后进行转译并显示。HT1621 驱动显示芯片共有 4 个 32 位的存储空间，包括了 10 个数字“8”所有段码以及 t1～t11 的辅助显示位，COM0-3 是指向了这 4 个 32 位字的存储地址。如需要显示第 10 个数字“8”的 A 段码，只需要往 COM3 所指向第 4 个 32 位字的 S29 位写数字 1 即可点亮。

主要的驱动程序代码可以扫描二维码查看。

4）温度传感器设计。

程序代码

液晶显示屏驱动程序

本系统设计采用美信公司的 DS18B20 数字式温度传感器。单片机通过 1-Wire 协议与 DS18B20 通信，最终将温度读出。1-Wire 总线的硬件接口很简单，只需要把 DS18B20 的数据引脚和单片机的一个 IO 口接上就可以了。DS18B20 的电路图如图 2-39 所示。

DS18B20 通过编程，可以实现最高 12 位的温度存储值，在寄存器中，以补码的格式存储，DS18B20 温度数据格式如图 2-40 所示。

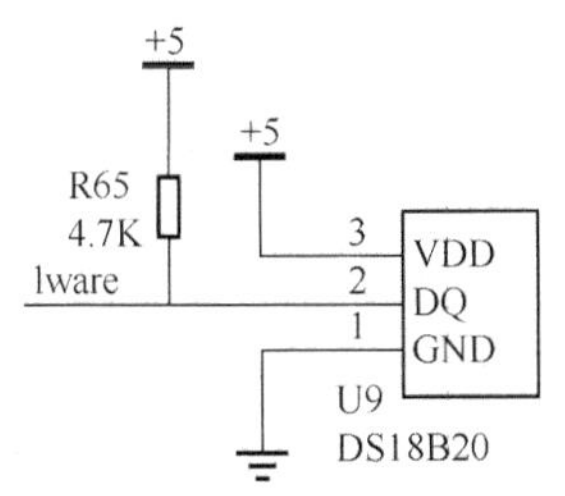

图 2-39　DS18B20 电路原理图

2^3	2^2	2^1	2^0	2^{-1}	2^{-2}	2^{-3}	2^{-4}	LSB
MSb			(unit =℃)				LSb	
S	S	S	S	S	2^6	2^5	2^4	MSB

图 2-40　DS18B20 温度数据格式

DS18B20 温度数据一共两字节，LSB 是低字节，MSB 是高字节，其中 MSb 是字节的高位，LSb 是字节的低位。可以看出，二进制数字每一位代表的温度含义。其中 S 表示符号位，低 11 位都是 2 的幂，用来表示最终的温度。DS18B20 的温度测量范围是-55°～+125°，而温度数据的表现形式有正负温度值，寄存器中每个数字如同卡尺的刻度一样分布，DS18B20 温度值如图 2-41 所示。

TEMPERATURE	**DIGITAL OUTPUT (Binary)**	**DIGITAL OUTPUT (Hex)**
+125℃	0000 0111 1101 0000	07D0h
+25.0625℃	0000 0001 1001 0001	0191h
+10.125℃	0000 0000 1010 0010	00A2h
+0.5℃	0000 0000 0000 1000	0008h
0℃	0000 0000 0000 0000	0000h
-0.5℃	1111 1111 1111 1000	FFF8h
-10.125℃	1111 1111 0101 1110	FF5Eh
-25.0625℃	1111 1110 0110 1111	FF6Fh
-55℃	1111 1100 1001 0000	FC90h

图 2-41　DS18B20 温度值

二进制数字与温度变化的映射关系为：二进制数字最低位变化 1，代表温度变化 0. 0625℃。当 0℃的时候，那就是 0x0000，当 125℃的时候，对应十六进制是 0x07D0，当温度是零下 55℃的时候，对应的数字是 0xFC90。反过来说，当数字是 0x0001 的时候，那温度就是 0. 0625℃了。

驱动程序代码可以扫描二维码查看。

程序代码

温度传感器驱动程序

(3) 软件设计

无级调温控制系统的程序设计与任务 1 的程序有类似的地方，整个流程如图 2-42 所示。在主循环中需要不断地采集温度值，经过 PID 处理后实时调速 PWM，从而实现控温。另外还需要将显示的程序按 LCD 显示屏的进行修改实现。

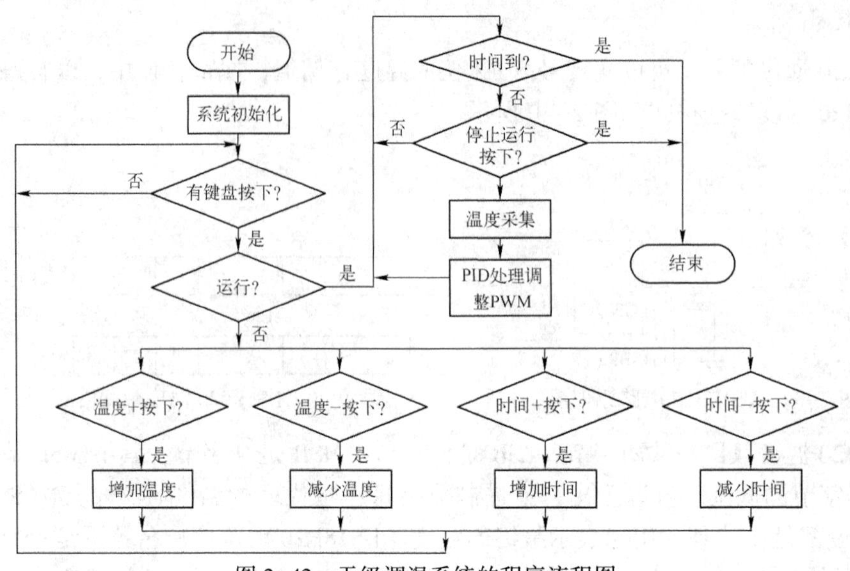

图 2-42　无级调温系统的程序流程图

（4）系统调试

本系统的调试关键是 PID 控温曲线的控制，需要经过测试对 PID 的参数进行调整，可以参考 4.6 节内容。

2.8　任务 3　可运动的温度控制系统设计与应用

任务描述

现某公司对任务 2 设计的无级调温控制系统小批量生产后，投入市场应用。有客户反映，产品在某一个瞬间出现温度过高，有灼伤肌肤的可能，经技术部门查出问题是：在 PID 控温时第一个温度峰值过高，会对人体肌肤造成伤害，因此该公司希望在红外线治疗仪的关节处添加一个电机来控制灯头与人体之间的距离，如图 2-43 箭头所指处，形成一个电动关节。

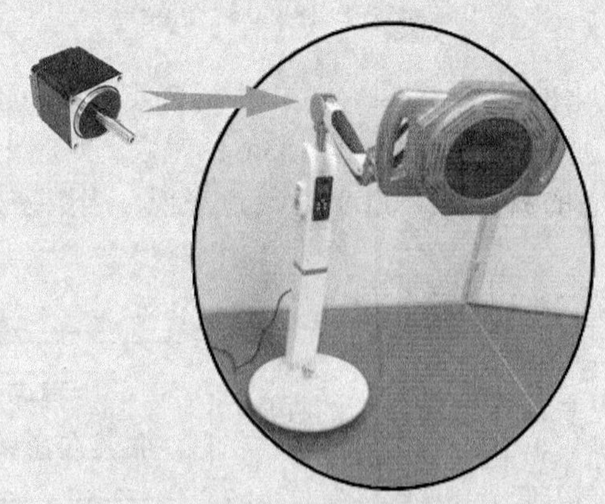

图 2-43　电动关节

任务要求

所需要设计的电动关节控制系统能进行手动和自动控制，手动控制时可以调整红外线治疗仪灯头与人体的距离，当治疗仪工作时，会根据检测到仪器表面的温度进行自动调节距离，原则上表面温度比所设定的温度高时，需要增大灯头与人体的距离，当温度降下来或者低于所设定温度时，又可以自动回到初始设定的高度。

任务目标

通过步进电机控制系统的设计与应用，达到以下的目标：

❖ 知识目标
- 掌握机械类运动控制的主要实现方式。
- 了解步进电机的性能特性。
- 了解步进电机控制的通用原理图。
- 掌握步进电机的开环控制优点。

❖ 能力目标
- 能根据应用选用合适的步进电机。
- 能搭建步进电机硬件电路。
- 能编写步进电机的驱动程序。
- 能对系统进行调试测量。

❖ 素质目标

善于查找资料分析并解决设计过程中的问题。

2.8.1 步进电机的使用特性与工作特点

1. 工作特点

1）步进电机受控于脉冲电流，其输出的角位移严格与输入脉冲的数量成正比，角速度严格与频率成正比，改变通电顺序即可改变电机的转动方向。

2）若维持通电绕组的电流不变，电机便停在某一位置不动，即步进电机具有自锁能力，不需机械制动。

3）有一定的步距精度，没有累积误差。

4）缺点是效率低。

2. 使用特性

（1）步距误差

步距误差直接影响执行部件的定位精度。步进电机单相通电时，步距误差决定于定子和转子的分齿精度、各相定子错位角度的精度。多相通电时，步距角不仅和上述加工装配精度有关，还和各相电流的大小、磁路性能等因素有关。国产步进电机的步距误差一般为±10′~±15′，功率步进电机的步距误差一般为±20′~±25′。

（2）最高起动频率和最高工作频率

空载时，步进电机由静止突然起动，并不失步地进入稳速运行，所允许的起动频率的最高值称为最高起动频率。起动频率大于此值时步进电机便不能正常运行。最高起动频率 f_g 与步进电机的惯性负载 J 有关，J 增大则 f_g 将下降。国产步进电机的 f_g 最大可超过 5000 Hz，功率步进电机的 f_g 一般为 1000~3000 Hz。步进电机连续运行时所能接受的最高频率称为最高工作频率，它与步距角一起决定执行部件的最大运动速度，它和 f_g 一样决定于负载惯量 J，还与定子相数、通电方式、控制电路的功率放大级等因素有关。

（3）输出的转矩-频率特性

步进电机的定子绕组本身就是一个电感性负载，输入频率越高，激磁电流就越小。另外，频率越高，由于磁通量的变化加剧，以致铁心的涡流损失加大。因此，输入频率增高后，输出力矩 M_d 要降低。功率步进电机最高工作频率的输出转矩只能达到低频转矩的 40%~50%，应根据负载要求参照高频输出转矩来选用步进电机的规格。

2.8.2 步进电机的选用及其注意事项

在选择步进电机时可以按以下步骤进行，具体如下。

1. 步进电机转矩的选择

步进电机的保持转矩，近似于传统电机所称的“功率”。当然，有着本质的区别。步进电机的物理结构，完全不同于交流、直流电机，电机的输出功率是可变的。通常根据需要的转矩大小（即所要带动物体的扭力大小），来选择不同型号的电机。大致说来，扭力在 0.8 N · m 以下，选择 20、28、35、39、42（电机的机身直径或方度，单位：mm）；扭力在 1 N · m 左右的，选择 57 电机较为合适。扭力在几个 N · m 或更大的情况下，就要选择 86、110、130 等规格的步进电机。

2. 步进电机转速的选择

对于电机的转速也要特别考虑。因为，电机的输出转矩与转速成反比。就是说，步进电机在低速（每分钟几百转或更低转速，其输出转矩较大），在高速旋转状态时的转矩（1000~9000 rad/min）就很小了。当然，有些工况环境需要高速电机，就要对步进电机的线圈电阻、电感等指标进行衡量。选择电感稍小一些的电机作为高速电机，能够获得较大的输出转矩。反之，要求低速大力矩的情况下，选择电感最好为十几或几十 mH，电阻也要大一些。

3. 步进电机空载起动频率的选择

步进电机空载起动频率，通常称为“空起频率”。这是选购电机比较重要的一项指标。如果要求在瞬间频繁起动、停止，并且，转速在 1000 rad/min 左右（或更高），通常需要“加速起动”。如果需要直接起动达到高速运转，最好选择反应式或永磁电机。这些电机的“空起频率”都比较高。

4. 步进电机的相数选择

对于步进电机的相数选择，很多用户没有重视，大多是随便购买。其实，不同相数的电机，工作效果是不同的。相数越多，步距角就能够做的比较小，工作时的振动就相对小一些。大多数场合，使用两相电机比较多。在高速大力矩的工作环境，选择三相步进电机是比较实用的。

2.8.3　步进电机的控制原理

步进电机的控制原理图如图 2-44 所示，微处理器出来的信号与步进电机之间需要增加驱动器，步进电机驱动器的出现使得微处理器的编程变得简单，同时又解决了步进电机所需要的功率问题。

雷赛科技公司型号为 DM542 的步进电机驱动器，如图 2-45 所示。这类驱动器可以根据需要调整电机转动的精度，可以通过驱动器上的拨码开关（圈中就是拨码开关）设定细分数，细分数就是步进电机转一圈需要的脉冲数，细分数越大，电机转一圈所需要的脉冲数就越大，电机带动产生的最小位移量就越小，精度就越高。

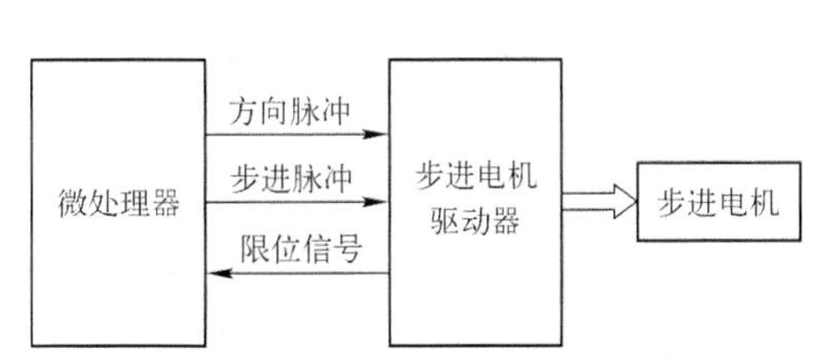

图 2-44　步进电机的控制原理图

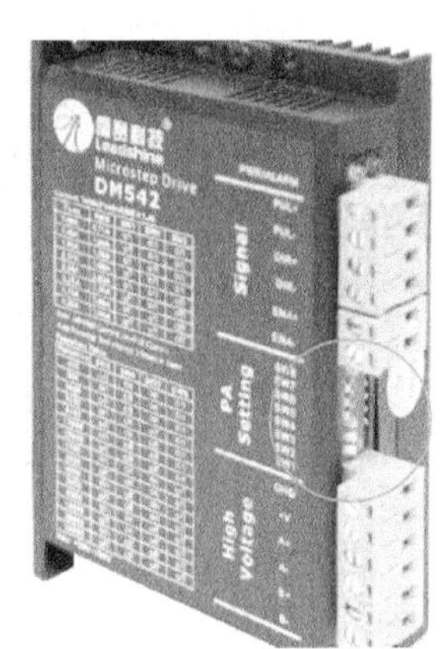

图 2-45　DM542 步进电机的驱动器

2.8.4　步进电机控制系统的典型接线

步进电机控制系统的典型接线方法如图 2-46 所示，控制器与驱动器 DM542 的连接线有 PUL+、PUL-、DIR+、DIR-、ENA+、ENA-共 6 个，其实就是三对差分信号线，分别为脉冲、方向、位选信号；驱动器 DM542 与步进电机 57HS13 的连接有两对差分信号 A+、A-、B+、B-；同时给驱动器接上供电电源，便完成整个接线。

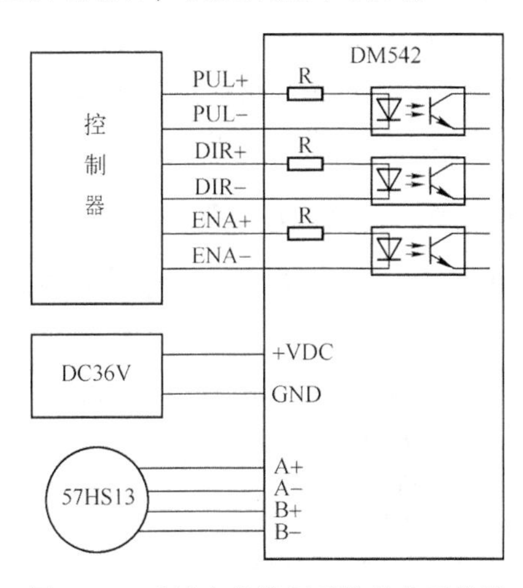

图 2-46　步进电机控制系统的典型接线

使用步进电机驱动器大大降低了驱动步进电机工作的难度，只需要用三路信号就可以驱动步进电机运动。他们分别是 PUL-、DIR-和 ENA-，具体情况见表 2-1。硬件设计时 PUL+、DIR+和 ENA+需要接直流+5 V 电压。

表 2-1　控制信号

名　称	功　能
PUL+（+5 V） PUL-（PUL）	脉冲控制信号：脉冲上升沿有效；PUL-高电平时 4~5 V，低电平时 0~0.5 V，为了可靠响应脉冲信号，脉冲宽度应大于 1.2 μs。如采用+12 V 或+24 V 时需串电阻
DIR+（+5 V） DIR-（DIR）	方向信号：高/低电平信号，为保证电机可靠换向，方向信号应先于脉冲信号至少 5 μs 建立。电机的初始运行方向与电机的接线有关，互换任一相绕组（如 A+、A-交换）可以改变电机初始运行的方向，DIR-高电平时 4~5 V，低电平时 0~0.5 V
ENA+（+5 V） ENA-（ENA）	使能信号：此输入信号用于使能或禁止。ENA+接+5 V，ENA-接低电平（或内部光耦导通）时，驱动器将切断电机各相的电流，使电机处于自由状态，此时步进脉冲不被响应。当不需用此功能时，使能信号端悬空即可

为了使步进电机能够正常运转，控制器通过 IO 口给出的信号要满足图 2-47 中的时间时序。首先需要让使能信号置为高电平。这就相当于告诉驱动器，要开始控制了。

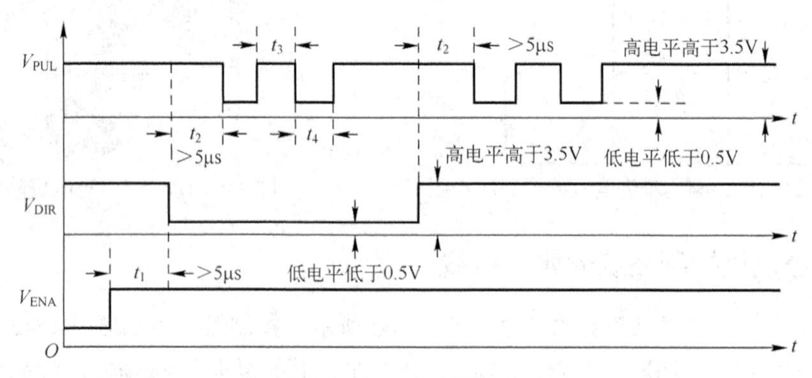

图 2-47　步进电机控制信号时序图

然后就是给驱动器一个方向信号，高速驱动器要控制电机顺时针转动还是逆时针转动。而且这个时间是有要求的，要大于 5 μs。就是使能信号给出后，大于 5 μs 后再给一个方向信号。

接下来就是让步进电机转起来，通过单片机输出脉冲信号，送给步进电机驱动器，进而控制步进电机。方向信号给了之后，也是需要至少大于 5 μs 之后再给脉冲控制信号。

2.8.5　步进电机驱动程序范例

本程序基于 51 单片机控制、可以实现蜗轮蜗杆减速器输出轴转动一圈，细分数 400，减速比 1:10，4000 个脉冲转一圈。

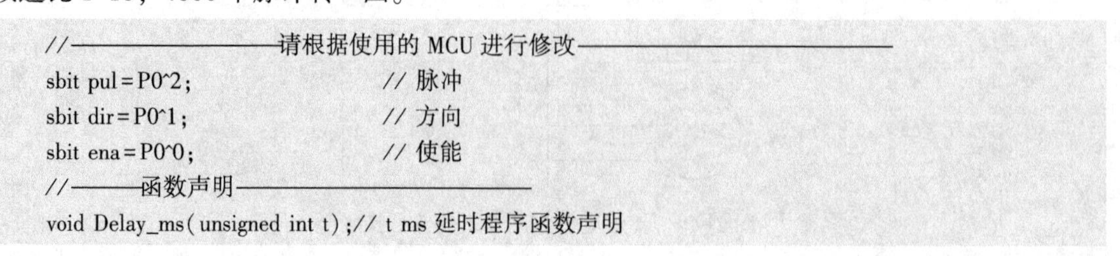

```
//——————————请根据使用的 MCU 进行修改——————————
sbit pul=P0^2;                  // 脉冲
sbit dir=P0^1;                  // 方向
sbit ena=P0^0;                  // 使能
//———函数声明——————————
void Delay_ms(unsigned int t);// t ms 延时程序函数声明
```

```
//————主程序————————————————————————————
//包括:器件初始化、变量初始化、程序主循环
void main()
{
    unsigned int l;
    Delay_ms(2000);

    dir=0;
    ena=0;
    Delay_ms(1);                          //电机使能
    ena=1;
    Delay_ms(1);

    for(l=0;l<4000;l++)                   //转 4000 个脉冲
    {
        pul=0;                            //
        Delay_ms(1);
        pul=1;                            //产生一个下降沿
        Delay_ms(1);
    }
    while(1);
}


//————延时函数——————————————
//12 MHz 晶振时,t=1,精确延时 1 ms
//输入参数 t,取值 0~65536,改变参数 t 的值设定延时时间
//———————————————————
void Delay_ms(unsigned int t)
{
    unsigned int i;
    unsigned char j,k;
    for(i=t;i>0;i--)                      //3 重循环完成精确 1 ms 延时
        for(j=2;j>0;j--)
            for(k=246;k>0;k--);
}
```

2.8.6 过程实施

1. 任务分析

在任务 1、2 的基础上实现本系统的性能升级时，技术层面遇到了一个问题，就是电源供电能力。如果继续采用任务 1、2 的阻容降压电路来实现，供电的电流只有上百毫安，远远不足于给步进电机供电。为此，需要对电源和功率输出模块进行重新设计，将用开关电源来实现。

2. 硬件设计

（1）电源与功率输出模块

供电电源与功率输出模块的原理图如图 2-48 所示。

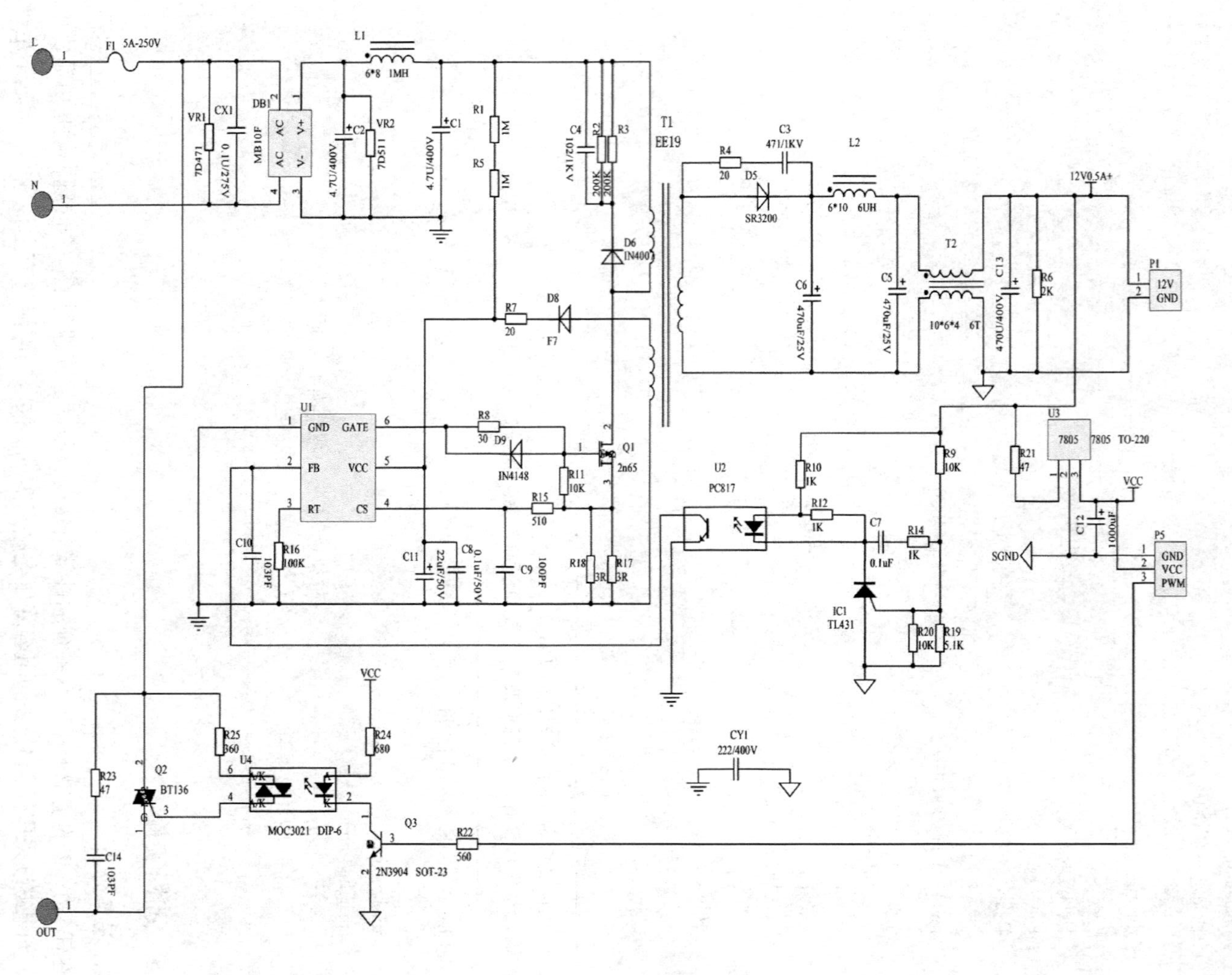

图2–48　供电电源与功率输出模块电路图

本供电电源与功率输出模块主要由 3 部分组成：第一部分是 12 V 5 A 的主开关电源输出，见 P1 接口；第二部分是主 12 V 转 5 V 的电源，为 MCU 供电，见 U3 的 7805 线性稳压芯片，输出口为 P5；第三部分是功率输出模块，由双晶闸管 Q2 和交流光耦芯片 U4（MOC3021）组成。

MOC3021 是摩托罗拉生产的晶闸管输出的光电耦合器；常用做大功率晶闸管的光电隔离触发器，且是即时触发的；还有 MOC3041、MOC3061、MOC3081 等，是过零触发的。

具体的电源与功率模块输出模块实物如图 2-49 所示。

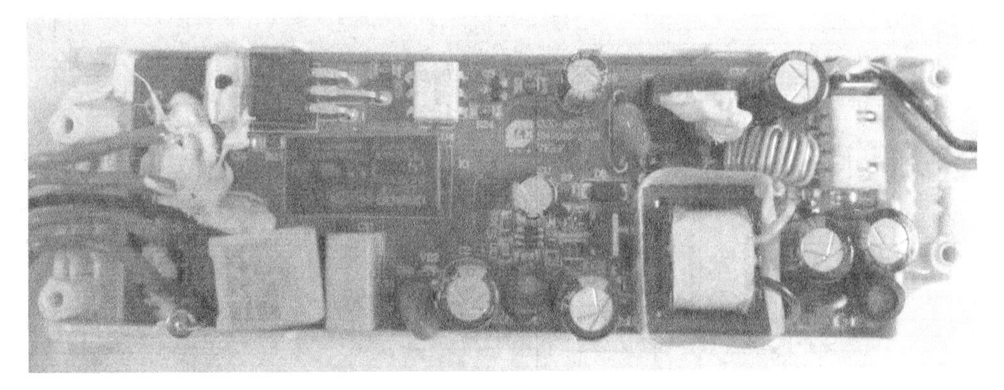

图 2-49　电源与功率模块实物

（2）主控制电路

主控制电路如图 2-50 所示。整个主控制电路在任务 2 的基础上，增加了步进电机的驱动模块，见图中 U2 所示的 A4988。

A4988 是一款带转换器和过流保护的 DMOS 微步进电机驱动器，它用于操作双极步进电机，在步进模式，输出驱动的能力 35 V 和±2 A。转换器 A4988 方便实现各种应用，只要在“STEP”引脚输入一个脉冲，即可驱动电动机产生微步。无须进行相位顺序表、高频率控制行或复杂的界面编程，A4988 非常适合不可用复杂的微处理器或过载的情况下，具有以下特点：

- 控制简单，只需要控制 STEP 与 DIR 两个端口。
- 精度调整，5 种不同的步进模式：全、半、1/4、1/8、1/16。
- 可调电位器可以调节输出电流，从而获得更高的步进率。
- 兼容 3.3 V 和 5 V 的逻辑输入。

3. 程序设计

该任务的程序设计与任务 2 的程序有类似的地方，整个流程如图 2-51 所示，在主循环中需要不断地采集温度值，根据实时温度来驱动步进电机及时调整灯头与人体之间的距离。

初始的距离为 10 cm，这个距离也是最小的极限距离，调整的距离与温度之间的关系，可以作一个简单的算法，如温度超过所设定温度时，每超过 1℃就远离人体 1 cm，1 cm 对应 1000 个脉冲即可。

4. 系统调试

本系统的调试关键是步进电机的控制，需要认真清楚步进电机的类型，分清是 42 还是 57 步进电机，根据实际所使用的电机来进行调试。

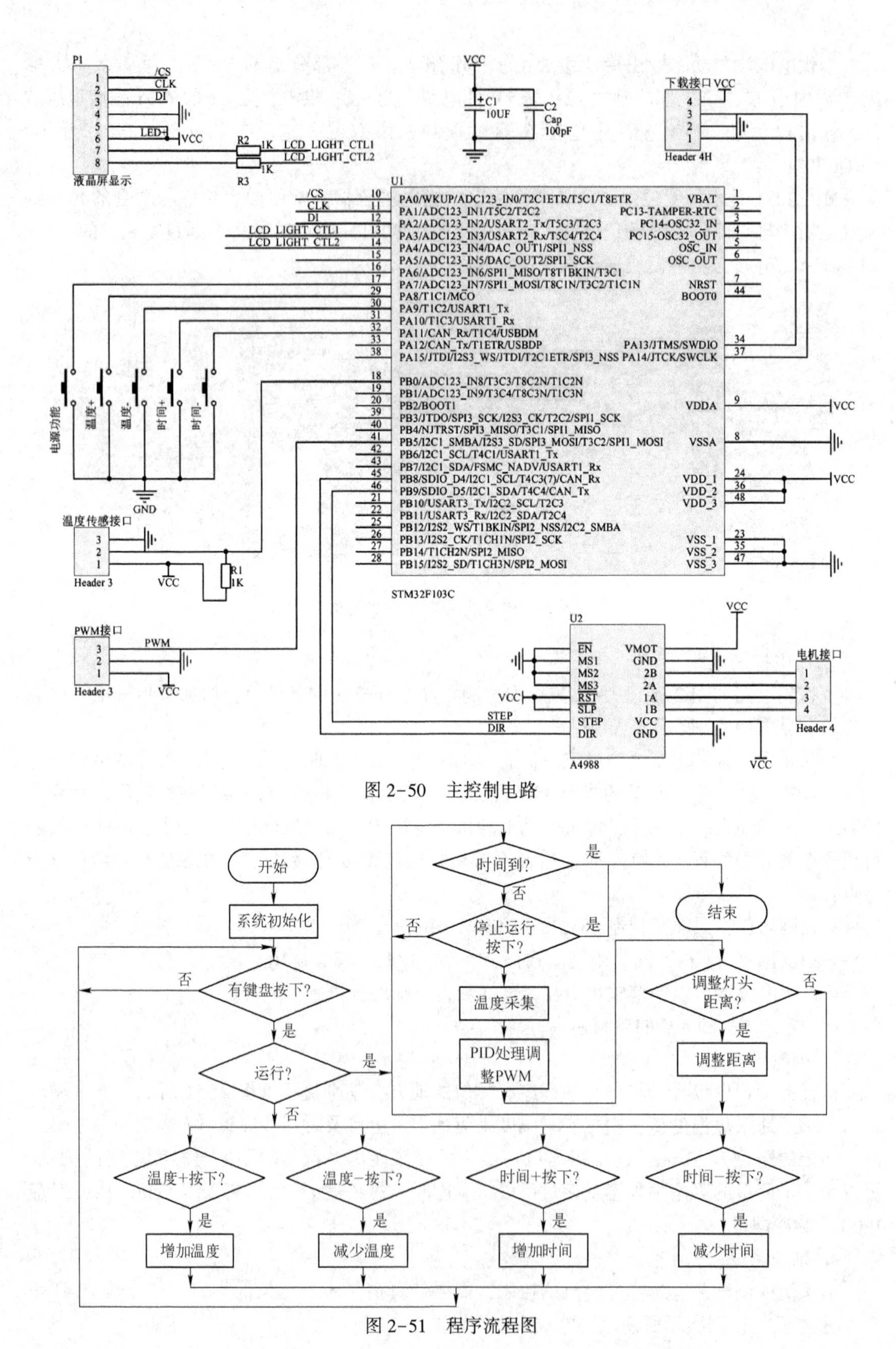

图 2-50　主控制电路

图 2-51　程序流程图

小结

通过本学习情境的学习，掌握了有关人工智能的运动方面控制设计与实现的知识，理解了人工智能的出现是为了应用，而应用最直接的体现就是运动。通过学习非机械类和机械类两大种类的运动控制设计，学习到了运动的类型、反馈的理论和 PID 控制算法，以及 PWM 技术，这为实现人工智能控制提供了良好的技术基础。

课后习题

第一部分

简答题

1）什么是智能控制？

2）请举例说明智能控制的应用。

3）请举例说明广义运动和狭义运动的内涵。

4）请举例说明反馈的分类。

5）什么是 PWM 技术？PWM 在工程控制运动领域的作用是什么？

第二部分

一、单选题

1）某三相反应式步进电机的转子齿数为 50，其齿距角为（　　）。

A. 7.2°　　B. 120°　　C. 360°电角度　　D. 120°电角度

2）某四相反应式步进电机的转子齿数为 60，其步距角为（　　）。

A. 1.5°　　B. 0.75°　　C. 45°电角度　　D. 90°电角度

3）某三相反应式步进电机的初始通电顺序为 A→B→C，下列可使电机反转的通电顺序为（　　）。

A. C→B→A　　B. B→C→A　　C. A→C→B　　D. B→A→C

4）反馈控制系统是指系统中有（　　）。

A. 惯性环节　　B. 反馈回路　　C. 积分环节　　D. PID 调节器

5）对于控制系统中，所谓开环是指（　　）。

A. 无信号源　　B. 无反馈通路　　C. 无电源　　D. 无负载

6）对于控制系统中，所谓闭环是指（　　）。

A. 考虑信号源内阻　　B. 存在反馈通路

C. 接入电源　　D. 接入负载

7）在输入量不变的情况下，若引入反馈后（　　），则说明引入的是负反馈。

A. 输入电阻增大　　B. 输出量增大

C. 净输入量增大　　D. 净输入量减小

二、填空题

1）在一般工业过程控制系统中常用的经典控制规律是 PID 控制规律，即________控制规律。

2）数字 PID 算法参数整定的内容包括________、________、________和________。

3）三相步进电机的工作方式可分为：________、________、________。

4）步进电机主要由两部分构成：________和________。

三、简述题

1）如何控制步进电机的角位移和转速？步进电机有哪些优点？

2）步进电机的转速和负载大小有关系吗？怎样改变步进电机的转向？

3）简述 PID 调节规律的含义并说明各控制作用的功能。

4）有一台四相反应式步进电机，其步距角为 1.8°/0.9°，试求：

①转子齿数是多少？②写出四相八拍的一个通电顺序；③A 相绕组的电流频率为400 Hz 时，电机转速为多少？

学习情境 3　视觉识别系统的设计与应用

学习目标

【知识目标】

- 了解视觉识别的历史由来和发展。
- 掌握视觉识别系统的分类及应用。
- 掌握视觉识别系统的组成及工作过程。
- 掌握视觉开发库 OpenCV 的基本原理，包括颜色通道的控制以及图像的识别。
- 掌握 OpenCV 和 Android 开发环境的构建过程。
- 掌握 OpenCV 与 Android 应用程序之间的整合方式。
- 掌握视频画面中既定目标对象的识别和跟踪机制。
- 掌握 OpenCV 的支持向量机 SVM、分类器的特点及应用。

【能力目标】

- 能搭建 Android 平台下进行视觉识别的开发环境。
- 能正确选择视觉识别的传感器。
- 能运用 OpenCV 库进行颜色识别。
- 能运用 OpenCV 库进行形状识别。
- 能运用既定目标对象的识别和跟踪用于控制机器运动。
- 能运用 OpenCV 的支持向量机 SVM 进行训练模型并识别物体。
- 能运用 OpenCV 的分类器进行训练模型并识别物体。

【重点 难点】

OpenCV 视觉识别的工作原理及使用方法。

情境简介

本学习情境介绍视觉识别的发展历史及应用，学习目前流行的一种视觉识别开发库——OpenCV，通过在 Android 平台下搭建视觉识别开发环境，学习颜色、形状等识别、既定目标的识别和跟踪等原理，用于识别物体的状态，结合学习情境 2 的运动控制系统实现有关视觉识别运动的系统设计与应用。

情境分析

知识拓展（音频）
相机的发明

IT 技术的发展至今，机器视觉已经可以取代更加烦琐的基于单点传感器的系统。1973 年刚出现机器视觉技术的时候，数字照相机还是实验室里的新鲜器材，图像采集卡才刚刚进入市场，图像处理也还是一门暗室里的艺术。随着视觉技术逐渐成熟，图像传感器进入了百万像素时代，而图像采集卡则变得越来越精巧并且融合到相机的电子元器件中。最终，相机将图像处理计算机的功能也纳入其中。起初只能在图书馆里执行“临界值”和“错误”分析的图像处理软件，连同一些人们不熟悉的操作，都集成到向导对话框中，这样，即便工程师对于机器视觉的概念理解不是很清晰，也可以随心应用。

今天，视觉技术已经成为一项主流传感技术。控制工程师把它看作收集系统状态信息并自动传输到控制系统的不可或缺的工具——尤其是有运动存在的情况下。

许多视觉供应商都已经摒弃了“相机”或者“机器视觉系统”的称呼，转而自称“视觉设备”以及“视觉传感器”，因为这可以更好地描述出他们的产品是如何满足工程师需求的。通过这样的方式，人们的注意力也从系统选型转向发掘视觉会对自己产生哪些帮助。视觉可以非常快速地收集现实世界的海量数据，然后将这些数据转化成工程师需要知晓的精确信息，为应用服务。

通过本学习情境的学习，使我们可以了解视觉识别的历史由来和发展，学习视觉识别的系统组成，并学习如何进行图像处理来识别跟踪目标，达到应用所需要的数据分析与转化。

支撑知识

在本学习情境实施前需要学习视觉识别的相关知识与内容，包括其产生、发展、分类及应用。

3.1 机器视觉

3.1.1 定义

机器视觉是人工智能快速发展的一个分支。简单说来，机器视觉就是用机器代替人眼来进行测量和判断，如图 3-1 所示，机器视觉系统是通过机器视觉产品（即图像摄取装置，分 CMOS 和 CCD 两种）将被摄取目标转换成图像信号，传送给专用的图像处理系统，得到被摄目标的形态信息，根据像素分布和亮度、颜色等信息，转变成数字化信号；图像系统对这些信号进行各种运算来抽取目标的特征，进而根据判别的结果来控制现场的设备动作。

约 80%的工业视觉系统主要用在检测方面，包括用于提高生产效率、控制生产过程中的产品品质、采集产品资料等。产品的分类和选择也集成于检测功能中。

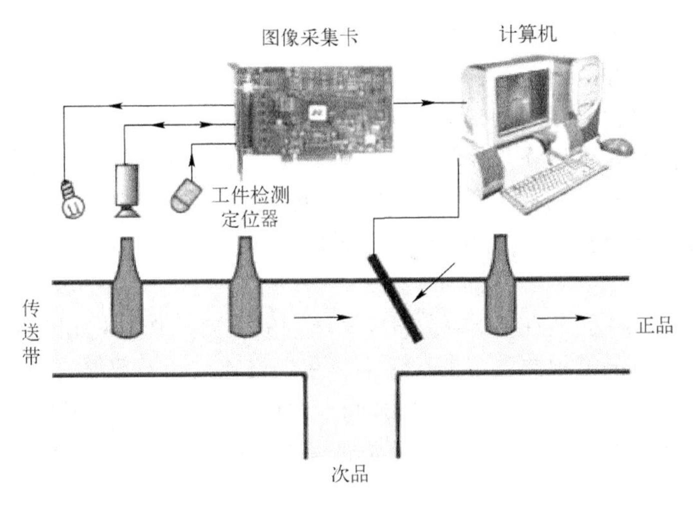

图 3-1　机器视觉

3.1.2　基本原理

机器视觉检测系统采用 CCD 照相机将被检测的目标转换成图像信号，传送给专用的图像处理系统，根据像素分布和亮度、颜色等信息，转变成数字化信号，图像处理系统对这些信号进行各种运算来抽取目标的特征，如面积、数量、位置、长度等，再根据预设的允许度和其他条件输出结果，包括尺寸、角度、个数、合格/不合格、有/无等，实现自动识别功能。

知识拓展（音频）
机器视觉

3.1.3　典型构成

典型的机器视觉系统主要由 3 部分组成：图像的获取、图像的处理和分析以及运动控制输出或显示。

基于 PC 的机器视觉识别系统具体由如图 3-2 所示的几部分组成。

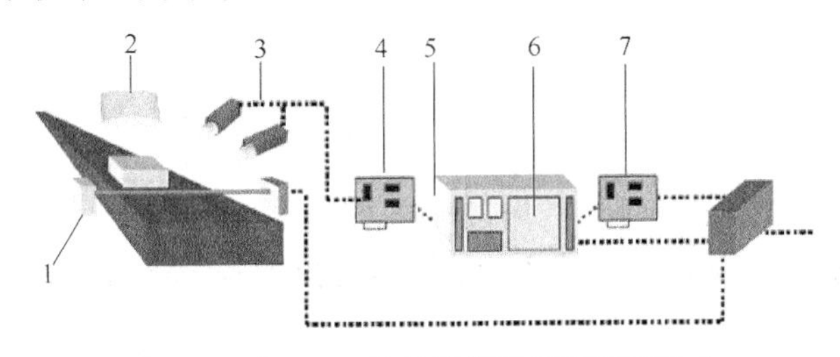

图 3-2　基于 PC 的机器视觉识别系统组成

1—传感器　2—光源　3—工业相机与工业镜头　4—图像采集卡　5—PC 平台　6—视觉处理软件　7—控制单元

（1）传感器

通常以光纤开关、接近开关等的形式出现，用以判断被测对象的位置和状态，告知图像传感器进行正确的采集。

（2）光源

作为辅助成像器件，对成像质量的好坏起至关重要的作用，各种形状的 LED 灯、高频荧光灯、光纤卤素灯等都可以作为光源。

（3）工业相机与工业镜头

这部分属于成像器件，通常的视觉系统都是由一套或者多套这样的成像系统组成，如果有多路相机，可能由图像卡切换来获取图像数据，也可能由同步控制同时获取多相机通道的数据。根据应用的需要相机可能是输出标准的单色视频（RS-170/CCIR）、复合信号（Y/C）、RGB 信号，也可能是非标准的逐行扫描信号、线扫描信号、高分辨率信号等。

（4）图像采集卡

通常以插入卡的形式安装在 PC 中，图像采集卡的主要工作是把相机输出的图像输送给计算机。它将来自相机的模拟或数字信号转换成一定格式的图像数据流，同时它可以控制相机的一些参数，比如触发信号、曝光/积分时间、快门速度等。图像采集卡通常有不同的硬件结构以针对不同类型的相机，同时也有不同的总线形式，比如 PCI、PCI64、Compact PCI、PC104、ISA 等。

（5）PC 平台

计算机是 PC 式视觉系统的核心，在这里它完成图像数据的处理和绝大部分的控制逻辑。对于检测类型的应用，通常都需要较高频率的 CPU，这样可以减少处理的时间。同时，为了减少工业现场的电磁场、振动、灰尘、温度等的干扰，必须选择工业级的计算机。

（6）视觉处理软件

机器视觉软件用来完成输入的图像数据的处理，然后通过一定的运算得出结果，这个输出的结果可能是 PASS/FAIL 信号、坐标位置、字符串等。常见的机器视觉软件以 C/C++图像库，ActiveX 控件，图形式编程环境等形式出现，可以是专用功能的（比如仅用于 LCD 检测、BGA 检测、模版对准等），也可以是通用目的的（包括定位、测量、条码/字符识别、斑点检测等）。

（7）控制单元

控制单元包含 I/O、运动控制、电平转化单元等，一旦视觉软件完成图像分析（除非仅用于监控），紧接着需要和外部单元进行通信以完成对生产过程的控制。简单的控制可以直接利用部分图像采集卡自带的 I/O，相对复杂的逻辑/运动控制则必须依靠附加可编程逻辑控制单元/运动控制卡来实现必要的动作。

3.1.4 主要工作过程

一个完整的机器视觉系统的主要工作过程如下。

1）工件定位检测器探测到物体已经运动至接近摄像系统的视野中心，向图像采集部分发送触发脉冲。

2）图像采集部分按照事先设定的程序和延时，分别向摄像机和照明系统发出启动脉冲。

3）摄像机停止目前的扫描，重新开始新的一帧扫描，或者摄像机在启动脉冲来到之前处于等待状态，启动脉冲到来后启动一帧扫描。

4）摄像机开始新的一帧扫描之前打开曝光机构，曝光时间可以事先设定。

5）另一个启动脉冲打开灯光照明，灯光的开启时间应该与摄像机的曝光时间匹配。

6）摄像机曝光后，正式开始一帧图像的扫描和输出。

7）图像采集部分接收模拟视频信号通过 A-D 转换将其数字化，或者是直接接收摄像机数字化后的数字视频数据。

8）图像采集部分将数字图像存放在处理器或计算机的内存中。

9）处理器对图像进行处理、分析、识别，获得测量结果或逻辑控制值。

10）处理结果控制流水线的动作，进行定位、纠正运动的误差等。

3.1.5 应用案例

在布匹的生产过程中，像布匹质量检测这种有高度重复性和智能性的工作只能靠人工检测来完成，在现代化流水线后面常常可看到很多的检测工人来执行这道工序，给企业增加巨大的人工成本和管理成本的同时，却仍然不能保证 100%的检验合格率（即“零缺陷”）。对布匹质量的检测是重复性劳动，容易出错且效率低。

对流水线进行自动化改造，使布匹生产流水线变成快速、实时、准确、高效的流水线。在流水线上，所有布匹的颜色及数量都要进行自动确认（以下简称“布匹检测”）。采用机器视觉的自动识别技术完成以前由人工来完成的工作。在大批量的布匹检测中，用人工检查产品质量效率低且精度不高，用机器视觉检测方法可以大大提高生产效率和生产的自动化程度。

具体的识别过程如下。

1. 特征提取辨识

一般布匹检测（自动识别）先利用高清晰度、高速摄像镜头拍摄标准图像，在此基础上设定一定标准；然后拍摄被检测的图像，再将两者进行对比。但是在布匹质量检测工程中要复杂一些：

知识拓展

物体的图像特征

1）图像的内容不是单一的图像，每块被测区域存在的杂质的数量、大小、颜色、位置不一定一致。

2）杂质的形状难以事先确定。

3）由于布匹快速运动对光线产生反射，图像中可能会存在大量的噪声。

4）在流水线上，对布匹进行检测，有实时性的要求。

由于上述原因，图像识别处理时应采取相应的算法，提取杂质的特征，进行模式识别，实现智能分析。

2. Color 检测

一般而言，从彩色 CCD 相机中获取的图像都是 RGB 图像。也就是说每一个像素都由红（R）、绿（G）、蓝（B）3 个成分组成，来表示 RGB 色彩空间中的一个点。问题在于这些色差不同于人眼的感觉。即使很小的噪声也会改变颜色空间中的位置。所以无论我们人眼感觉有多么的近似，在颜色空间中也不尽相同。基于上述原因，需要将 RGB 像素转换成为另一种颜色空间 CIELAB。目的就是使人眼的感觉尽可能地与颜色空间中的色差相近。

3. Blob 检测

根据上面得到的处理图像，按照需求，在纯色背景下检测杂质色斑，并且计算出色斑的面积，以确定是否在检测范围内。因此图像处理软件要具有分离目标，检测目标，并且计算出其面积的功能。

Blob 分析是对图像中相同像素的连通域进行分析，该连通域称为 Blob。经二值化（Binary Thresholding）处理后的图像中色斑可认为是 Blob。Blob 分析工具可以从背景中分离出目标，并可计算出目标的数量、位置、形状、方向和大小，还可以提供相关斑点间的拓扑结构。在处理过程中不是采用单个的像素逐一分析，而是对图形的行进行操作。图像的每一行都用游程长度编码（RLE）来表示相邻的目标范围。这种算法与基于像素的算法相比，大大提高了处理速度。

4. 结果处理和控制

应用程序把返回的结果存入数据库或用户指定的位置，并根据结果控制机械部分做相应的运动。

根据识别的结果，存入数据库进行信息管理。以后可以随时对信息进行检索查询，管理者可以获知某段时间内流水线的忙闲，为下一步的工作做出安排；可以获知内布匹的质量情况等等。

3.1.6 发展趋势

机器视觉可以说是人工智能的最下层的基础设施层，在人工智能的最主要几个应用领域中，机器视觉的应用领域非常深、非常多，从整个产业链的全景图来讲，中国的人工智能产业处在快速的生态的构建期。

从整个机器视觉的领域来讲，它是处在快速的重构期，通过市场分析来看，机器视觉并不是特别新兴的领域，这从最早图像处理衍生到现在，市场上有很多大的厂商对智能安防和交通做了很久的深耕，他们最开始不是做机器视觉、人脸识别起家的，在这几个行业中很多厂商都处于并驾齐驱、快速发展阶段。

赛迪顾问预测到 2022 年中国人工智能市场规模会超过 1500 亿，这个复合增长率会达到 25.8%，增速是快于全球的整个增长率的。在市场结构上来讲，也是存在着整体的情况。投资规模来讲，在去年一年，从投资的整个额度包括投资笔数都呈快速增加的态势，而且从事人工智能和机器视觉的企业数量也在快速增加。

3.2 视觉识别软件

目前视觉识别的软件和库函数主要有 Halcon，visionPro（CVL），Evision，labview + vision，MIL（Matrox Imaging Library），HexSight，OpenCV 等，其中 OpenCV 是开源免费的，使用也较为广泛。

OpenCV（Open Source Computer Vision Library：http：//OpenCV. org）是一个开源的基于 BSD 许可的库，它包括数百种计算机视觉算法。文档 OpenCV 2. x API 描述的是 C++ API，相对还有一个基于 C 语言的 OpenCV 1. x API，后者的描述在文档 OpenCV1. x. pdf 中。OpenCV 具有模块化结构，这就意味着开发包里面有多个共享库或者静态库。下面是可使用的模块：

核心功能（Core Functionality）模块：定义了基本的数据结构，包括密集的多维 Mat 数组和被其他模块使用的基本功能。

图像处理（Image Processing）模块：包括线性和非线性图像滤波，几何图形转化（重置大小、放射和透视变形，通用基本表格重置映射），色彩空间转换，直方图等。

影像分析（Video）模块：一个影像分析模块，它包括动作判断，背景弱化和目标跟踪算法。

3D 校准（Calib3d）模块：基于多视图的几何算法，它包括平面和立体摄像机校准、对象姿势判断、立体匹配算法和 3D 元素的重建。

平面特征（Features2d）模块：突出的特征判断、特征描述和对特征描述的对比。

对象侦查（Objdetect）模块：目标和预定义类别实例化的侦查（例如：脸、眼睛、杯子、人、汽车等）。

视频输入/输出（Video Input/Output）模块：视频采集和视频解码器。

GPU 模块：来自不同 OpenCV 模块的 GPU 加速算法。

其他的辅助模块：比如 FLANN 和谷歌的测试封装，Python 绑定和其他。

3.3 OpenCV 既定目标识别与跟踪举例

采用视觉识别软件 OpenCV 可以快速开发出目标跟踪的应用，如图 3-3 所示，在 Android 应用系统中调用 OpenCV 的 API 实现了以下的功能：在动态视频流中能存储待初识的物体 SD 卡，当 SD 卡的周围环境发生改变时，也能快速地从多物体中检测到并跟踪到位。

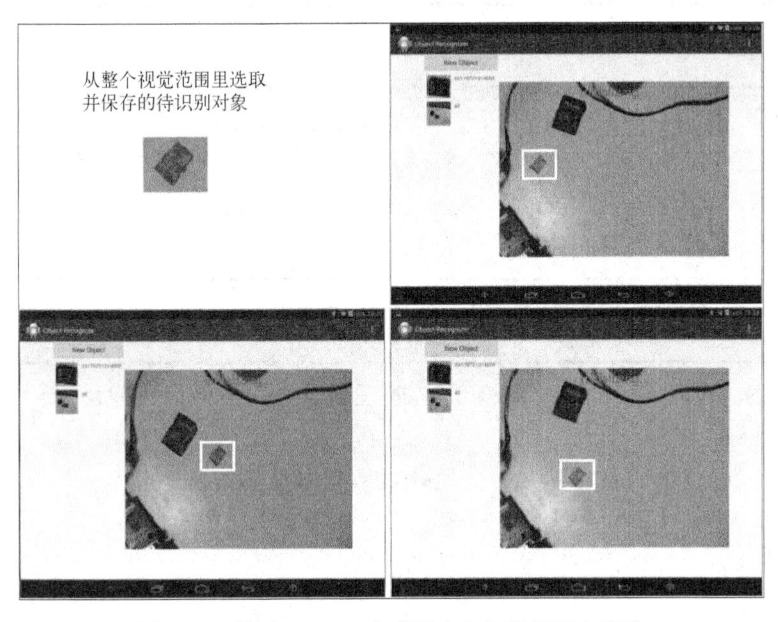

图 3-3　采用 OpenCV 实现既定目标的识别与跟踪

任务实施

本学习情境的实施主要在 Windows 平台上，运用 OpenCV 视觉开发库识别控制的敏感信息，主要内容包括视觉的部分基础知识、调用并创建视觉视图的环境、形成可以进行识别的条件并对既定目标识别与跟踪，最后将识别的结果用于控制机器运动。包括以下 6 个子学习任务：

- 任务1：OpenCV For Android 的开发环境搭建
- 任务2：OpenCV For Android 预览摄像头图像
- 任务3：OpenCV For Android 摄像参数设置
- 任务4：OpenCV For Android 模板匹配和物体跟踪
- 任务5：OpenCV For Android 颜色识别
- 任务6：OpenCV For Android 形状识别
- 任务7：OpenCV For Android 模型训练及手写数字识别

3.4 任务1 OpenCV for Android 的开发环境搭建

任务描述

小明应聘了某公司的信息管理员一职，经过面试已经被录用。小明上班后清楚了解到信息管理员一职的岗位职责，需要配合公司的技术开发需求，其中一个重要的任务是为公司员工配置并维护所需要的计算机开发环境。现由于公司的业务发展，需要进行开发有关安卓系统下机器视觉识别的项目，公司管理层研究决定为研发部的5名工程师所用的计算机 Windows 系统安装所需要的开发环境，并进行验证可用。

任务要求

根据工作要求，需要了解安卓系统下机器视觉识别所需要安装的软件以及相关配置，为了避免耽误工程师的工作，作为信息管理员，自己先学习明确整个软件安装需求、然后要在自己的计算机中进行预安装，并通过创建一个图片处理的应用程序来验证，安装成功后方可以在其他工程师的计算机上安装。

任务目标

通过 OpenCV For Android 的开发环境搭建任务学习，达到以下的目标：

❖ 知识目标
- 掌握 OpenCV For Android 开发环境的安装和配置方法。
- 掌握 Android 工程下使用 OpenCV 的方法。
- 掌握 OpenCV 的简单图像处理原理。

❖ 能力目标
- 能够独立安装和配置 OpenCV For Android 开发环境。
- 能够使用开发工具创建 Android 的视觉识别项目。
- 能够使用 OpenCV 简单处理图像。

❖ 素质目标

能够独立思考和分析问题，学会查找资料解决问题。

3.4.1 OpenCV 特性

知识拓展

OpenCV 介绍

OpenCV 可以运行在 Linux、Windows、Android 和 Mac OS 操作系统上。它轻量级而且高效——由一系列 C 函数和少量 C++ 类构成，同时提供了 Java、Python、Ruby、MATLAB 等语言的接口，OpenCV 的功能结构图如图 3-4 所示，实现了图像处理和计算机视觉方面的很多通用算法。

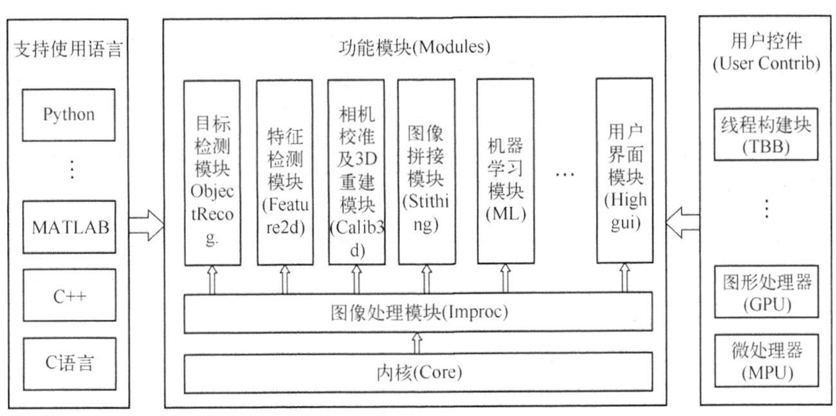

图 3-4　OpenCV 的功能结构图

在 Android 的平台下使用 OpenCV 视觉库，目前主要有两种方法：一是使用 Android 的 JNI 接口调用 C/C++进行使用；二是使用 OpenCV 的 Java 版本的 API。为此，有关 Android 平台下的 OpenCV 的开发环境搭建主流方法有 JNI 调用 C/C++的环境和 Java 版本的 SDK 两种。本书主要讲授第二种方法，具体过程请参照以下过程实施。

3.4.2 Android 使用 OpenCV 的主要过程

Android 调用 OpenCV 进行视觉识别时，如图 3-5 所示，首先进行 OpenCV 引擎服务加载并初始化 OpenCV 类库，所谓 OpenCV 引擎服务即是 OpenCV_2.4.3.2_Manager_2.4_ * .apk 程序包，该程序包需要预先安装 Android 系统；然后调用库类加载图片或者视频，最后使用 OpenCV 各个模块进行相应处理识别输出。

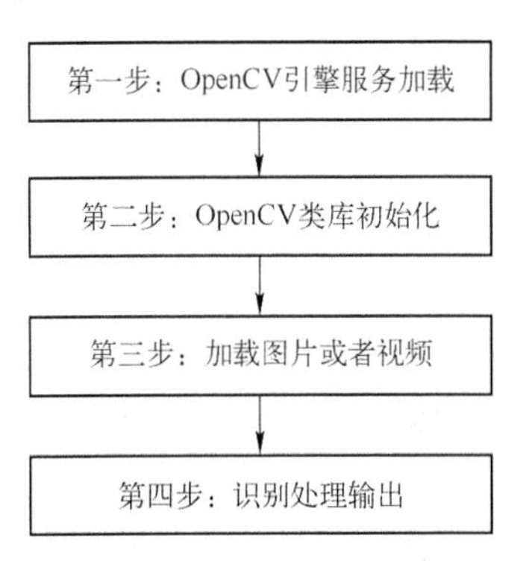

图 3-5　Android 使用 OpenCV 的主要过程

1. 加载 OpenCV 引擎服务进行初始化

使用 OpenCV 视觉库提供的 OpenCVLoader 可以加载 OpenCV 引擎服务，有两个方法可用，见表 3-1。

表 3-1　加载 OpenCV 引擎服务的方法

类名	方法	参数	返回值	功能
OpenCVLoader	initAsync	① OpenCV 库版本号（Version） ② 应用程序环境（AppContext） ③ 回调函数（Callback）	布尔值 ① 成功：True ② 失败：False	通过 OpenCV 引擎服务加载并初始化 OpenCV 类库
	initDebug	无		通过本应用程序包里加载并初始化 OpenCV 类库

版本号的参数：

- OpenCV_VERSION_2_4_2
- OpenCV_VERSION_2_4_3
- OpenCV_VERSION_2_4_4
- OpenCV_VERSION_2_4_5
- OpenCV_VERSION_2_4_6
- OpenCV_VERSION_2_4_7
- OpenCV_VERSION_2_4_8

（1）使用 initAsync 进行加载引擎和初始化类库

当使用 initAsync 进行加载引擎和初始化类库时，需要在设备终端预先安装库管理的应用程序，即 OpenCV_2. 4. 3. 2_Manager_2. 4_ *. apk 程序包，可以在 OpenCV-2. 4. *-android-sdk 程序开发包的 apk 文件夹中找到，如图 3-6 所示。

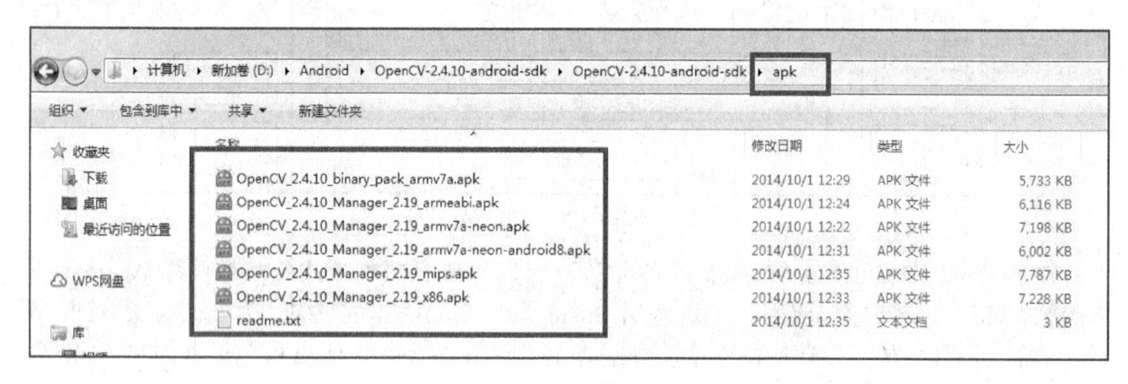

图 3-6　OpenCV 库管理 apk 安装包

其中，图 3-6 中显示的 apk 包有 armv7a、armeabi、armv7a-neon、armv7a-neon-android8、mips 和 x86，表示相应 apk 适用于不同类型的 CPU 架构，必须匹配才能使用。

这种利用库管理使用 OpenCV 的方式，最显著的优势是生成的用户 apk 容量小，调试和加载程序都很快，适用于开发人员进行产品开发阶段。在代码实现加载引擎和初始化类库具体使用方法如下：

```
OpenCVLoader.initAsync(OpenCVLoader.OpenCV_VERSION_2_4_10, this, mLoaderCallback);
```

（2）使用 initDebug 进行加载引擎和初始化类库

当使用 initDebug 进行加载引擎和初始化类库时，无须在设备终端预先安装库管理的应用程序，但需要将 OpenCV-2. 4. *-android-sdk 程序开发包中 sdk\native\libs 加载到 ecilpse IDE 开发的项目中，如图 3-7 所示。libs 文件夹里主要存放着不同 CPU 架构的 so 库，加载成功后如图 3-8 所示。

这种将 so 库添加到用户 App 开发中的使用 OpenCV 的方式，最显著的优势是不需要安装管理库 apk，免除了需要专业人员安装管理库 apk 的麻烦，但生成的用户 apk 容量大，适用于产品发布阶段。在代码实现加载引擎和初始化类库的具体方法如下：

图 3-7　OpenCV 的 so 库

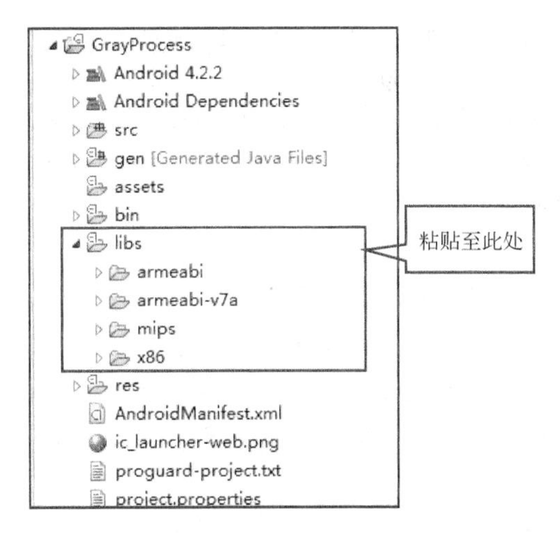

图 3-8　项目加载 OpenCV 的 so 库

```
if(!OpenCVLoader.initDebug()){          //调用用户 App 自带 so 库进行加载和初始化
            OpenCVLoader.initAsync(OpenCVLoader.OPENCV_VERSION_2_4_10, this,
                mLoaderCallback);    //调用库管理进行加载和初始化
}
else{      //调用用户 App 自带 so 库成功加载和初始化,便触发回调成功
        mLoaderCallback.onManagerConnected(LoaderCallbackInterface.SUCCESS);
}
```

2. 回调函数 Callback

使用 OpenCVLoader 加载 OpenCV 引擎服务并初始化成功后，需要采用回调函数向系统进行注册，使得程序决定权从引擎服务迁移回本程序。

```
//OpenCV 类库加载并初始化成功后的回调函数,在此不进行任何操作
private BaseLoaderCallback   mLoaderCallback = new BaseLoaderCallback(this) {
    @Override
    public void onManagerConnected(int status) {
        switch (status) {
            case LoaderCallbackInterface.SUCCESS:{
```

```
            } break;
            default: {
                super. onManagerConnected(status);
            } break;
        }
    }
};
```

3. 加载图片

可以通过 Android 的 ImageView 控件来加载图片，具体如下：

```
//将布局中 ID 为 image_view 的控件加载到代码变量进行使用
ImageView imageView = (ImageView) findViewById(R. id. image_view);
//将 lena 图片加载到程序中并进行显示 (lena 为 drawable 资源目录下的一张图片)
Bitmap bmp = BitmapFactory. decodeResource(getResources(), R. drawable. lena);
imageView. setImageBitmap(bmp);
```

4. 识别处理输出

使用 OpenCV 对图片或者视频流进行识别处理输出的方法有很多，下面以 Imgproc 模块功能对图片进行灰度化处理进行说明。Imgproc 类下有 cvtColor 的方法，可以将源彩色图像数据 rgbMat 转化成目标灰度图像数据 grayMat，cvtColor 方法有 3 个参数，第 1 个为源彩色图像数据，第 2 个为目标灰度图像数据，第 3 个为转换参数 Imgproc. COLOR_RGB2GRAY，此参数表示彩色图向灰度图转换。

```
//将彩色图像数据转换为灰度图像数据并存储到 grayMat 中
Imgproc. cvtColor(rgbMat, grayMat, Imgproc. COLOR_RGB2GRAY);
```

其中，rgbMat 和 grayMat 都是 OpenCV 视觉库的图像数据类型 Mat 的变量。

经过上面 Imgproc. cvtColor 的处理可以得到图 3-9 的效果，图 3-9a 是彩色图，图 3-9b 是灰度图。

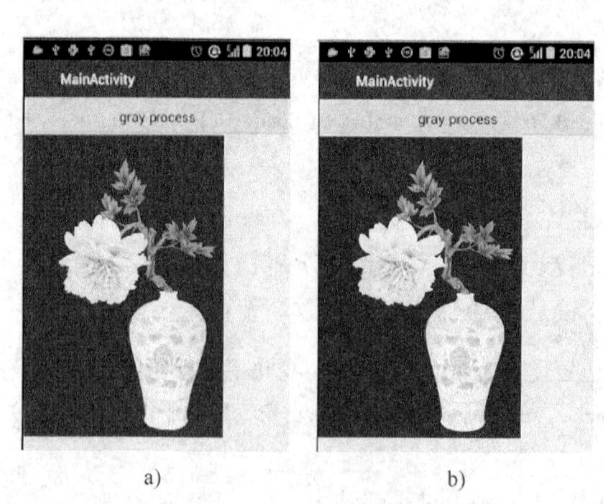

a)　　　b)

图 3-9　图片灰度化处理

a）彩色图　b）灰度图

3.4.3 图像的基本操作

1. 图像的表示

在正式介绍之前，先简单介绍一下数字图像的基本概念。如图 3-10a 所示的图像，我们看到的是青花瓷的图像，但是计算机看来，这副图像只是一堆亮度各异的点。一副尺寸为 $M\times N$ 的图像可以用一个 $M\times N$ 的矩阵来表示，矩阵元素的值表示这个位置上的像素的亮度，一般来说像素值越大表示该点越亮。如图 3-10a 中白色圆圈内的区域，进行放大并仔细观察，将会呈现如图 3-10b 所示的效果。

a)

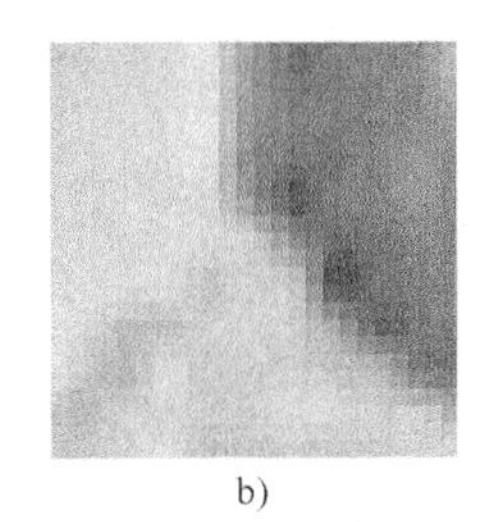

b)

图 3-10 数字图像表示

a）青花瓷的图像 b）方框处的图像放大效果

一般来说，灰度图用二维矩阵表示，彩色（多通道）图像用三维矩阵（$M\times N\times 3$）表示。对于图像显示来说，目前大部分设备都是用无符号 8 位整数（类型为 CV_8U）表示像素亮度。

图像数据在计算机内存中的存储顺序为以图像最左上点（也可能是最左下点）开始，灰度图像的存储见表 3-2。

表 3-2 灰度图像的存储

$I_{0\,0}$	$I_{0\,1}$	…	$I_{0\,N-1}$
$I_{1\,0}$	$I_{1\,1}$	…	$I_{1\,N-1}$
…	…	…	…
$I_{M-1\,0}$	$I_{M-1\,1}$	…	$I_{M-1\,N-1}$

I_{ij}表示第 i 行 j 列的像素值。如果是多通道图像，比如 RGB 图像，则每个像素用 3 字节表示。在 OpenCV 中，RGB 图像的通道顺序为 BGR，彩色 RGB 图像的存储见表 3-3。

表 3-3 彩色 RGB 图像的存储

B_{00}	G_{00}	R_{00}	B_{01}	G_{01}	R_{01}	…
B_{10}	G_{10}	R_{10}	B_{11}	G_{11}	R_{11}	…
…	…	…	…	…	…	…

2. Mat 类

新的 OpenCV 视觉库中，使用 Mat 数据结构来表示图像。Mat 类能够自动管理内存。使用 Mat 类不再需要花费大量精力在内存管理上。

Mat 类的定义及关键属性如下方代码所示。

```
class CV_EXPORTS Mat
{
public:            //一系列函数
    ...
    /* flag 参数中包含许多关于矩阵的信息,如:
        -Mat 的标识
        -数据是否连续
        -深度
        -通道数目
     */
    int flags;
        //矩阵的维数,取值应该大于或等于 2
        int dims;
    //矩阵的行数和列数,如果矩阵超过 2 维,这两个变量的值都为-1
    int rows, cols;
    //指向数据的指针
    uchar * data;

    //指向引用计数的指针
    //如果数据是由用户分配的,则为 NULL
    int * refcount;

    //其他成员变量和成员函数
    ...
};
```

(1) 创建 Mat 对象

创建 Mat 对象的方法有很多种。

1) 用 new 方法只创建不指定内容。

```
Mat rgbMat = new Mat();
```

2) 用 Mat (nrows, ncols, type [, fillValue]) 直接创建像素点数和颜色通道及颜色值。nrows 为行数，ncols 为列数，type 为像素点颜色的类型，type 可以是 CV_8UC1，CV_16SC1，…，CV_64FC4 等。里面的 8U 表示 8 位无符号整数，16S 表示 16 位有符号整数，64F 表示 64 位浮点数（即 double 类型）；C 后面的数表示通道数，例如 C1 表示一个通道的图像，C4 表示 4 个通道的图像，以此类推。fillValue 为像素点的颜色值，可以为空，如果需要定义，按照 OpenCV 中默认的颜色顺序为 BGR 进行赋值。

```
Mat M(3,2, CV_8UC3, Scalar(0,0,255));
```

创建一个行数（高度）为 3，列数（宽度）为 2 的图像，图像元素是 8 位无符号整数类型，且有 3 个通道。图像的所有像素值被初始化为（0，0，255）。由于 OpenCV 中默认的颜色顺序为 BGR，因此这是一个全红色的图像。

3）用 create（nrows，ncols，type）方法直接创建像素点数和颜色通道。

```
Mat M;
M.create(100,60,CV_8UC(15));
```

（2）Bmp 等图片数据格式与 Mat 格式间转换

1）彩色图片转化成 Mat 数据格式。使用 Utils. bitmapToMat 方法可以实现。

```
Bitmap bmp;                    //创建位图对象
//加载图片到位图对象 bmp 里,这里省略
Mat rgbMat = new Mat();        //创建 Mat 对象
//获取 lena 彩色图像所对应的像素数据
Utils.bitmapToMat(bmp, rgbMat);
```

2）Mat 数据格式转化成彩色图片。使用 Utils. matToBitmap 方法可以实现 Mat 数据格式转化成彩色图片。

```
Bitmap bmp;                    //创建位图对象
                               //初始化 bmp 的宽和高,这里省略
Mat rgbMat = new Mat();        //创建 Mat 对象
//创建一个灰度图像
Bitmap grayBmp = Bitmap.createBitmap(bmp.getWidth(), bmp.getHeight(), Config.RGB_565);
//将矩阵 grayMat 转换为灰度图像
Utils.matToBitmap(grayMat, rgbMat);
```

3.4.4　过程实施

1. OpenCV for Android 开发环境搭建

本开发环境的搭建是建立在安装了 Java 开发工具包并采用 Eclipse 的集成开发环境下使用 Android SDK 和 ADT 进行开发 App 的基础上进行的。此部分在本书中不涉及，如有需要请参考学习其他资料。

（1）OpenCV for Android SDK 安装

进入 OpenCV 官网下载 OpenCV4Android 并解压，其目录结构如图 3-11 所示。

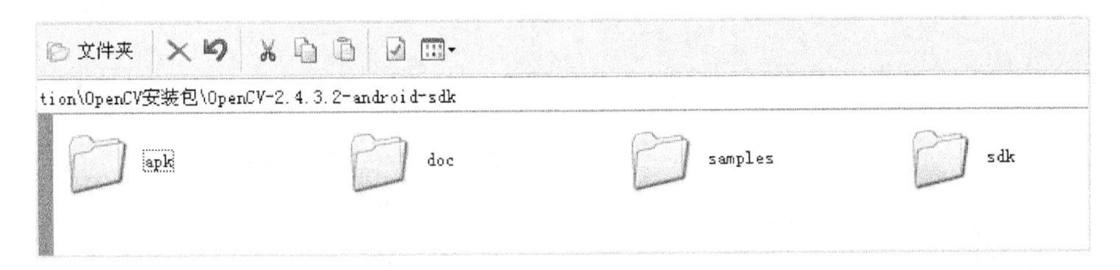

图 3-11　OpenCV4Android 目录结构

其中，sdk 目录即是开发 OpenCV 所需要的类库；samples 目录中存放着若干 OpenCV 应用示例（包括人脸检测等），可为在 Android 下进行的 OpenCV 开发提供参考；doc 目录为 OpenCV 类库的使用说明及 API 文档等；而 apk 目录则存放着对应于各内核版本的 OpenCV_2.4.3.2_Manager_2.4 应用安装包。此应用用来管理手机设备中的 OpenCV 类库，在运行 OpenCV 应用之前，必须确保手机中已经安装了 OpenCV_2.4.3.2_Manager_2.4_*.apk，否则 OpenCV 应用将会因为无法加载 OpenCV 类库而不能运行。

（2）将 SDK 引入工作空间

1）选择一个路径，新建文件夹作为工作空间（这里在 E 盘新建 workspace 目录来作为工作空间）。

2）将 OpenCV-2.4.3.2-android-sdk 中的 sdk 目录复制至工作空间，并将其更名为 OpenCV-SDK（是否更改名称无所谓，这是个人习惯而已）。

3）以新建的目录为工作空间，打开 eclipse。

4）将 OpenCV-SDK 引入到工作空间中，如图 3-12a～c 所示。

当成功引入 OpenCV-SDK 到工作空间时，在目录浏览器中可以看到 OpenCV Library-2.4.3 项目，如图 3-12d 所示。

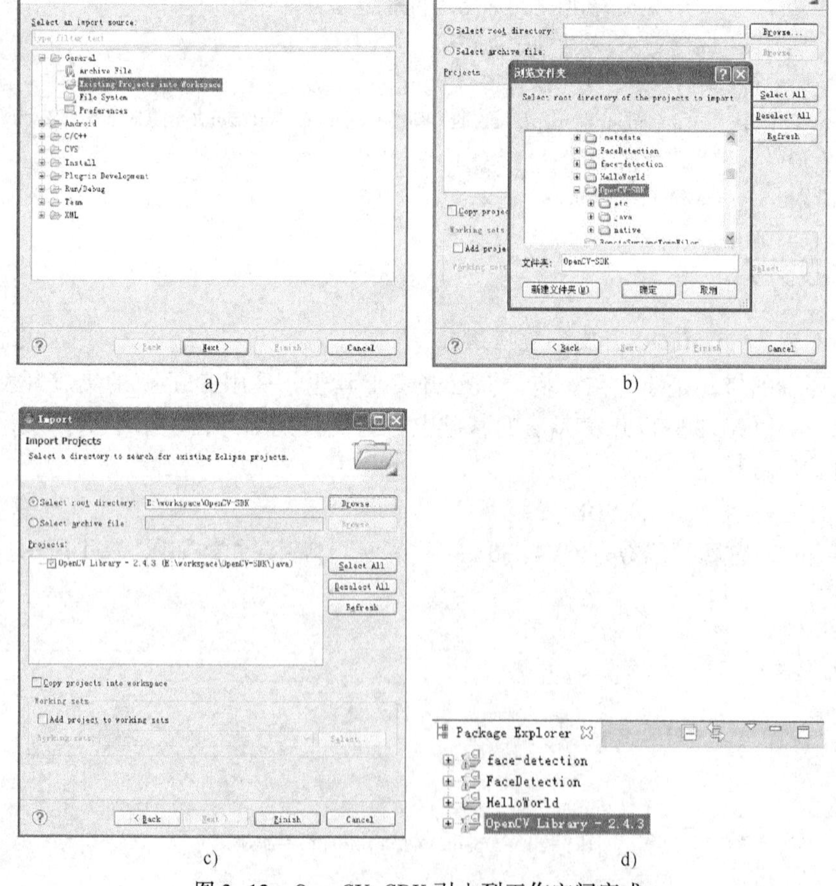

图 3-12　OpenCV-SDK 引入到工作空间完成

2. 使用 Java API 开发 Android

（1）创建工程

1）打开 eclipse，创建 Android 应用工程 GrayProcess。

2）将测试图像 lena. jpg 添加到资源目录 res、drawable-hdpi 中。

3）在 Package Explorer 中选择项目 GrayProcess，右击，在弹出的快捷菜单中选择 Properties，弹出 Properties for GrayProcess 对话框，如图 3-13a 所示。

4）选择 Android，然后单击 Add 按钮，弹出 Project Selection 对话框，如图 3-13b 所示。

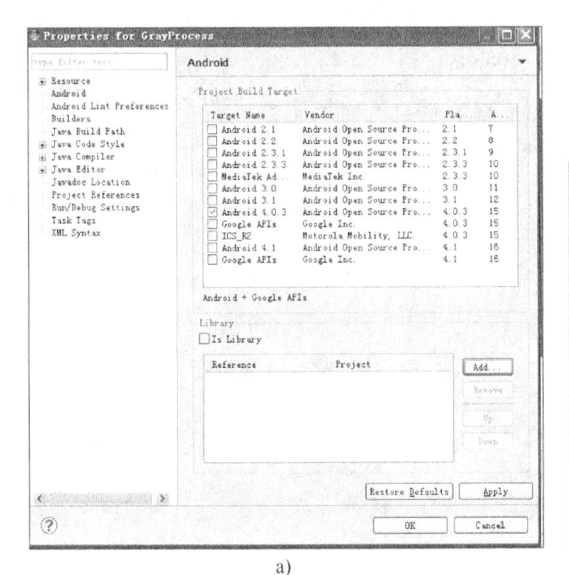

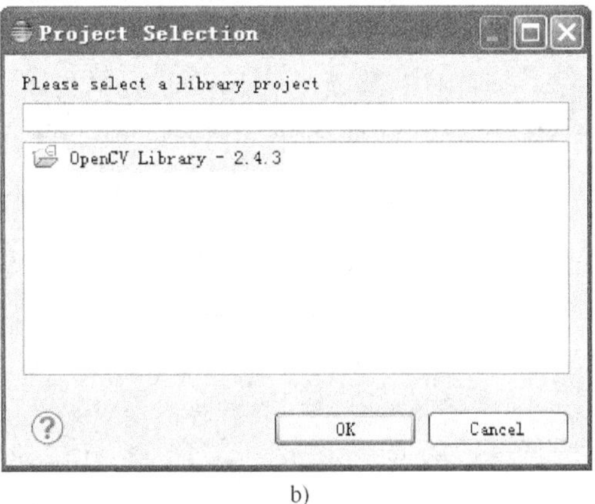

a)　　　　　　　　　　b)

图 3-13　为项目添加依赖库

a）Properties for GrayProcess 对话框　b）Project Selection 对话框

5）选择 OpenCV Library 2.4.3 并单击 OK，操作完成后，会将 OpenCV 类库添加到 GrayProcess 的 Android Dependencies 中，如图 3-14 所示。

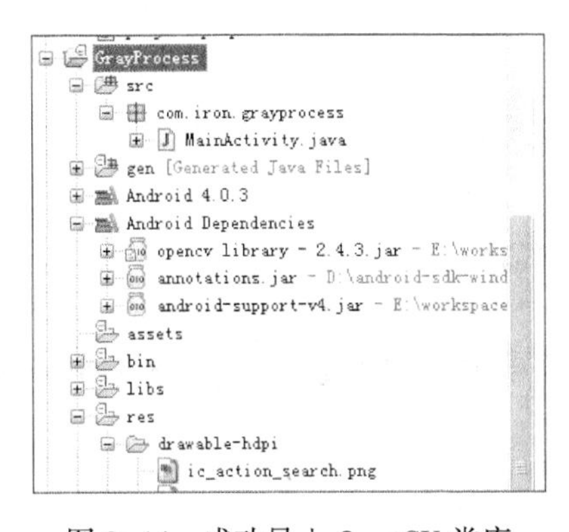

图 3-14　成功导入 OpenCV 类库

3. 工程代码

（1）字符串资源文件：strings. xml

```xml
<resources>
        <string name="app_name">GrayProcess</string>
    <string name="hello_world">Hello world! </string>
    <string name="menu_settings">Settings</string>
    <string name="title_activity_main">MainActivity</string>
    <string name="str_proc">gray process</string>
    <string name="str_desc">image description</string>
</resources>
```

（2）布局文件：main. xml

```xml
<LinearLayout xmlns:android="http://schemas.android.com/apk/res/android"
    xmlns:tools="http://schemas.android.com/tools"
    android:orientation="vertical"
    android:layout_width="match_parent"
    android:layout_height="match_parent" >

    <Button
        android:id="@+id/btn_gray_process"
        android:layout_width="fill_parent"
        android:layout_height="wrap_content"
        android:text="@string/str_proc"/>

    <ImageView
        android:id="@+id/image_view"
        android:layout_width="wrap_content"
        android:layout_height="wrap_content"
        android:contentDescription="@string/str_proc"/>

</LinearLayout>
```

（3）MainActivity. java

具体代码可以扫描二维码查看。

程序代码

OpenCV for Android 开发环境搭建的 MainActivity

4. 运行结果

本 GrayProcess 项目的运行结果如图 3-9 所示。

3.5 任务 2 OpenCV for Android 预览摄像头图像

任务描述

经过任务 1 的实施，小明已经为研发部的工程师搭建好了 Windows 系统下的 OpenCV for Android 的开发环境，也因此小明对 OpenCV for Android 的应用产生了浓厚的兴趣，他认为只要简单的几行代码就可以实现图像处理，这很神奇，通过这个任务小明对自己的职业期望有了新的变化，他已经决定继续学习 OpenCV 的有关视觉识别功能，未来从事工程师的技术开发岗位。现在他准备用 OpenCV 开发库开发一个相机的 App。

任务要求

使用 OpenCV 开发库开发一个相机的 App，并具有预览图像功能。

任务目标

通过 OpenCV for Android 的预览摄像头图像任务，达到以下的目标：

❖ 知识目标

- 掌握视觉识别选用相机的原理。
- 掌握 OpenCV 开发库的相机使用原理。

❖ 能力目标

- 能够为视觉识别应用正确选用相机。
- 能够使用 OpenCV 开发库正常打开相机。

❖ 素质目标

能够独立思考和分析问题，学会查找资料并解决问题。

3.5.1 相机简介

1. 家用相机与工业相机的区别

视觉识别的传感器是相机，相机外形如图 3-15 所示，常用的相机会根据应用的不同分为家用相机和工业相机，它们的区别如下。

1）工业相机的性能强劲，稳定可靠，易于安装，工业相机结构紧凑、结实、不易损坏，连续工作时间长，可在较恶劣的环境下使用，一般的数码相机是做不到这些的。例如：家用数码相机无法连续长时间工作，无法快速连拍，没有安装孔位，无法固定于机台上。

2）工业相机的快门时间可以很短，曝光可以全局曝光，可以抓拍高速运动的物体。工业相机的快门时间一般可以从 1/100 000～10 s 的范围内调整，配合机器视觉光源及频闪控制器，可以将快门时间设置在微秒级，而全局曝光，可以有效解决拖影等问题。

3）工业相机的图像传感器是逐行扫描的，而民用相机的图像传感器是隔行扫描的，逐行扫描的图像传感器生产工艺比较复杂，成品率低，出货量少，而且价格昂贵。

图 3-15　相机外形

4）工业相机的帧率远远高于普通相机。工业相机根据相机分辨率不同，每秒可以拍摄几张到几百张图片，甚至成千上万张图片，而家用相机只能拍摄几张图像，相差较大。例如工业相机的 30 万像素相机，可以轻松做到 200 帧。

5）工业相机通常输出的是裸数据（Raw Data），其光谱范围也往往比较宽，比较适合进行高质量的图像处理算法，例如机器视觉（Machine Vision）应用。而普通相机拍摄的图片，其光谱范围只适合人眼视觉，并且经过了压缩，图像质量较差，不利于分析处理。

6）工业相机相对普通相机来说价格较贵。这主要还是市场因素决定的。工业相机的出货量远不如民用相机，因此成本居高不下是必然的。

2. 工业相机的选用

视觉识别做图像处理，处理的对象是工业相机拍照的图像，所以，工业相机的选择是非常重要的。

首先要清楚自己的检测任务，是静态拍照还是动态拍照、拍照的频率是多少、是做缺陷检测还是尺寸测量或者是定位、产品的大小（视野）是多少、需要达到多少精度、所用软件的性能、现场环境情况如何、有没有其他的特殊要求等。如果是动态拍照，运动速度是多少，根据运动速度选择最小曝光时间以及是否需要逐行扫描的相机；而相机的帧频率（最高拍照频率）跟像素有关，通常分辨率越高帧频率越低，不同品牌的工业相机的帧频率略有不同；根据检测任务的不同、产品的大小、需要达到的分辨率以及所用软件的性能可以计算出所需工业相机的分辨率；根据现场环境如温度、湿度、干扰情况以及光照条件等因素选择不同的工业相机。

例如检测任务是尺寸测量，产品大小是 18 mm×10 mm，精度要求是 0.01 mm，流水线作业，检测速度是 10 件/s，现场环境是普通工业环境，不考虑干扰问题。首先根据检测任务是流水线作业，速度比较快，因此选用逐行扫描相机；视野大小可以设定为 20 mm×12 mm（考虑每次机械定位的误差，将视野比物体适当放大），假如能够取到很好的图像（比如可以打背光），而且使用的软件的测量精度可以考虑 1/2 亚像素精度，那么需要的相机分辨率就是 20/0.01/2=1000（像素），另一方向是 12/0.01/2=600（像素），也就是说相机的分辨率至少需要 1000×600 像素，帧频率在 10 帧/秒，因此选择 1024×768 像素（软件性能和机械精度不能精确的情况下也可以考虑 1280×1024 像素），帧频率在 10 帧/秒以上的即可。

3.5.2 OpenCV 有关相机方法

1. CameraBridgeViewBase 类

CameraBridgeViewBase 类是 OpenCV 的 Android 库类，该类是将 Android 自身与相机相关的库进行了封装，经过这一封装用起来十分方便。

CameraBridgeViewBase 类提供了 3 种接口：CvCameraViewFrame、CvCameraViewListener、CvCameraViewListener2，具体功能见表 3-4。

表 3-4 CameraBridgeViewBase 类的接口

<table>
<tr><th>序号</th><th>接口</th><th>功能</th><th>方法</th></tr>
<tr><td>1</td><td>CvCameraViewFrame</td><td>用于当初始化相机成功后回调实时返回每一帧的图像</td><td>① gray()：返回灰度图像
② rgba()：返回彩色图像</td></tr>
<tr><td>2</td><td>CvCameraViewListener</td><td>用于设定相机的监听器 1</td><td rowspan="2">① onCameraFrame（Mat inputFrame）：当一帧图像完成采集将会被调用
② onCameraViewStarted（int width，int height）：当允许预览图像时将会被调用
③ onCameraViewStopped()：当某种原因禁止预览图像时将会被调用</td></tr>
<tr><td>3</td><td>CvCameraViewListener2</td><td>用于设定相机的监听器 2</td></tr>
</table>

实现过程：打开 src 目录下的 MainActivity，由于目标是在应用中通过 OpenCV 的 Java API 实现打开相机全屏显示，并获取预览框，所以 MainActivity 需要实现 CvCameraViewListener2 接口，可以实现 3 个方法，分别是：onCameraViewStarted、onCameraViewStopped 和 onCameraFrame，关键的图像处理写在 onCameraFrame 函数中，如图 3-16 所示。

```java
package com.linsh.opencv_test;

import org.opencv.android.CameraBridgeViewBase.CvCameraViewFrame;
import org.opencv.android.CameraBridgeViewBase.CvCameraViewListener2;
import org.opencv.core.Mat;

import android.app.Activity;
import android.os.Bundle;

public class MainActivity extends Activity implements CvCameraViewListener2{

    @Override
    protected void onCreate(Bundle savedInstanceState) {
        super.onCreate(savedInstanceState);
        setContentView(R.layout.activity_main);
    }

    @Override
    public void onCameraViewStarted(int width, int height) {
        // TODO Auto-generated method stub

    }

    @Override
    public void onCameraViewStopped() {
        // TODO Auto-generated method stub

    }

    /**
     * 图像处理都写在此处
     */
    @Override
    public Mat onCameraFrame(CvCameraViewFrame inputFrame) {
        // TODO Auto-generated method stub
        return null;
    }
}
```

图 3-16　OpenCV 的 Java API 实现打开相机的接口

2. OpenCV 的相机控件类

有关 OpenCV 的相机控件主要有两个：JavaCameraView 和 NativeCameraView。

1）JavaCameraView：一个在 OpenCV 和 Java Camera 之间进行桥接的视图控件类，它完整的接口是 org. opencv. android. JavaCameraView，由 CameraBridgeViewBase 从 OpenCV 库继承，是 SurfaceView 的扩展，并使用标准的 Android 摄像头 API。通过这个视图控件类能循环地从摄像头抓取数据，在回调方法中就能获取 Mat 数据。

2）NativeCameraView：一个在 SurfaceView 和 OpenCV Camera 之间进行桥接的视图控件类，它完整的接口是 org. opencv. android. NativeCameraView，与 org. opencv. android. Java CameraView 实现相同的功能，这两个接口的区别就是在后者在数据访问对 NativeCameraView 进行数据访问时使用的是 VideoCapture 类摄像头。

> 注意事项：
>
> ① 可以通过 OpenCV：show_fps = “true” 属性设置来显示帧频。
>
> ② 可以通过 OpenCV：camera_id = “any” 属性设置来使用任何相机设备，但对于 Android 系统，则试图使用背面摄像头。

3）使用方法：首先在界面布局文件，如“activity_main. xml”文件里添加 Java CameraView 控件，ID =camera_view。

```
<org. opencv. android. JavaCameraView
    android:layout_width="fill_parent"
    android:layout_height="fill_parent"
    android:visibility="gone"
    android:id="@+id/camera_view"
    opencv:show_fps="true"
    opencv:camera_id="any" />
```

然后，在 MainActivity. java 文件中添加 CameraBridgeViewBase 对象，并与界面 JavaCameraView 控件相关联，并使用可视输出。

```
private CameraBridgeViewBase mCvCamera;                                   //定义对象
mCvCamera = (CameraBridgeViewBase) findViewById(R. id. camera_view);      //关联对象
mCvCamera. setVisibility(SurfaceView. VISIBLE);                           //可视化对象
```

3.5.3 过程实施

1）打开 Eclipse，新建一个空白的 Android 工程。

2）为新建工程引入 OpenCV Library-＊库工程。

3）打开 src 目录下面的 MainActivity，由于目标是在应用中通过 OpenCV 的 Java API 实现打开相机全屏显示，并获取预览框，所以 MainActivity 需要实现 CvCameraViewListener2 接口，有 3 个方法，分别是：onCameraViewStarted、onCameraViewStopped 和 onCameraFrame，关键的图像处理在 onCameraFrame 函数中。

```
public class MainActivity extends Activity implements CvCameraViewListener2 {
    @Override
    protected void onCreate(Bundle savedInstanceState) {
        super. onCreate(savedInstanceState);
            setContentView(R. layout. activity_main);
    }
    @Override
    public void onCameraViewStarted(int width, int height) {
        // TODO Auto-generated method stub

    }
    @Override
    public void onCameraViewStopped() {
        // TODO Auto-generated method stub

    }
    @Override
```

```
    public Mat onCameraFrame(CvCameraViewFrame inputFrame) {
            // TODO Auto-generated method stub
    }
}
```

4）修改 AndroidManifest. xml 文件。

因需要用到相机，所以必须添加相机的相关权限。

```
<uses-permission android:name="android.permission.CAMERA"/>
<uses-feature android:name="android.hardware.camera" android:required="false"/>
<uses-feature android:name="android.hardware.camera.autofocus" android:required="false"/>
```

5）为界面布局文件添加显示相机内容的组件。

打开 res\layout 下的 activity_main. xml 布局文件，为其添加一个 OpenCV 的视觉组件 JavaCameraView。

```
<RelativeLayout xmlns:android="http://schemas.android.com/apk/res/android"
    xmlns:tools="http://schemas.android.com/tools"
    xmlns:opencv="http://schemas.android.com/apk/res-auto"
    android:layout_width="match_parent"
    android:layout_height="match_parent" >

    <org.opencv.android.JavaCameraView
        android:layout_width="fill_parent"
        android:layout_height="fill_parent"
        android:visibility="gone"
        android:id="@+id/camera_view"
        opencv:show_fps="true"
        opencv:camera_id="any" />

</RelativeLayout>
```

6）回到 MainActivity 中，完成 API 的调用。

声明一个 CameraBridgeViewBase 对象，用于存放 activity_main. xml 中的 JavaCameraView 组件，并在 OnCreate 中实现绑定和添加事件监听。

```
mCVCamera = (CameraBridgeViewBase) findViewById(R.id.camera_view);
mCvCamera.setVisibility(SurfaceView.VISIBLE);
mCVCamera.setCvCameraViewListener(this);
```

7）修改 public Mat onCameraFrame（CvCameraViewFrame inputFrame）回调函数的内容，这个函数在相机每刷新一帧时都会调用一次，而且每次的输入参数就是当前相机视图信息，直接获取其中的 RGBA 信息作为 Mat 数据，返回给显示组件。

```
/*图像处理都写在此处      */
@Override
```

```
public Mat onCameraFrame(CvCameraViewFrame inputFrame) {
    //直接返回输入视频预览图的 RGBA 数据并存在 Mat 数据中
    return inputFrame.rgba();
}
```

8）以上操作中，在 OnCreate 函数中已经获取到 mCVCamera 对象，只有调用 mCVCamera.enableView()之后，预览组件才会显示每一帧的 Mat 图像，但是在显示之前必须确保 OpenCV 的库文件已经加载完成，所以调用此方法需要进行异步处理。

```
/*通过 OpenCV 管理 Android 服务,异步初始化 OpenCV */
  BaseLoaderCallback mLoaderCallback = new BaseLoaderCallback(this) {
        @Override
        public void onManagerConnected(int status) {
            switch (status) {
                case LoaderCallbackInterface.SUCCESS:
                    Log.i(TAG,"OpenCV loaded successfully");
                    mCVCamera.enableView();
                    break;
                default:
                    break;
            }
        }
  };
```

9）当 mLoaderCallback 收到 LoaderCallbackInterface.SUCCESS 消息的时候，才会打开预览显示，如何发出这个消息就需要重写 Activity 的 onRusume 方法，因为每次激活当前 Activity 都会调用此方法，所以可以在此处检测 OpenCV 的库文件是否加载完毕。

```
@Override
public void onResume() {
    super.onResume();
  if(!OpenCVLoader.initDebug()) {
        OpenCVLoader.initAsync(OpenCVLoader.OPENCV_VERSION_2_4_10, this, mLoaderCallback);
}
else{
        LoaderCallback.onManagerConnected(LoaderCallbackInterface.SUCCESS);
}
}
```

10）编译生成 APK，并进行安装测试，结果如图 3-17 所示。

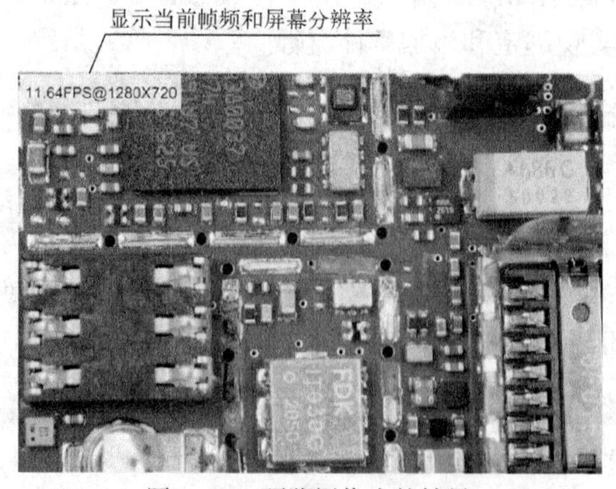

图 3-17　预览摄像头的结果

3.6 任务3 OpenCV for Android 摄像头参数设置

任务描述

经过任务2的实施，小明已经成功使用 OpenCV for Android 打开的摄像头预览功能，现在他要通过代码修改摄像头的参数，来实现图像的缩放、像素及分辨率的改变。

任务要求

使用 OpenCV 开发库开发一个相机的 App，其具有参数修改、拍照等功能。

任务目标

通过 OpenCV for Android 的参数设置任务，达到以下的目标：

❖ 知识目标

- 掌握 OpenCV 开发库的相机参数设置方法。
- 掌握 Camera 类的 PictureCallback 接口的使用方法。

❖ 能力目标

- 能够为相机进行参数设置。
- 能够进行拍照并保存照片。

❖ 素质目标

能够独立思考和分析问题，学会查找资料并解决问题。

3.6.1 JavaCameraView 的参数设置

JavaCameraView 类只提供了打开、关闭相机预览的功能，如需要对相机的参数进行设置，需要继承 JavaCameraView 的类方法自己定义一个新的 CameraView 类，然后在这个新类里添加设置相机参数的方法，见表 3-5，这些方法都是相机成功打开后才能使用的。

表 3-5 参数设置方法

序号	方 法	参 数	返 回 值	功 能
1	List<String> getEffectList()	无	List<String>	获取图像效果参数列表，无参数，返回参数列表
2	Boolean isEffectSupported()	无	boolean	效果支持判断，无参数，返回 True 或 False
3	String getEffect()	无	String	获取当前图像设置效果参数，无参数，返回当前设置参数值
4	void setEffect(String effect)	String effect	void	设置图像效果值，参数为图像效果参数，无返回值
5	int getFPS()	无	int	获取帧频值，无参数，返回帧频值
6	int getmaxFPS()	无	int	获取最大帧频值，无参数，返回最大帧频值
7	int getminFPS()	无	int	获取最小帧频值，无参数，返回最小帧频值

（续）

序号	方　法	参　数	返 回 值	功　能
8	void setFPS（int fps）	int fps	void	设置帧频值，参数为帧频值，无返回
9	List<Size> getPictureSizes( )	无	List<Size>	获取支持的图片大小的列表，无参数，返回支持的图片大小的列表
10	void setPictureSize（Size picsize）	Sizepicsize	void	设置图片大小，参数为图片大小值，无返回
11	Size getPictureSize( )	无	Size	获取当前设置的图片大小，无参数，返回当前设置的图片大小
12	List<Size> getResolutionList( )	无	List<Size>	获取支持的图像分辨率列表，无参数，返回支持的图像分辨率列表
13	void setResolution（Size resolution）	Size resolution	void	设置图像分辨率，参数为图像分辨率值，无返回
14	Size getResolution( )	无	Size	获取当前设置的图像分辨率，无参数，返回当前设置的图像分辨率

这里以分辨率的获取与设置为例说明参数的设置方法。

```
public void setResolution(Size resolution) {
    disconnectCamera();                              //设置前断开相机
    mMaxHeight = resolution.height;                  //分辨率的高
    mMaxWidth = resolution.width;                    //分辨率的宽
    connectCamera(mMaxWidth, mMaxHeight);            //设置并重新连接相机
}
public Size getResolution() {
    return mCamera.getParameters().getPreviewSize(); //获得当前图像分辨率
    }
```

3.6.2　Camera 的回调接口

Android 提供了一个相机拍照的 Java API——PictureCallback（图像捕获回调），是一种最安全的回调方法，它确保会被调用，并且在压缩图像时被调用，用了这个回调接口，就可以实现获取图片的功能，类似拍照，会进入回调函数 onPictureTaken 实现功能，见表 3-6。

表 3-6　onPictureTaken 方法

方　法	参　数	返回值	功　能
void onPictureTaken（byte[ ] data，Camera camera）	byte[ ] data：图片数据 Camera camera：相机对象	无	当 PictureCallback 回调时，调用这个方法进行保存图像文件

3.6.3　过程实施

1）打开 Eclipse，新建一个空白的 Android 工程。

2）为新建工程引入 OpenCV Library-＊库工程。

3）打开 src 目录，基于 OpenCV 的视觉组件新建一个 CameraView 的新类，类名为 MyCameraView，继承自 JavaCameraView 方法，并承接 PictureCallback 的照片保存回调接口。

```
public class MyCameraView extends JavaCameraView implements PictureCallback {

    public MyCameraView (Context context, AttributeSet attrs) {
        super(context, attrs);
    }

    @Override
    public void onPictureTaken(byte[ ] data, Camera camera) { //图片保存回调

    }
}
```

4）添加各参数设置的方法。

```
public List<String> getEffectList() {                    //获取支持的图片效果列表
    return mCamera.getParameters().getSupportedColorEffects();
}
public boolean isEffectSupported() {                     //判断是否支持图片效果
    return (mCamera.getParameters().getColorEffect() != null);
}
public String getEffect() {                              //获取图片效果
    return mCamera.getParameters().getColorEffect();
}

public void setEffect(String effect) {                   //设置图片效果
    Camera.Parameters params = mCamera.getParameters();
    params.setColorEffect(effect);
    mCamera.setParameters(params);
}

public int getFPS() {                                    //获取帧频
    returnmCamera.getParameters().getPreviewFrameRate();
}

public int getmaxFPS() {                                 //获取最大帧频
    int[ ]range = new int[2];
    mCamera.getParameters().getPreviewFpsRange(range);
    return range[1];
}

public int getminFPS() {                                 //获取最小帧频
    int[ ]range = new int[2];
    mCamera.getParameters().getPreviewFpsRange(range);
```

```
        return range[0];
    }

    public void setFPS(int fps) {                          //设置帧频
        Camera.Parameters params = mCamera.getParameters();
        params.setPreviewFpsRange(10, 200);
        params.setPreviewFrameRate(120);
        mCamera.setParameters(params);
    }

    public List<Size> getPictureSizes() {                  //获取支持的图片大小列表
        returnmCamera.getParameters().getSupportedPictureSizes();
    }

    public void setPictureSize(Size picsize) {             //设置图片大小
        Camera.Parameters params = mCamera.getParameters();
        params.setPictureSize(640, 480);
        mCamera.setParameters(params);
    }

    public Size getPictureSize() {                         //获取图片大小
        return mCamera.getParameters().getPictureSize();
    }

    public List<Size> getResolutionList() {                //获取分辨率列表
        return mCamera.getParameters().getSupportedPreviewSizes();
    }

    public void setResolution(Size resolution) {           //设置分辨率
        disconnectCamera();
        mMaxHeight = resolution.height;
        mMaxWidth = resolution.width;
        connectCamera(mMaxWidth, mMaxHeight);
    }

    public Size getResolution() {                          //获取分辨率
        return mCamera.getParameters().getPreviewSize();
    }
```

5）为图片保存回调方法 onPictureTaken 添加处理算法，同时添加图片保存文件名的全局变量 mPictureFileName，并添加触发图片保存函数 takePicture。

```
    private String mPictureFileName;
```

```
    @ Override
public void onPictureTaken(byte[] data, Camera camera) {
    //相机预览功能会自动关闭,需要重新打开
    mCamera.startPreview();
    mCamera.setPreviewCallback(this);

    //将 JPEG 格式的图片保存到文件里
    try {
        FileOutputStream fos = new FileOutputStream(mPictureFileName);
        fos.write(data);
        fos.close();
    } catch (java.io.IOException e) {
        Log.e("PictureDemo", "Exception in photoCallback", e);
    }
}

public void takePicture(final String fileName) {
    this.mPictureFileName = fileName;
    //当捕捉的队列不为空时,Postview 和 jpeg 会在同一缓存 buffers 中发送
    //由于内存事件需要清空缓存来提请 mCamera.takePicture 处理
    mCamera.setPreviewCallback(null);
    //在当前类中图片回调处理函数 PictureCallback 处理
    mCamera.takePicture(null, null, this);
}
```

6）打开 src 目录下的 MainActivity，由于目标是在应用中通过 OpenCV 的 Java API 打开相机全屏显示，并获取预览框，所以 MainActivity 需要实现 CvCameraViewListener2 接口，同时由于目标是在应用中具有触摸屏幕的功能，所以 MainActivity 需要连接 OnTouchListener 监听器接口。

```
public class MainActivity extends Activity implements CvCameraViewListener2,OnTouchListener{
    @ Override
    protected void onCreate(Bundle savedInstanceState) {
        super.onCreate(savedInstanceState);
        setContentView(R.layout.activity_main);
    }
    @ Override
    public void onCameraViewStarted(int width, int height) {          //开始预览图像
        // TODO Auto-generated method stub
    }
    @ Override
    public void onCameraViewStopped() {                               //停止预览图像
        // TODO Auto-generated method stub
```

```
    }
    @ Override
    public Mat onCameraFrame( CvCameraViewFrame inputFrame) {          //图像处理
            // TODO Auto-generated method stub
    }
    @ Override
    public boolean onTouch( View v, MotionEvent event) {               //触摸响应
        return false;       }
}
```

7）修改 AndroidManifest. xml 文件。为本项目添加相机的相关权限，参照任务 2。

8）为界面布局文件添加显示相机内容的组件。打开 res\layout 下的 activity_main. xml 布局文件，为其添加一个新的 OpenCV 视觉组件 MyCameraView，其中该类存放在本项目的 src\org\opencv\android 文件夹里面。

```
<RelativeLayout xmlns:android="http://schemas.android.com/apk/res/android"
    xmlns:tools="http://schemas.android.com/tools"
    xmlns:opencv="http://schemas.android.com/apk/res-auto"
    android:layout_width="match_parent"
    android:layout_height="match_parent" >

    <org.opencv.android.MyCameraView
        android:layout_width="fill_parent"
        android:layout_height="fill_parent"
        android:visibility="gone"
        android:id="@+id/camera_view"
        opencv:show_fps="true"
        opencv:camera_id="any" />

</RelativeLayout>
```

9）回到 MainActivity 中，完成 API 的调用。声明一个 MyCameraView 对象，用于存放 activity_main. xml 中的 MyCameraView 组件，并在 OnCreate 中实现绑定和添加事件监听，参照任务 2。

```
private MyCameraView mOpenCvCameraView;
```

10）修改 public Mat onCameraFrame（CvCameraViewFrame inputFrame）回调函数的内容，直接获取其中的 RGBA 信息作为 Mat 数据返回给显示组件，请参照任务 2。

11）重写 Activity 的 onRusume 方法，在此处检测 OpenCV 的库文件是否加载完毕，参照任务 2。

12）确保 OpenCV 的库文件已经加载完成，在回调函数 mLoaderCallback 中允许预览图像，参照任务 2。

13）为本项目动态添加参数设置的选择性菜单，用于提供参数修改选项，参数设置菜单如下：

```
private  List<Size>  mResolutionList;                           //分辨率列表
private  MenuItem[]  mEffectMenuItems;                          //图像效果菜单项数组
private  SubMenu  mColorEffectsMenu;                            //颜色效果子菜单
private  MenuItem[]  mResolutionMenuItems;                      //分辨率菜单分辨率列表单项数组
private  SubMenu  mResolutionMenu;                              //分辨率子菜单
private  List<Size>  mPicSizeList;                              //图片大小列表
private  MenuItem[]  mPicSizeMenuItems;                         //图片大小菜单项数组
private  SubMenu  mPicSizeMenu;                                 //图片大小子菜单
private  MenuItem[]  mPicFpsMenuItems;                          //图片帧频菜单项数组
private  SubMenu  mPicFpsMenu;                                  //图片帧频子菜单

@Override
public boolean onCreateOptionsMenu(Menu menu) {
    List<String> effects = mOpenCvCameraView.getEffectList();   //获取支持图像效果列表
    if (effects == null) {                                      //没有可支持的图像效果
        Log.e(TAG, "Color effects are not supported by device!");//提示信息
        return true;
    }

    mColorEffectsMenu = menu.addSubMenu("Color Effect");        //添加子菜单"Color Effect"
    mEffectMenuItems = new MenuItem[effects.size()];            //创建子菜单项目对象
    //遍历支持图像效果,并加入菜单
    int idx = 0;
    ListIterator<String> effectItr = effects.listIterator();
    while(effectItr.hasNext()) {
        String element = effectItr.next();
        mEffectMenuItems[idx] = mColorEffectsMenu.add(1, idx, Menu.NONE,
            element);
        idx++;
    }

    mResolutionMenu = menu.addSubMenu("Resolution");                //添加子菜单"Resolution"
    mResolutionList = mOpenCvCameraView.getResolutionList();        //获取支持分辨率列表
    mResolutionMenuItems = new MenuItem[mResolutionList.size()];    //创建子菜单项目对象
    //遍历支持的分辨率,并加入菜单
    ListIterator<Size> resolutionItr = mResolutionList.listIterator();
    idx = 0;
    while(resolutionItr.hasNext()) {
        Size element = resolutionItr.next();
        mResolutionMenuItems[idx] = mResolutionMenu.add(2, idx,
            Menu.NONE,Integer.valueOf(element.width).toString() + "x" +
            Integer.valueOf(element.height).toString());
```

```
            idx++;
        }
        mPicSizeMenu = menu.addSubMenu("PictureSize");                //添加子菜单"PictureSize"

        mPicSizeList = mOpenCvCameraView.getPictureSizes();           //获取支持图片大小列表
        mPicSizeMenuItems = new MenuItem[mPicSizeList.size()];
        //遍历支持的图片大小,并加入菜单
        ListIterator<Size> picsizeItr = mPicSizeList.listIterator();
        idx = 0;
        while(picsizeItr.hasNext()) {
            Size element = picsizeItr.next();
            mPicSizeMenuItems[idx] = mPicSizeMenu.add(3, idx, Menu.NONE,
                Integer.valueOf(element.width).toString() + "x" +
                Integer.valueOf(element.height).toString());
            idx++;
        }

        mPicFpsMenu = menu.addSubMenu("PictureFPS");                  //添加子菜单"PictureFPS"
        mPicFpsMenuItems = new MenuItem[3];
        //添加最大帧频菜单项
        mPicFpsMenuItems[0] = mPicFpsMenu.add(4, 0, Menu.NONE, "max FPS: "
                + Integer.valueOf(mOpenCvCameraView.getmaxFPS()).toString());
        //添加最小帧频菜单项
        mPicFpsMenuItems[1] = mPicFpsMenu.add(4, 1, Menu.NONE, "min FPS: "
                + Integer.valueOf(mOpenCvCameraView.getminFPS()).toString());
        //添加当前帧频菜单项
        mPicFpsMenuItems[1] = mPicFpsMenu.add(4, 1, Menu.NONE, "current FPS: "
                + Integer.valueOf(mOpenCvCameraView.getFPS()).toString());
        return true;
    }
    public boolean onOptionsItemSelected(MenuItem item) {                //菜单选择响应
        if (item.getGroupId() == 1)                                   //图片效果菜单选择
        {
            mOpenCvCameraView.setEffect((String) item.getTitle());    //设置图片效果
        }
        else if (item.getGroupId() == 2)                              //分辨率菜单选择
        {
            int id = item.getItemId();
            Size resolution = mResolutionList.get(id);
            mOpenCvCameraView.setResolution(resolution);              //设置图片分辨率
        }
        else if (item.getGroupId() == 3) {                            //图片大小菜单选择
```

```
        int id = item. getItemId( ) ;

        Size picsize = mPicSizeList. get( id) ;
        mOpenCvCameraView. setPictureSize( picsize) ;              //设置图片大小
    }
    else if ( item. getGroupId( ) = = 4)                          //帧频菜单选择
    {
        int fps = 120;
        mOpenCvCameraView. setFPS( fps) ;                         //设置帧频
    }
    return true;
}
```

14）为实现拍照的功能，需要在 MainActivity 类中重写 onTouch 方法，主要为拍照获取一个图片的文件名，以当前系统的时间来命名，并进行保存文件。

```
public boolean onTouch( View v, MotionEvent event) {
    SimpleDateFormat sdf = new SimpleDateFormat( "yyyy-MM-dd_HH-mm-ss") ;     //设置时间格式
    String currentDateandTime = sdf. format( new Date( ) ) ;                  //获取当前时间
    //保存的文件完整路径
    String fileName = Environment. getExternalStorageDirectory( ). getPath( ) +
                                    "/sample_picture_" + currentDateandTime + ". jpg" ;
    //保存文件
    mOpenCvCameraView. takePicture( fileName) ;
    Toast. makeText( this, fileName + " saved" , Toast. LENGTH_SHORT). show( ) ;    //提示文件保存
    return false;
}
```

15）编译生成 APK，安装并测试，预览摄像头的界面如图 3-18 所示。

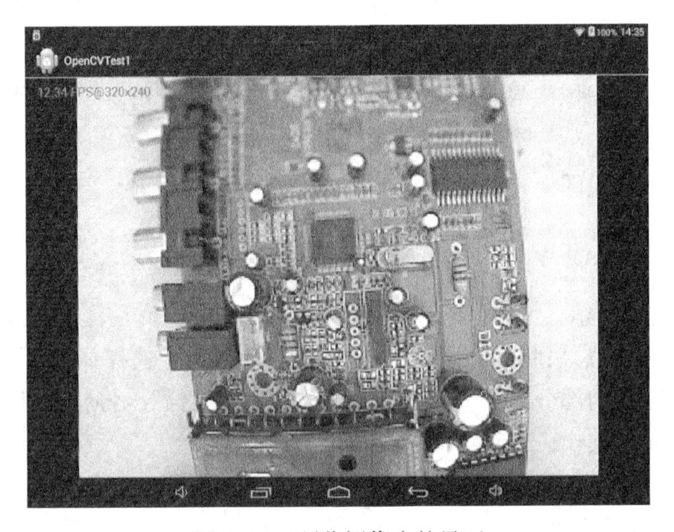

图 3-18　预览摄像头的界面

3.7 任务4 OpenCV for Android 模板匹配和物体跟踪

任务描述

经过任务3的实施，小明已经可以顺利地修改相机的参数和拍照，现在他要通过OpenCV实现对既定目标的识别和跟踪。

任务要求

使用OpenCV开发库开发一个物体跟踪的App，能识别既定目标并进行跟踪。

任务目标

通过OpenCV for Android的模板匹配和物体跟踪任务的实施，达到以下的目标：

❖ 知识目标
- 掌握模板匹配的基本原理。
- 掌握OpenCV函数matchTemplate并学会通过该函数实现匹配。
- 掌握OpenCV函数minMaxLoc在给定的矩阵中寻找最大和最小值（包括它们的位置）。

❖ 能力目标
- 能够将一幅图片中自己感兴趣的区域标记进行模板匹配。
- 能够跟踪物体并把位置标记出来。

❖ 素质目标

能查找资料并分析问题，独立解决问题。

3.7.1 模板匹配的定义

知识拓展

模板匹配过程

模板匹配是在一幅图像中寻找和另一幅图像最相似（匹配）部分的技术。通常，被寻找的图像称为源图像，寻找的对象图像称为模板。

3.7.2 模板匹配的基本原理

模板匹配的基本原理是让模板图像在源图片上的一次次滑动（从左到右，从上到下一个像素为单位的移动），然后将两张图像的像素值进行比对，选择相似度最高的部分进行标记，当遇到相似度更高的部分时更换标记部分。扫描完毕之后，将相似度最高的部分标记出来，作为图像进行输出操作。

具体过程如下。

1）准备两个主要的组件，如图3-19所示。

- 源图像：期望找到与模板图像匹配的图像。

• 模板图像：用于与源图像进行扫描匹配的子图像。

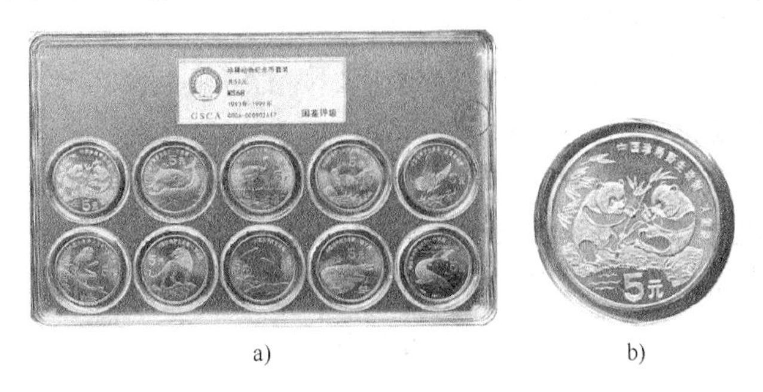

a)　　　　b)

图 3-19　模板匹配两个主要组件

a）源图像　b）模板图像

2）识别匹配区域，需要通过滑动来比较模板图像与源图像。

通过如图 3-20 所示的滑动，这里的意思是一次移动补丁一个像素（从左到右，从上到下）。在每个位置，计算度量，以便它表示在该位置处的匹配的“好”还是“坏”（或者与图像的特定区域相似），将每个位置的计算度量存储在结果矩阵 $\boldsymbol{R}$，$\boldsymbol{R}$ 中的每个位置(x,y)都包含匹配度量，匹配度量值为最大的地方被认为是匹配模板图像，如图 3-21 所示。

图 3-20　模板图像与源图像扫描滑动

图 3-21　匹配结果

3.7.3 模板匹配的算法模型

传统的模板匹配算法基本是遍历扫描搜索区域内的每一个像素点，进行区域相关匹配计算从而找到最优匹配点。

以图 3-22 为例，在被搜索图 $S(W\times H)$ 上平移模板 $T(m\times n)$，叠放在 S 上的那块区域，叫作子图。i，j 为子图左上角在被搜索图 S 上的坐标。搜索范围是：$1\leqslant i\leqslant W-M$，$1\leqslant j\leqslant H-N$，比较模板 T 和子图的相似性，从而找到最佳匹配。可以用式（3-1）衡量 T 和子图的相似性。

$$\begin{aligned}\boldsymbol{D}(i,j) &= \sum_{m=1}^{M}\sum_{n=1}^{N}[S^{ij}(m,n)-T(m,n)]^2 \\ &= \sum_{m=1}^{M}\sum_{n=1}^{N}[S^{ij}(m,n)]^2 - 2\sum_{m=1}^{M}\sum_{n=1}^{N}S^{ij}(m,n)T(m,n) + \sum_{m=1}^{M}\sum_{n=1}^{N}[T(m,n)]^2\end{aligned} \tag{3-1}$$

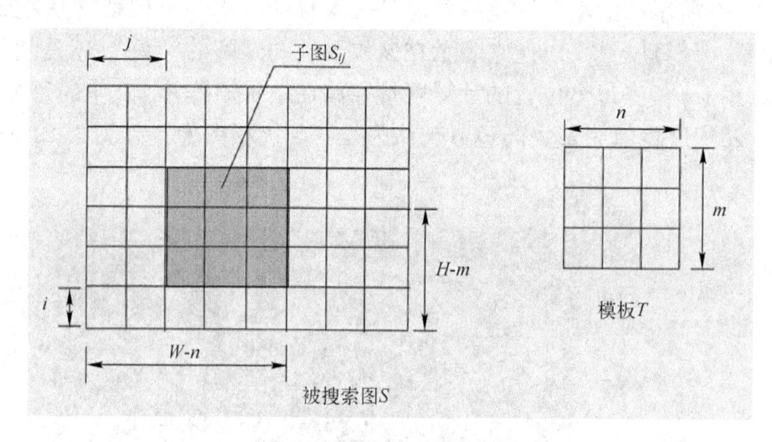

图 3-22　模板匹配示例图

关注式（3-1）的第 2 项，它是模板和子图的互相关。当模板和子图最佳匹配时，该项会出现极大值。考虑先将其归一化，得到模板的相关系数 $R(i,j)$，如式（3-2）。

$$\boldsymbol{R}(i,j) = \frac{\sum_{m=1}^{M}\sum_{n=1}^{N}S^{ij}(m,n)T(m,n)}{\sqrt{\sum_{m=1}^{M}\sum_{n=1}^{N}[S^{ij}(m,n)]^2}\sqrt{\sum_{m=1}^{M}\sum_{n=1}^{N}[T(m,n)]^2}} \tag{3-2}$$

系数 $R(i,j)=1$，说明模板和子图完全一样。在被搜索图 S 中完成全部搜索后，找出 $\boldsymbol{R}$ 的最大值，其对应的子图即为匹配目标。

其中，式（3-1）、式（3-2）中的 $S^{ij}(m,n)$ 和 $T(m,n)$ 表示子图像和模板图像在该点位置的像素值，可以是灰度高度，也可以是 RGB 值。

3.7.4 OpenCV for Android 模板匹配实现

OpenCV 开发库为 Android 的应用开发提供了 Imgproc. matchTemplate 方法来实现模板匹配，模板匹配函数方法详见表 3-7，模板匹配函数共有 4 个参数，前面 3 个为图像数据类型，第 4 个为模板匹配时采用的算法，method 参数具体如下。

- TM_SQDIFF 平方差匹配法：该方法采用平方差来进行匹配；最好的匹配值为 0；匹配越差，匹配值越大。
- TM_CCORR 相关匹配法：该方法采用乘法操作；数值越大表明匹配程度越好。
- TM_CCOEFF 相关系数匹配法：1 表示完美的匹配；-1 表示最差的匹配。
- TM_SQDIFF_NORMED 归一化平方差匹配法。
- TM_CCORR_NORMED 归一化相关匹配法。
- TM_CCOEFF_NORMED 归一化相关系数匹配法。

表 3-7 模板匹配函数方法一

方　法	参　数	返回值	功　能
void matchTemplate (Mat image, Mat templ, Mat result, int method)	image：源图像 templ：模板图像 result：比较结果的图像 method：采用匹配的算法	无	实现源图像与模板图像之间的匹配，结果存放在 result 里

在通过 matchTemplate 函数进行模板匹配后，可以得到一个映射图，这张图中最大值的地方便是匹配度最大的子图的左上角坐标，可以使用 Core. minMaxLoc 函数获得子图位置和相应的相关系数值，详见表 3-8，再进行后续操作。

表 3-8 模板匹配函数方法二

方　法	参　数	返　回　值	功　能
MinMaxLocResult org. opencv. core. Core. minMaxLoc (Mat src)	src：经 matchTemplate 函数匹配后得到的 result 图像	MinMaxLocResult：子图位置和相应的相关系数结构体型数据	模板匹配后获取子图位置和相应的相关系数值

其中，子图位置和相应的相关系数结构体 MinMaxLocResult 的定义如下。

```
//子图位置和相应的相关系数结构体
classMinMaxLocResult {
    Point  maxLoc;     //相关系数最大的位置,类型为 Point
    double  maxVal;    //相关系数最大值,类型为双精度浮点数
    Point  minLoc;     //相关系数最小的位置,类型为 Point
    double  minVal;    //相关系数最小值,类型为双精度浮点数
}
```

完整的模板匹配实现流程如图 3-23 所示。

3.7.5 过程实施

1）打开 Eclipse，新建一个空白的 Android 工程。

2）为新建工程引入 OpenCV Library-＊库工程。

3）打开 res\layout 目录下的布局文件：activity_main. xml，为项目添加一个按键和两个图像显示控件，一个图像显示控件用来显示模板图像，另外一个图像显示控件有两个作用，在匹配前用来显示源图像，在匹配后用来显示结果图像，当按键按下便开始进行模板匹配处理。

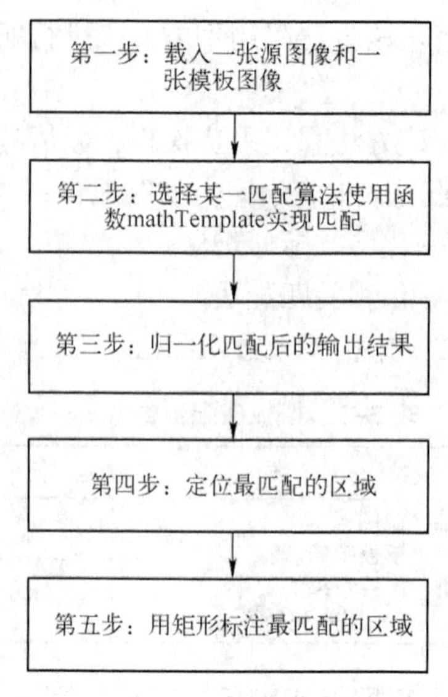
第一步：载入一张源图像和一张模板图像
第二步：选择某一匹配算法使用函数mathTemplate实现匹配
第三步：归一化匹配后的输出结果
第四步：定位最匹配的区域
第五步：用矩形标注最匹配的区域

图 3-23　模板匹配实现流程

```
<LinearLayout xmlns:android="http://schemas.android.com/apk/res/android"
    xmlns:tools="http://schemas.android.com/tools"
    android:orientation="vertical"
    android:layout_width="match_parent"
    android:layout_height="match_parent" >

    <Button
        android:id="@+id/btn_process"
        android:layout_width="fill_parent"
        android:layout_height="wrap_content"
        android:text="模板匹配"/>

    <ImageView
        android:id="@+id/image_view1"
        android:layout_width="wrap_content"
        android:layout_height="wrap_content"    />

    <ImageView
        android:id="@+id/image_view2"
        android:layout_width="wrap_content"
        android:layout_height="wrap_content"    />

    </LinearLayout>
```

4）打开 src 目录下的 MainActivity.java，并承接 OnClickListener 的照片保存回调接口。

```
public class MainActivity extends Activity implements OnClickListener{

    private Button btnProc;
    private ImageView imageView1,imageView2;
    private Bitmap bmp1,bmp2;
    //OpenCV 类库加载并初始化成功后的回调函数,在此不进行任何操作
    private BaseLoaderCallback  mLoaderCallback = new BaseLoaderCallback(this) {
        @Override
        public void onManagerConnected(int status) {
            switch (status) {
                case LoaderCallbackInterface.SUCCESS:{
                } break;
                default:{
                    super.onManagerConnected(status);
                } break;
            }
        }
    };

    @Override
    public void onCreate(Bundle savedInstanceState) {
        super.onCreate(savedInstanceState);
        setContentView(R.layout.activity_main);
        btnProc = (Button) findViewById(R.id.btn_process);
        imageView1 = (ImageView) findViewById(R.id.image_view1);
        //将模板图像文件 lena_template 图像加载程序中并进行显示
        bmp1= BitmapFactory.decodeResource(getResources(), R.drawable.lena_template);
        imageView1.setImageBitmap(bmp1);
        imageView2 = (ImageView) findViewById(R.id.image_view2);
        //将源图像文件 lena 图像加载程序中并进行显示
        bmp2 = BitmapFactory.decodeResource(getResources(), R.drawable.lena);
        imageView2.setImageBitmap(bmp2);
        btnProc.setOnClickListener(this);
    }

    @Override
    public void onClick(View v) {
        MatSrc_Mat = new Mat();
        MatT_Mat = new Mat();
        Utils.bitmapToMat(bmp1, T_Mat);         //获取模板图像所对应的像素数据
        Utils.bitmapToMat(bmp2, Src_Mat);       //获取源图像所对应的像素数据
```

```
        //创建结果图像像素矩阵
        int result_cols =Src_Mat.cols() - T_Mat.cols() + 1;
        int result_rows =Src_Mat.rows() - T_Mat.rows() + 1;
        Mat result = new Mat(result_rows, result_cols, CvType.CV_32FC1);
        //选择一种匹配算法,也可以通过进度条等控件进行修改,自行实现
        int match_method = Imgproc.TM_SQDIFF_NORMED;
        //进行匹配并归一化处理
        Imgproc.matchTemplate(Src_Mat, T_Mat, result, match_method);
        Core.normalize(result, result, 0, 1, Core.NORM_MINMAX, -1, new Mat());
        //通过 minMaxLoc 来获取最好的匹配点信息
        MinMaxLocResult mmr = Core.minMaxLoc(result);
        Point matchLoc;
        if (match_method == Imgproc.TM_SQDIFF || match_method ==
                              Imgproc.TM_SQDIFF_NORMED) {
            matchLoc = mmr.minLoc;
        } else {
            matchLoc = mmr.maxLoc;
        }
        //用矩形框标注最匹配的区域
        Core.rectangle(Src_Mat, matchLoc, new Point(matchLoc.x + templ.cols(),
            matchLoc.y + templ.rows()), new Scalar(0, 255, 0));
        //创建一个位图图像
        BitmapresultBmp = Bitmap.createBitmap(bmp2.getWidth(), bmp2.getHeight(), Config.RGB_
565);
        Utils.matToBitmap(Src_Mat, resultBmp);  //格式转换
        imageView2.setImageBitmap(resultBmp);  //显示匹配结果
    }

    @Override
    public void onResume(){
        super.onResume();
        //通过 OpenCV 引擎服务加载并初始化 OpenCV 类库,所谓 OpenCV 引擎服务即是
        //OpenCV_2.4.3.2_Manager_2.4_*.apk 程序包,存在于 OpenCV 安装包的 apk 目录中
            OpenCVLoader.initAsync(OpenCVLoader.OPENCV_VERSION_2_4_3, this,
mLoaderCallback);
    }
}
```

5）添加如图 3-24 所示的 rocket_template.jpg 和 rocket.jpg 图像文件至 res\drawabel 目录下。

6）编译并运行项目并进行测试，模板匹配结果如图 3-25 所示。

a)

b)

图 3-24　图像资源

a）rocket. jpg　b）rocket_template. jpg

图 3-25　模板匹配结果

想一想

以上的案例只是实现了静态加载图像进行模板匹配的处理，并没有提及物体跟踪的实现方法，结合任务 3 和任务 4 所学的知识能实现吗？

3.8　任务 5　OpenCV for Android 的颜色识别

任务描述

经过任务 4 的实施，小明已经可以顺利地实现物体跟踪的功能，但他在思考这样一个问题，在同一场景中，如果存在多个不同的圆形物体，根据任务 4 的方法来实现圆形物体的跟踪，也就有可能会匹配出错，为此需要通过新的手段来使得物体的识别跟踪更加完善，小明想到了不同的物体本身存在色差，在同一光线环境下，由于光的远近，也会造成色差，他就想通过颜色识别来提高识别率。

任务要求

使用 OpenCV 开发库开发一个颜色识别的 App，能通过物体的颜色来识别物体。

任务目标

通过 OpenCV for Android 的颜色识别任务，达到以下的目标：

❖ 知识目标

- 了解 RGB、YUV 和 HSV 的颜色空间基本原理。
- 掌握利用 HSV 颜色空间进行颜色识别的基本原理。
- 掌握形态学运算的基本原理，对图像进行膨胀、腐蚀等处理。
- 掌握 OpenCV 的 core. inRange 的使用方法，实现对图像的颜色进行识别。

❖ 能力目标

- 能够将图像从 RGB 颜色空间转换为 HSV 颜色空间。
- 能够对图像进行颜色通道分割，能进行简单的形态学图像处理。
- 能够设定 HSV 颜色范围对图像进行识别。

❖ 素质目标

能查找资料并分析问题，独立解决问题。

3.8.1 颜色空间

颜色通常用 3 个独立的属性来描述，3 个独立变量的综合作用构成一个空间坐标，这就是颜色空间。但被描述的颜色对象本身是客观的，不同颜色空间只是从不同的角度去衡量同一个对象。颜色空间按照基本机构可以分为两大类：一类是基色颜色空间，另一类是色、亮分离颜色空间。前者典型代表是 RGB，后者包括 YUV 和 HSV 等。

1. RGB 颜色空间

1）计算机色彩显示器和彩色电视机显示色彩的原理一样，都是采用 R、G、B 相加混色的原理，通过发射出 3 种不同强度的电子束，使屏幕内侧覆盖的红、绿、蓝磷光材料发光而产生色彩。这种色彩的表示方法称为 RGB 色彩空间表示。

2）在 RGB 颜色空间中，任意色光 F 都可以用 R、G、B 三色不同分量的相加混合而成：F=r[R]+r[G]+r[B]。RGB 色彩空间还可以用一个三维的立方体来描述，如图 3-26 所示。当三基色分量都为 0（最弱）时混合为黑色光；当三基色都为 k（最大，值由存储空间决定）时混合为白色光。

3）RGB 色彩空间根据每个分量在计算机中占用的存储字节数分为如下几种类型。

- RGB555：一种 16 位的 RGB 格式，各分量都用 5 位表示，剩下的一位不用。高字节→低字节：XRRRRRGGGGGBBBBB。
- RGB565：一种 16 位的 RGB 格式，R 占用 5 位，G 占用 6 位，B 占用 5 位。
- RGB24：一种 24 位的 RGB 格式，各分量占用 8 位，取值范围为 0~255。
- RGB32：一种 32 位的 RGB 格式，各分量占用 8 位，剩下的 8 位作 Alpha 通道或者不用。

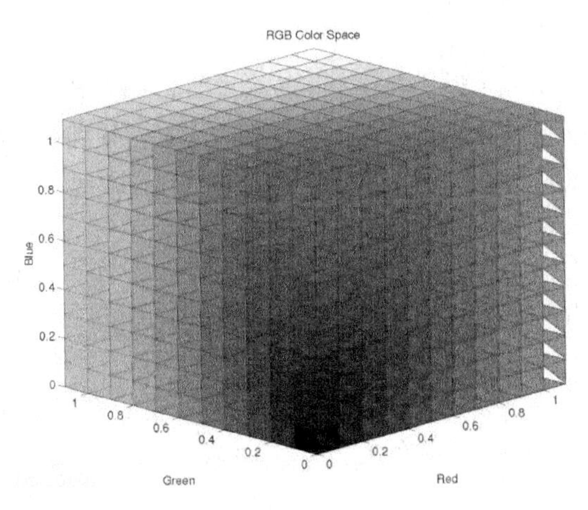

图 3-26　RGB 色彩空间

4）RGB 色彩空间采用物理三基色表示，因而物理意义很清楚，适合彩色显像管工作。然而这一体制并不适应人的视觉特点。因而，产生了其他不同的色彩空间表示法。

2. YUV 颜色空间

1）YUV（亦称 YCrCb）是被欧洲电视系统所采用的一种颜色编码方法。在现代彩色电视系统中，通常采用三管彩色摄像机或彩色 CCD 摄影机进行取像，然后把取得的彩色图像信号经分色、分别放大校正后得到 RGB，再经过矩阵变换电路得到亮度信号 Y 和两个色差信号 R-Y（即 U）、B-Y（即 V），最后发送端将亮度和两个色差总共 3 个信号分别进行编码，用同一信道发送出去。这种色彩的表示方法就是所谓的 YUV 色彩空间表示。采用 YUV 色彩空间的重要性是它的亮度信号 Y 和色度信号 U、V 是分离的。如果只有 Y 信号分量而没有 U、V 信号分量，那么这样表示的图像就是黑白灰度图像。彩色电视采用 YUV 空间正是为了用亮度信号 Y 解决彩色电视机与黑白电视机的兼容问题，使黑白电视机也能接收彩色电视信号。

2）YUV 主要用于优化彩色视频信号的传输，使其向后相容老式黑白电视。与 RGB 视频信号传输相比，它最大的优点在于只需占用极少的频宽（RGB 要求 3 个独立的视频信号同时传输）。其中“Y”表示明亮度（Luminance 或 Luma），也就是灰阶值；而“U”和“V”表示的则是色度（Chrominance 或 Chroma），作用是描述影像色彩及饱和度，用于指定像素的颜色。“亮度”是透过 RGB 输入信号来建立的，方法是将 RGB 信号的特定部分叠加到一起。“色度”则定义了颜色的两个方面——色调与饱和度，分别用 C_r 和 C_b 来表示。其中，C_r 反映了 RGB 输入信号红色部分与 RGB 信号亮度值之间的差异。而 C_b 反映的是 RGB 输入信号蓝色部分与 RGB 信号亮度值之同的差异。

3）YUV 和 RGB 互相转换的公式如下（RGB 取值范围均为 0~255）：

$$y=0.299r+0.587g+0.114b$$

$$u=-0.147r-0.289g+0.436b$$

$$v=0.615r-0.515g-0.100b$$

$$r=y+1.14v$$

$$g=y-0.39u-0.58v$$

$$b=y+2.03u$$

3. HSV 颜色空间

1）HSV 是一种将 RGB 色彩空间中的点在倒圆锥体中的表示方法。HSV 即色相（Hue）、饱和度（Saturation）、明度（Value），又称 HSB（B 即 Brightness）。色相是色彩的基本属性，就是平常说的颜色的名称，如红色、黄色等。饱和度（S）是指色彩的纯度，越高色彩越纯，低则逐渐变灰，取 0~100%的数值。明度（V），取 0-max（计算机中 HSV 取值范围和存储的长度有关），如图 3-27 所示。HSV 颜色空间可以用一个圆锥空间模型来描述。圆锥的顶点处，V=0，H 和 S 无定义，代表黑色。圆锥的顶面中心处 V=max，S=0，H 无定义，代表白色。

2）RGB 颜色空间中，3 种颜色分量的取值与所生成的颜色之间的联系并不直观。而 HSV 颜色空间，更类似于人类感觉颜色的方式，封装了关于颜色的信息："这是什么颜色？深浅如何？明暗如何？"

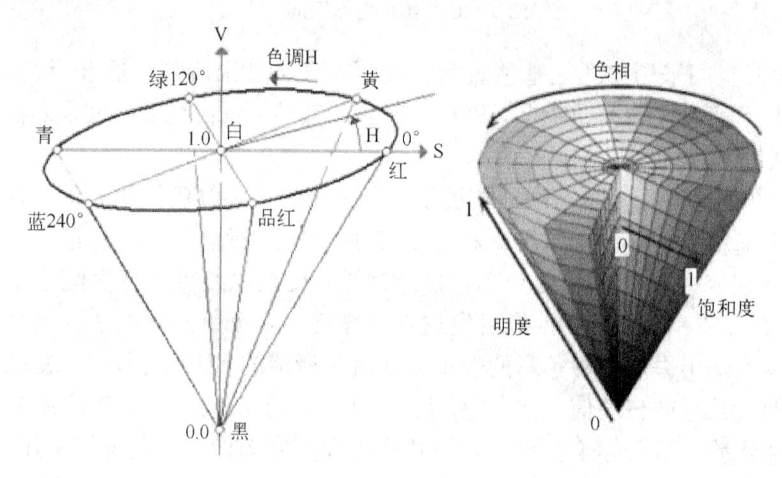

图 3-27　HSV 色彩空间

3）RGB 和 HSV 转换。

① 从 RGB 到 HSV。设 max 等于 r、g 和 b 中的最大者，min 为最小者。对应的 HSV 空间中的(h,s,v)值为

$$h=\begin{cases}0^\circ & \max=\min\\ 60^\circ\times\dfrac{g-b}{\max-\min}+0^\circ & \max=r,\ g\geqslant b\\ 60^\circ\times\dfrac{g-b}{\max-\min}+360^\circ & \max=r,\ g<b\\ 60^\circ\times\dfrac{b-r}{\max-\min}+120^\circ & \max\ g\\ 60^\circ\times\dfrac{r-g}{\max-\min}+240^\circ & \max=\ b\end{cases}$$

$$s=\begin{cases}0 & \max=0\\ \dfrac{\max-\min}{\max}=1-\dfrac{\min}{\max} & 其他\end{cases}$$

$$v=\max$$

h 为 0~360°，s 为 0~100%，v 为 0~max。

② 从 HSV 到 RGB。

$$h_i \equiv \left\lfloor \frac{h}{60} \right\rfloor \quad (\text{mad } 6)$$

$$f=\frac{h}{60}-h_i$$

$$p=v\times(1-s)$$

$$q=v\times(1-f\times s)$$

$$t=v\times(1-(1-f)\times s)$$

对于每个颜色向量(r,g,b)，

$$(r,g,b)=\begin{cases}(v,t,p) & h_i=0\\(q,v,p) & h_i=1\\(p,v,t) & h_i=2\\(p,q,v) & h_i=3\\(t,p,v) & h_i=4\\(v,p,q) & h_i=5\end{cases}$$

3.8.2 OpenCV 的 HSV 颜色空间

因为 RGB 通道并不能很好地反映出物体具体的颜色信息，而相对于 RGB 空间，HSV 空间能够非常直观的表达色彩的明暗、色调以及鲜艳程度，方便进行颜色之间的对比，因此，在 OpenCV 中进行颜色识别一般都采用 HSV 颜色来进行。

标准的 HSV 颜色空间规定是：H 为 0~360，S 为 0~1，V 为 0~1。而 OpenCV 中的 HSV 颜色空间范围：H 是 0~180，S 是 0~255，V 是 0~255。

OpenCV 中详细的 HSV 颜色表如表 3-9 所示，如蓝色的全颜色范围为色相 H:100~124，饱和度 S:43~255，明度 V:46~255。

表 3-9　OpenCV 中的 HSV 颜色表

类别 \ 颜色		黑	灰	白	红		橙	黄	绿	青	蓝	紫
色相 H	Hmin	0	0	0	0	156	11	26	35	78	100	125
	Hmax	180	180	180	10	180	25	34	77	99	124	155
饱和度 S	Smin	0	0	0	43		43	43	43	43	43	43
	Smax	255	43	30	255		255	255	255	255	255	255
明度 V	Vmin	0	46	221	46		46	46	46	46	46	46
	Vmax	46	220	255	255		255	255	255	255	255	255

3.8.3 OpenCV 颜色识别相关函数方法

在 OpenCV 中与颜色识别密切相关的函数方法主要有 Improc. cvtColor 和 Core. inRange 两个。如表 3-10 所示，Improc. cvtColor 主要用来对图像的颜色格式进行转换，Core. inRange

主要用来对图像进行色彩阈值范围处理，将在阈值范围的图像数据置成白色，阈值范围以外的图像数据被置成黑色。

表 3-10　颜色识别相关函数方法

序号	方　法	参　数	返回值	功　能
1	void Improc. cvtColor（Mat src，Mat dst，int code）	src：源图像文件数据 dst：目标图像文件数据 code：格式转换方式	无	图像颜色空间格式转换，如从 RGB 格式转成 GRB 格式等，转换方式由 code 决定
2	voidCore. inRange（Mat src，Scalar lowerb，Scalar upperb，Mat dst）	src：源图像文件数据 lowerb：色彩低阈值 upperb：色彩高阈值 dst：目标图像文件数据	无	根据给定的色彩高低阈值范围对源图像文件 src 进行处理，在范围内的图像数据置成白色，在范围以外的图像数据将置成黑色

其中，格式转换方式 code 可以从以下参数中选择：

- COLOR_BGR2GRAY：BGR 格式转成灰度图 GRAY 格式。
- COLOR_BGR2HSV：BGR 格式转成 HSV 格式。
- COLOR_BGR2RGB：BGR 格式转成 RGB 格式。
- COLOR_BGR2YUV：BGR 格式转成 YUV 格式。
- COLOR_RGB2GRAY：RGB 格式转成灰度图 GRAY 格式。
- COLOR_RGB2HSV：RGB 格式转成 HSV 格式。
- COLOR_RGB2BGR：RGB 格式转成 BGR 格式。
- COLOR_RGB2YUV：RGB 格式转成 YUV 格式。

3.8.4　OpenCV 颜色识别主要流程

OpenCV 颜色识别主要流程如图 3-28 所示，为了得到更好的识别结果，需要加入预处理和后处理两个重要环节，本任务所用的预处理方法是直方图均衡化，用到的后处理方法是开操作和闭操作。

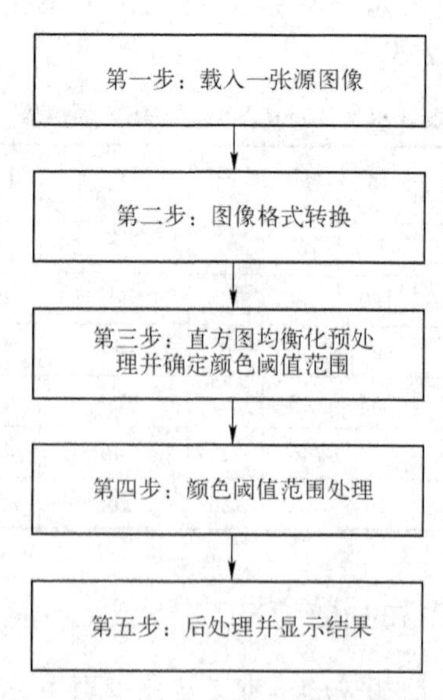

图 3-28　OpenCV 颜色识别主要流程

3.8.5 直方图均衡化

直方图均衡化是图像处理领域中利用图像直方图对对比度进行调整的方法。基本思想是把原始图的直方图变换为均匀分布的形式，这样就增加了像素灰度值的动态范围，从而达到增强图像整体对比度的效果。从图 3-29 和图 3-30 可以看出，均衡化前的源图像直方图呈现馒头峰，图像的背景太暗；而均衡化后的图像直方图较均匀，图像的前景和背景对比度接近。

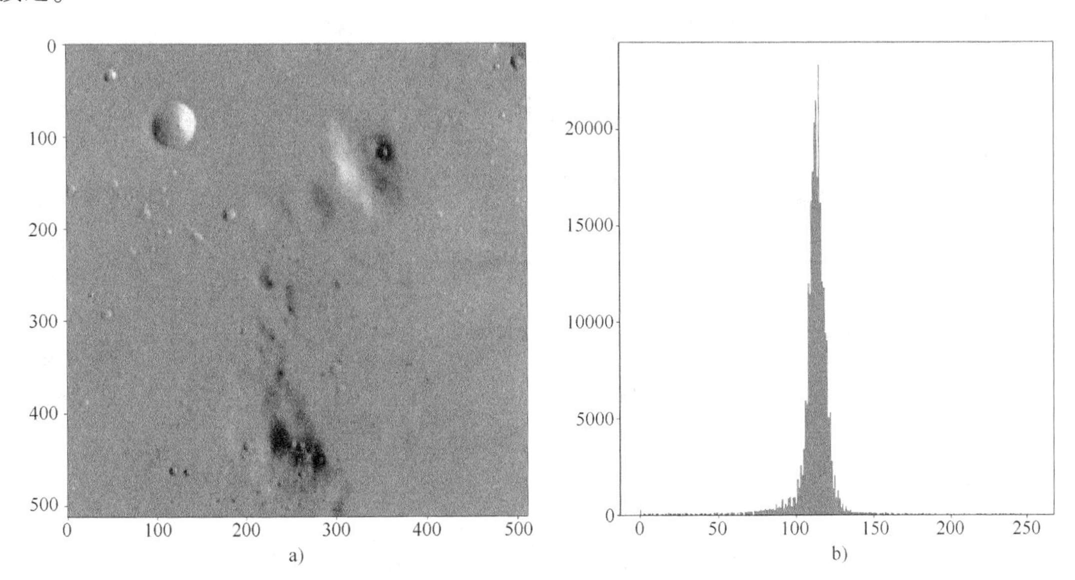

图 3-29　均衡化前的月球表面图像

a）源图像　b）直方图

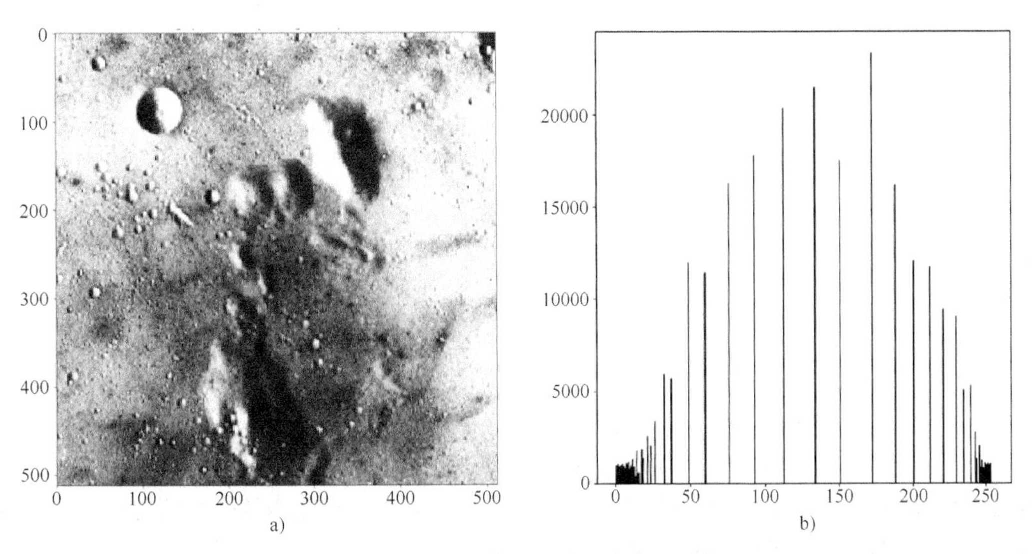

图 3-30　均衡化后的月球表面图像

a）处理后的图像　b）直方图

由于直方图均衡化的处理对象是灰度图，在 OpenCV 中对于一个彩色的图像需要进行直方图均衡化处理，需要经过分割颜色、均衡化、再合并 3 个步骤，用到表 3-11 的 3 个函数方法。

表 3-11　直方图均衡化相关函数方法

方　法	参　数	返回值	功　能
void Core. split（Mat m, java. util. List<Mat> mv）	m：源图像文件数据 mv：颜色通道数据列表	无	从彩色图像 m 中分割出一个或者多个颜色通道的图像数据 mv
voidImgproc. equalizeHist（Mat src，Mat dst）	src：均衡化前的灰度图像数据 dst：均衡化后的灰度图像数据	无	对源图像文件 src 进行均衡化操作，结果存放在 dst 中，要求是灰度图，也就是 HSV 颜色空间的 V 通道数据
void Core. merge（java. util. List < Mat > mv，Mat dst）	mv：合并图像前的颜色通道数据列表 dst：合并后的图像数据	无	将一个或者多个颜色通道的图像数据 mv 合并成一个图像 dst

3.8.6　形态学运算

知识拓展

图像操作的作用

图像形态学中的几个基本操作：腐蚀、膨胀、开操作和闭操作。

1. 腐蚀

结构 A 被结构 B 腐蚀的定义为

$$A\square B=\{z|(B)z\subseteq A\}\ A\square B=\{z|(B)z\subseteq A\}$$

可以理解为，移动结构 B，如果结构 B 与结构 A 的交集完全属于结构 A 的区域内，则保存该位置点，所有满足条件的点构成结构 A 被结构 B 腐蚀的结果，如图 3-31 所示。

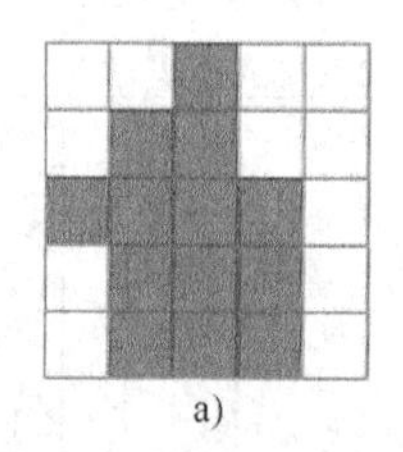

a）

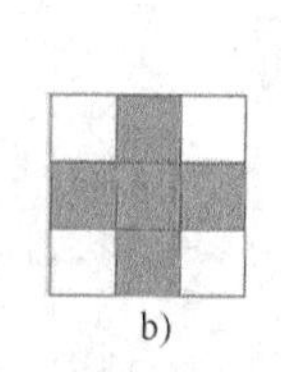

b）

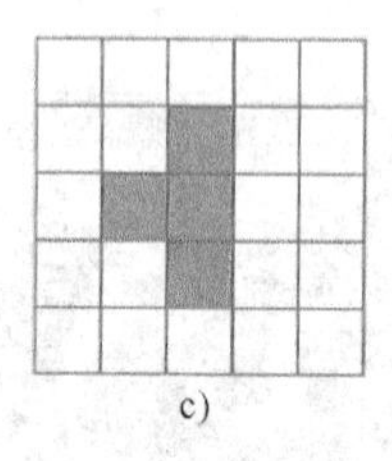

c）

图 3-31　腐蚀示意图

a）结构 A　b）结构 B　c）结构 A 腐蚀后

2. 膨胀

结构 A 被结构 B 膨胀的定义为

$$A\square B=\{z|(B\hat{\ })z\cap A\neq\phi\}\ A\square B=\{z|(B\hat{\ })z\cap A\neq\phi\}$$

可以理解为，将结构 B 在结构 A 上进行卷积操作，如果移动结构 B 的过程中，与结构 A 存在重叠区域，则记录该位置，所有移动结构 B 与结构 A 存在交集的位置的集合为结构 A 在结构 B 作用下的膨胀结果，如图 3-32 所示。

图 3-32c 所示中方框内的区域表示结构 A 在结构 B 的作用下膨胀的结果。

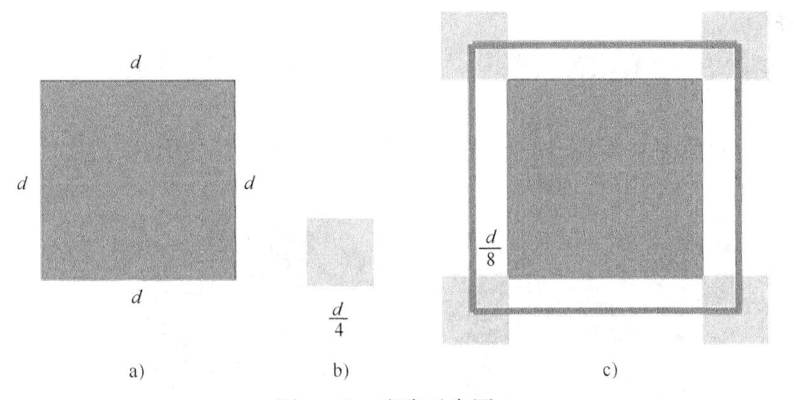

图 3-32　膨胀示意图 1

a）结构 A　b）结构 B　c）结构 A 被结构 B 膨胀结果

3. 开操作

先腐蚀后膨胀的操作称之为开操作。它具有消除细小物体，在纤细处分离物体和平滑较大物体边界的作用，也就是去除一些噪声。

采用图 3-32 所示的结构 B 对图 3-33a 的原件进行开操作过程如图 3-34 所示。

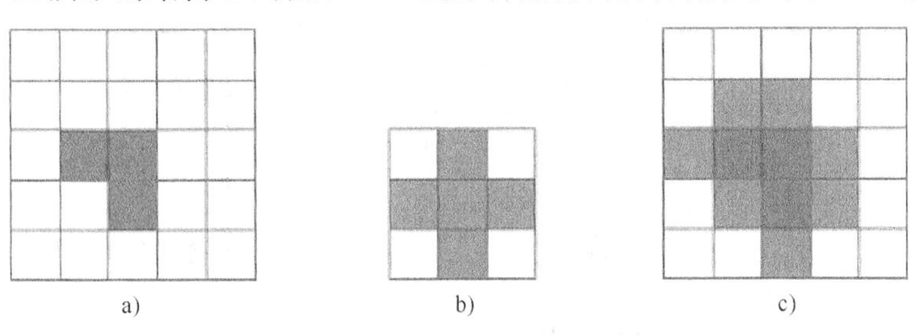

图 3-33　膨胀示意图 2

a）结构 A　b）结构 B　c）结构 A 膨胀后

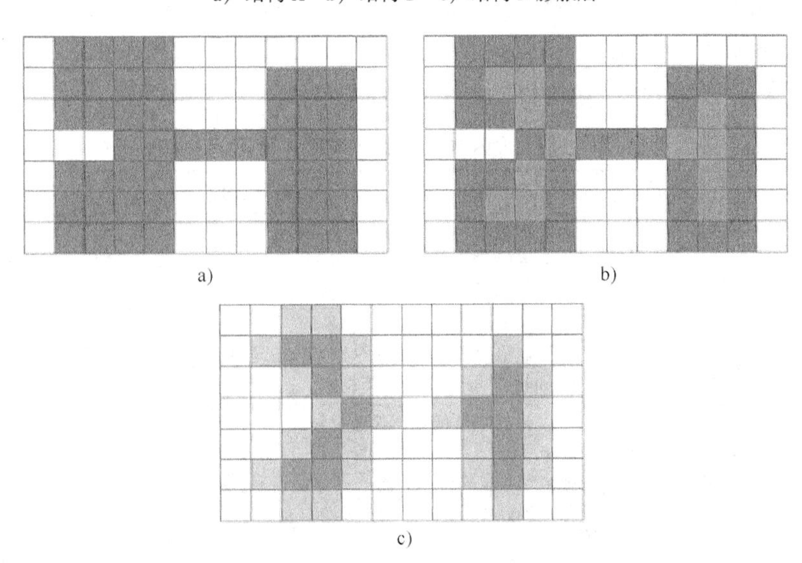

图 3-34　开操作示意图

a）开操作前　b）开操作-腐蚀操作（绿色）　c）开操作-膨胀操作（绿色+黄色）

4. 闭操作

先膨胀后腐蚀的操作称之为闭操作。它具有填充物体内细小空洞，连接邻近物体和平滑边界的作用。

采用图 3-32 的结构 B 对图 3-35a 的原件进行闭操作过程如下。

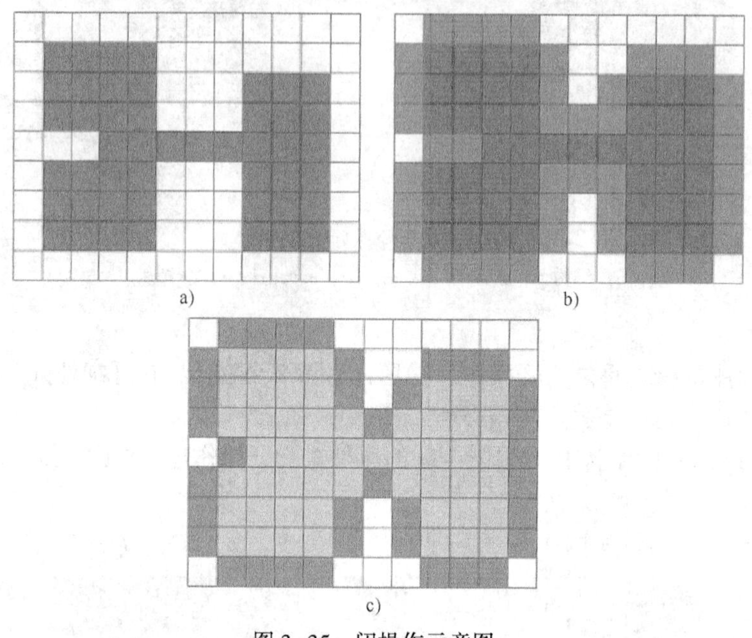

图 3-35　闭操作示意图

a）闭操作前　b）闭操作-膨胀操作（绿色+红色）　c）闭操作-腐蚀操作（黄色）

3.8.7　OpenCV 的形态学处理函数

OpenCV 有关的形态学处理函数有腐蚀（Imgproc. erode）、膨胀（Imgproc. dilate）、形态运算（Imgproc. morphologyEx）等方法，见表 3-12。这 3 个方法在使用前需要准备好一个结构元矩阵图像数据，可以通过 Imgproc. getStructuringElement 方法进行创建。

表 3-12　OpenCV 形态学相关函数方法

序号	方　法	参　数	返回值	功　能
1	voidImgproc. erode（Mat src, Mat dst, Mat kernel）	src：腐蚀处理的源图像数据 dst：腐蚀处理的目标图像数据 Kernel：腐蚀所用到的结构元	无	对图像进行腐蚀处理
2	voidImgproc. dilate（Mat src, Mat dst, Mat kernel）	src：膨胀处理的源图像数据 dst：膨胀处理的目标图像数据 Kernel：膨胀所用到的结构元	无	对图像进行膨胀处理
3	voidImgproc. morphologyEx（Mat src, Mat dst, int op, Mat kernel）	src：形态运算的源图像数据 dst：形态运算的目标图像数据 op：形态运算时用的操作方法 Kernel：形态运算所用到的结构元	无	对图像进行形态变换处理
4	Mat Imgproc. getStructuring Element（int shape, Size ksize）	shape：结构元形状 ksize：结构元矩阵大小	返回一个结构元矩阵图像数据	创建一个结构元矩阵图像数据，用于形态学运算

其中，morphologyEx 函数用到操作方法 op 可以从开操作（MORPH_OPEN）、闭操作（MORPH_CLOSE）、腐蚀操作（MORPH_ERODE）和膨胀操作（MORPH_DILATE）等中选择。

另外，getStructuringElement 函数用到结构元形状 shape 可以从矩形（MORPH_RECT）、椭圆形（MORPH_ELLIPSE）、交叉形（MORPH_CROSS）和自定义形状（CV_SHAPE_CUSTOM）4 个参数中选择。

3.8.8 过程实施

1）打开 Eclipse，新建一个空白的 Android 工程。

2）为新建工程引入 OpenCV Library-*库工程。

3）打开 res\layout 目录下的布局文件：activity_main.xml，为项目添加一个按键和一个图像显示控件，这个图像显示控件有两个作用，在颜色识别前用来显示源图像，在颜色识别后用来显示结果图像，当按键按下便开始进行颜色识别处理。

```
<LinearLayout xmlns:android="http://schemas.android.com/apk/res/android"
    xmlns:tools="http://schemas.android.com/tools"
    android:orientation="vertical"
    android:layout_width="match_parent"
    android:layout_height="match_parent" >

    <Button
        android:id="@+id/btn_process"
        android:layout_width="fill_parent"
        android:layout_height="wrap_content"
        android:text="颜色识别"/>
    <ImageView
        android:id="@+id/image_view"
        android:layout_width="wrap_content"
        android:layout_height="wrap_content"    />

</LinearLayout>
```

4）打开 src 目录下的 MainActivity.java，并承接 OnClickListener 的照片保存回调接口。

```
public class MainActivity extends Activity implements OnClickListener{

    private Button btnProc;
    private ImageView imageView;
    private Bitmap bmp;

    //OpenCV 类库加载并初始化成功后的回调函数,在此我们不进行任何操作
    private BaseLoaderCallback mLoaderCallback = new BaseLoaderCallback(this) {
        @Override
```

```
        public void onManagerConnected(int status) {
            switch (status) {
                case LoaderCallbackInterface.SUCCESS:{
                } break;
                default:{
                    super.onManagerConnected(status);
                } break;
            }
        }
    };

    @Override
    public void onCreate(Bundle savedInstanceState) {
        super.onCreate(savedInstanceState);
        setContentView(R.layout.activity_main);
        btnProc = (Button) findViewById(R.id.btn_process);
        imageView = (ImageView) findViewById(R.id.image_view);
        //将源图像文件 color_Rec 图像加载到程序中并进行显示
        bmp= BitmapFactory.decodeResource(getResources(), R.drawable.color_Rec);
        imageView.setImageBitmap(bmp);
        btnProc.setOnClickListener(this);
    }

    @Override
    public void onClick(View v) {
        //根据表 3-9 的蓝色 HSV 值,设置色彩范围值
        int iLowH =0;
        int iHighH =40;
        int iLowS =43;
        int iHighS =255;
        int iLowV =46;
        int iHighV =255;
        //创建图像数据矩阵
        MatSrc_Mat = new Mat();
        MatDst_Mat = new Mat();
        Utils.bitmapToMat(bmp, Src_Mat);                    //获取图像所对应的像素数据
        //将图像数据的 BGR 格式转成 HSV 格式
        Improc.cvtColor(Src_Mat, Dst_Mat, COLOR_BGR2HSV);
        ArrayList<Mat> hsvSplit = new Arraylist<Mat>();     //创建颜色通道数据列表
        //因为我们读取的是彩色图,直方图均衡化需要在 HSV 空间做
        Core.split(Dst_Mat, hsvSplit);                      //分割通道数据
```

```
        Improc. equalizeHist( hsvSplit. get(0) ,hsvSplit. get(0) ) ;      //第 0 通道为色度通道,进行
                                                                          //直方图均衡化处理
        Core. merge( hsvSplit,Dst_Mat) ;                          //合并通道数据成为新图像
        Mat imgThresholded;
        Improc. inRange( Dst_Mat, Scalar( iLowH, iLowS, iLowV ), Scalar( iHighH, iHighS, iHighV ),
imgThresholded) ;                                                 //图像颜色阈值处理
        //开操作 (去除一些噪点)
        Mat element =Improc. getStructuringElement( MORPH_RECT, Size(5, 5)) ;  //创建 5 * 5 矩形
                                                                               //结构元
        Improc. morphologyEx( imgThresholded, imgThresholded, MORPH_OPEN, element) ;
        //闭操作 (连接一些连通域)
        Improc. morphologyEx( imgThresholded, imgThresholded, MORPH_CLOSE, element) ;
        //创建一个位图图像
        BitmapresultBmp = Bitmap. createBitmap( bmp. getWidth( ) , bmp. getHeight( ) , Config. RGB_565) ;
      Utils. matToBitmap( imgThresholded, resultBmp ) ;        //格式转换
        imageView. setImageBitmap( resultBmp ) ;               //显示匹配结果
    }

    @ Override
    public void onResume( ) {
        super. onResume( ) ;
        if( !OpenCVLoader. initDebug( ) ) {
            OpenCVLoader. initAsync( OpenCVLoader. OPENCV_VERSION_2_4_10,this,
                mLoaderCallback) ;
        }
        else{
            LoaderCallback. onManagerConnected( LoaderCallbackInterface. SUCCESS) ;
        }
    }
}
```

5）添加如图 3-36 所示的 color_Rec. jpg 图像文件至 res\drawabel 目录下。

6）编译并运行项目进行测试，对蓝色进行识别的结果如图 3-37 所示。

图 3-36　待颜色识别的图像资源

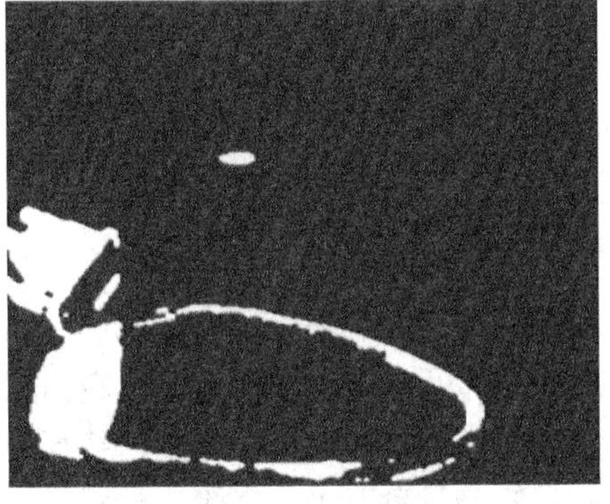

图 3-37　蓝色识别结果

3.9 任务6 OpenCV for Android 的形状识别

任务描述

经过任务5的实施，小明已经可以顺利地识别物体的颜色，但他还在思考这样一个问题，如果同一场景中存在多个同一颜色不同形状的物体，根据任务5的方法是无法精确把所需要识别的物体识别出来，为此小明想到需要增加形状识别的技术手段来使得物体的识别更加完善。

任务要求

使用 OpenCV 开发库开发一个形状识别的 App，能通过物体的形状来识别物体。

任务目标

通过 OpenCV for Android 的形状识别任务，达到以下的目标：

❖ 知识目标

- 了解图像处理的基础知识——图像矩的基本原理。
- 掌握图像轮廓与边缘的原理。
- 掌握利用 HSV 颜色空间进行轮廓提取的方法。
- 掌握利用图像矩分辨矩形、三角形、多边形的原理。
- 掌握高斯模糊等滤波处理算法。
- 掌握霍尔变换的基本原理。

❖ 能力目标

- 能够使用 Canny 等算法进行检测边缘。
- 能够使用 findContours 进行轮廓提取。
- 能够使用 moments 进行图像矩分析，获得图像中心。
- 能够使用 approxPolyDP 对获得的图像边数进行逼近计算求得图形形状。
- 能够使用 GaussianBlur 对图像进行滤波处理。
- 能够使用 HoughCircles、HoughLines 对图像提供圆、线等基本特征线。

❖ 素质目标

能查找资料并分析问题，独立解决问题。

3.9.1 图像矩

图像矩是一个从数字图形中计算出来的矩集，通常描述了该图像的全局特征，并提供了大量的关于该图像不同类型的几何特征信息，比如大小、位置、方向及形状等。

一阶矩与形状有关，二阶矩显示了曲线围绕直线平均值的扩展程度，三阶矩则是关于平均值的对称性测量。

不变矩是由二阶矩和三阶矩可以导出一组图像矩，共 7 个不变矩。不变矩是图像的统计特征，满足平移、伸缩、旋转均不变的不变矩，在图像处理中，几何不变矩可以作为一个重要的特征来表示物体，可以据此特征来对图像进行分类等操作。

对于图像（单通道图像）来说，图像可以看成是一个平板物体，其一阶矩和零阶矩就可以拿来计算某个形状的重心，而二阶矩就可以拿来计算形状的方向。

计算图像矩的公式如下：

零阶矩 $M_{00}=\sum_{I}\sum_{J}V(i,j)$

一阶矩 $\begin{cases} M_{10}=\sum_{I}\sum_{J}i\cdot V(i,j) \\ M_{01}=\sum_{I}\sum_{J}j\cdot V(i,j) \end{cases}$

二阶矩 $\begin{cases} M_{20}=\sum_{I}\sum_{J}i^2\cdot V(i,j) \\ M_{02}=\sum_{I}\sum_{J}j^2\cdot V(i,j) \\ M_{11}=\sum_{I}\sum_{J}i\cdot j\cdot V(i,j) \end{cases}$

图 3-38　lena 的二值化图像

其中，$V(i,j)$为位置(i,j)处图像像素值，对于一个二值化的图像，如图 3-38 所示的 lena 的二值化图像，亮的地方为 1，黑的地方为 0，这时候，零阶矩就是图像的面积，一阶矩 M_{10}为在 x 方向上的质量阶乘，M_{01}为在 y 方向上的质量阶乘，使用一阶矩和零阶矩就可以用来计算图像的重心坐标，计算方法为

$$x_c=\frac{M_{10}}{M_{00}},\quad y_c=\frac{M_{01}}{M_{00}}$$

而使用二阶矩计算图像的方向为

$$\theta=\frac{\arctan(b,(a-c))}{2},\quad \theta\in[-90°,90°]$$

其中

$$a=\frac{M_{20}}{M_{00}}-x_c^2,\quad b=\frac{M_{11}}{M_{00}}-x_c y_c,\quad c=\frac{M_{02}}{M_{00}}-y_c^2$$

在 OpenCV 中提供了 Moments 数据类型和 moments( ) 函数方法来实现获得图像的图像矩。相关功能见表 3-13 中的获取图像矩函数方法。

表 3-13　获取图像矩函数方法

方　法	参　数	返 回 值	功　能
Moments Imgproc. moments (Mat Array)	Array：源图像文件数据	Moments：图像矩类型数据	从图像 Array 计算出图像矩的数据

其中，Moments 图像矩数据类型定义如下。

```
class Moments
{
    double m00;                    //零阶矩
    double m10,m01;                //一阶矩
    double m20,m11,m02;            //二阶矩
    double m30,m21,m12,m03;        //三阶矩
    ....                           //构造函数
}
```

3.9.2 边缘检测

知识拓展

边缘检测的作用

边缘是图像性区域和另一个属性区域的交接处，是区域属性发生突变的地方，是图像中不确定性最大的地方，也是图像信息最集中的地方，图像的边缘包含着丰富的信息。边缘图像，就是对原始图像进行边缘提取后得到的图像。

边缘检测是图像处理和计算机视觉中的基本问题，边缘检测的目的是标识数字图像中亮度变化明显的点。边缘检测可以提取图像重要轮廓信息，减少图像内容，可以用于分割图像、做特征提取等。

边缘检测的一般步骤：二值化→滤波→增强→检测。二值化处理的作用是为了将彩色图像变成灰度图，方便检测；滤波的作用是滤出噪声对检测边缘的影响；增强的作用是可以将像素领域强度变化凸显出来，检测的作用是通过阈值方法确定边缘。

目前，主要的边缘检测算法有 Canny、Sobel、Scharr、Laplacian、Roberts、Prewitt 等。如图 3-39 所示用 Canny 算法对图 3-39a 中的图像进行边缘检测，图 3-39 是其结果。

a)

b)

图 3-39　Canny 算法边缘检测

a）源彩图　b）边缘图像

在 OpenCV 中提供了相关的边缘检测函数方法，如表 3-14 所示。

表 3-14　获取图像矩函数方法

序号	方　　法	参　　数	返回值	功　　能
1	void Canny(Mat image,Mat edges, double threshold1, double threshold2)	image：源图像文件数据 edges：边缘检测后的图像数据 threshold1：滞后阈值低阈值（用于边缘连接） threshold2：滞后阈值高阈值（控制边缘初始段）	无	根据所设定的阈值范围，使用 Canny 算法对源图像 image 进行边缘检测，结果存放在 edges 里
2	void Sobel(Mat src,Mat dst, intddepth,int dx,int dy,int ksize, double scale,double delta)	src：输入源图像 dst：边缘检测后的图像数据 ddepth：输出图像的深度 dx：X 方向上的差分阶数 dy：Y 方向上的差分阶数 ksize：表示 Sobel 核大小，默认值为 3 scale：缩放因子，默认值为 1 delta：表示在结果存入目标图像之前可选的值，默认值为 0	无	根据参数设定，使用 Sobel 算法对源图像 src 进行边缘检测，结果存放在 dst 里
3	void Laplacian(Mat src, Mat dst,intddepth)	src：输入源图像 dst：边缘检测后的图像数据 ddepth：输出图像的深度	无	根据参数设定，使用 Laplacian 算法对源图像 src 进行边缘检测，结果存放在 dst 里

注：通常 threshold2 的取值是 threshold1 的 2~3 倍。

3.9.3　轮廓提取

轮廓就是一系列的点的集合，由这些点相连而组合形成的外观形状就称为物体的轮廓。轮廓为物体提供了重要的信息，在图像的对象分析、对象检测等方面轮廓提取便成了非常有用的工具。

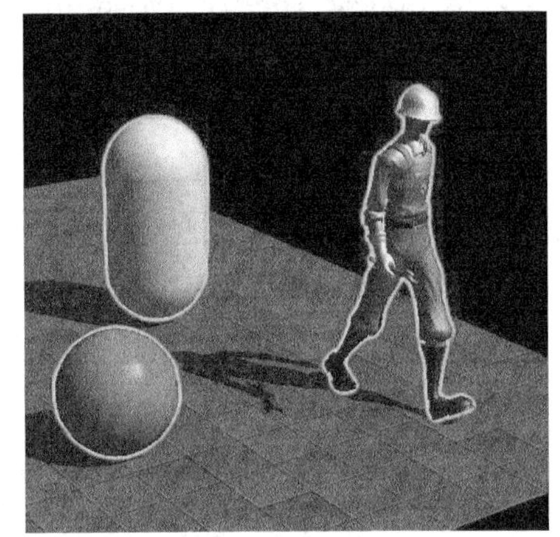

图 3-40　图像的轮廓

轮廓检测指在包含目标和背景的数字图像中，忽略背景和目标内部的纹理以及噪声干扰的影响，采用一定的技术和方法来实现目标轮廓提取的过程。它是目标检测、形状分析、目标识别和目标跟踪等技术的重要基础。通过技术检测图 3-40 所示的图像，可清楚看到物体的轮廓。

轮廓检测的步骤与边缘检测的类似，但是需要在边缘检测的基础上进行，包括二值化、滤波、增强、检测边缘和检测轮廓这 5 步。

在 OpenCV 中检测轮廓的函数方法如表 3-15 所示。

表 3-15　检测轮廓的函数方法

方　　法	参　　数	返回值	功　　能
void Imgproc.findContours(Mat image,java.util.List<MatOfPoint> contours, Mat hierarchy, int mode,int method)	image：源图像文件数据 contours：检测到的轮廓被保存着数据点格式 hierarchy：轮廓间的继承关系 mode：轮廓的检索模式 method：轮廓的近似方法	无	查找图像中的所有轮廓

其中，contours 存储的是轮廓，该列表的大小为轮廓的数量，每一条轮廓 contours 保存了一组由连续 Point 点构成的点集合的 Mat 数据；hierarchy 描述的是轮廓间的关系，是一个二维数组的形式，每一 hierarchy 元素保存了一个包含 4 个 int 整形的数据，hiararchy 内的元素和轮廓 contours 内的元素是一一对应的。hierarchy 向量内每一个元素的 4 个 int 型变量——hierarchy[i][0]~hierarchy[i][3]，分别表示第 i 个轮廓的后一个轮廓、前一个轮廓、父轮廓、内嵌轮廓的索引编号。如果当前轮廓没有对应的后一个轮廓、前一个轮廓、父轮廓或内嵌轮廓的话，则 hierarchy[i][0]~hierarchy[i][3]的相应位被设置为默认值-1。

mode 的取值范围有以下 4 种：

- CV_RETR_EXTERNAL：只检测最外围轮廓。
- CV_RETR_LIST：检测所有的轮廓，包括内围、外围轮廓，但是检测到的轮廓不建立等级关系；彼此之间独立，没有等级关系，这就意味着这个检索模式下不存在父轮廓或内嵌轮廓，所以 hierarchy 内所有元素的第 3、第 4 个分量都会被置为-1。
- CV_RETR_CCOMP：检测所有的轮廓，但所有轮廓只建立两个等级关系，外围为顶层，若外围内的内围轮廓还包含了其他的轮廓信息，则内围内的所有轮廓均归属于顶层。
- CV_RETR_TREE：检测所有轮廓，所有轮廓建立一个等级树结构。外层轮廓包含内层轮廓，内层轮廓还可以继续包含内嵌轮廓。

Method 的取值范围有以下 4 种：

- CV_CHAIN_APPROX_NONE：保存物体边界上所有连续的轮廓点到 contours 向量内。
- CV_CHAIN_APPROX_SIMPLE：仅保存轮廓的拐点信息，把所有轮廓拐点处的点保存入 contours 向量内，拐点与拐点之间直线段上的信息点不予保留。
- CV_CHAIN_APPROX_TC89_L1，CV_CHAIN_APPROX_TC89_KCOS：使用 teh-Chinl chain 近似算法。

另外，查找轮廓的函数会修改原始图像。如果在找到轮廓之后还想使用原始图像的话，应该将原始图像存储到其他变量中。

最后查找到轮廓后，可以用 drawContours 函数来实现。描画轮廓的函数方法如表 3-16 所示。

表 3-16　描画轮廓的函数方法

方　法	参　数	返回值	功　能
void Imgproc. drawContours (Mat image, java. util. List<MatOfPoint> contours, int contourIdx, Scalar color)	image：目标图像 contours：输入的轮廓组 contourIdx：指明画第几个轮廓，如果该参数为负值，则画全部轮廓 color：轮廓的颜色	无	描画图像中的轮廓

在用轮廓提取进行形状识别时，还会经常提取轮廓的周长和面积，以及轮廓多边形逼近的方法，具体如表 3-17 所示。

表 3-17　轮廓提取形状识别的函数方法

序号	方　法	参　数	返回值	功　能
1	double Imgproc. contourArea(Mat contour)	contour：要计算的轮廓	面积大小	计算轮廓包括的面积

（续）

序号	方　法	参　数	返回值	功　能
2	double Imgproc. arcLength (MatOfPoint2f curve, boolean closed)	curve：轮廓上的二维点 closed：闭合的曲线还是直线	周长大小	计算轮廓的长度
3	void Imgproc. approxPolyDP(MatOfPoint2f curve, MatOfPoint2f approxCurve, double epsilon, boolean closed)	curve：轮廓上的二维点 approxCurve：得到近似的轮廓上的二维点组合 epsilon：从原始轮廓到近似轮廓的最大距离 closed：闭合的曲线还是直线	无	将轮廓形状近似到另外一种由更少点组成的轮廓形状

轮廓和边缘有一个显著区别。边缘是图像亮度梯度的局部极大值集合。我们也看到，这些梯度极大值不全是在物体的轮廓上而且他们是有噪声的。Canny 边缘有一点不同，更像轮廓一些，因为在梯度极大值提取后经过一些后处理步骤。相对而言，轮廓是一系列相连的点，更可能落在物体的外框上。

3.9.4　图像滤波

图像滤波，即在尽量保留图像细节特征的条件下对目标图像的噪声进行抑制，是图像预处理中不可缺少的操作，其处理效果的好坏将直接影响到后续图像处理和分析的有效性和可靠性。

滤波处理分为两大类：线性滤波和非线性滤波，线性滤波有方框滤波、均值滤波和高斯滤波 3 种，而非线性滤波有中值滤波、双边滤波两种。OpenCV 里有这些滤波的函数，使用起来非常方便，现在简单介绍其使用方法。

- 方框滤波 boxFilter()：属于线性滤波，其原理是用一个矩阵和一个核矩阵卷积操作。
- 均值滤波 blur()：也属于线性滤波，是方框滤波一种归一化后的方框滤波。
- 高斯滤波 GaussianBlur()：属于线性滤波，其原理类似均值滤波，但是滤波经过加权处理，加权值符合正态分布，处理效果比均值更好一些。
- 中值滤波 medianBlur()：属于非线性滤波，会考虑区域范围内极端值的情况，然后再通过算法滤波。
- 双边滤波 bilateraFilter()：双边滤波的思想是抑制与中心像素值差别太大的像素，输出像素值依赖于邻域像素值的加权合。

滤波的函数方法详细用法，如表 3-18 所示。

表 3-18　滤波的函数方法

序号	方　法	参　数	返回值	功　能
1	void Imgproc. boxFilter(Mat src, Mat dst, int ddepth, Size ksize)	src：源图像 dst：目标图像 ddepth：目标输出图像的颜色深度 ksize：核矩阵大小	无	方框滤波
2	void Imgproc. blur(Mat src, Mat dst, Size ksize)	src：源图像 dst：目标图像 ksize：核矩阵大小	无	均值滤波

（续）

序号	方　法	参　数	返回值	功　能
3	void Imgproc. GaussianBlur (Mat src, Mat dst, Size ksize, doublesigmaX, double sigmaY)	src：源图像 dst：目标图像 ksize：核矩阵大小 sigmaX：高斯核函数在 X 方向的标准偏差 sigmaY：高斯核函数在 X 方向的标准偏差	无	高斯滤波
4	void Imgproc. medianBlur(Mat src, Mat dst, int ksize)	src：源图像 dst：目标图像 ksize：核矩阵大小	无	中值滤波
5	void Imgproc. bilateralFilter (Mat src, Mat dst, int d, double sigmaColor, double sigmaSpace)	src：源图像 dst：目标图像 d：在过滤过程中每个像素邻域的直径范围 sigmaColor：颜色空间过滤器的 sigma 值 sigmaSpace：坐标空间中滤波器的 sigma 值	无	双边滤波

3.9.5 霍夫变换

霍夫变换（Hough Transform）是图像处理中的一种特征提取技术，它通过一种投票算法检测具有特定形状的物体。该过程在一个参数空间中通过计算累计结果的局部最大值得到一个符合该特定形状的集合作为霍夫变换结果。霍夫变换于 1962 年由 Paul Hough 首次提出，后于 1972 年由 Richard Duda 和 Peter Hart 推广使用，经典霍夫变换用来检测图像中的直线，后来霍夫变换扩展到任意形状物体的识别，多为圆和椭圆。

通过直线的检测原理来简要阐述一下霍夫变换的原理。对于直角坐标系中的任意一点 $A(x_0,y_0)$，经过点 A 的直线满足 $y_0=kx_0+b$，（k 是斜率，b 是截距）。那么在 $x-y$ 平面过点 $A(x_0,y_0)$的直线簇可以用 $y=kx+b$ 表示，但对于垂直于 x 轴的直线斜率是无穷大的则无法表示。因此将直角坐标系转换到极坐标系就能解决该特殊情况，在极坐标系中表示直线的方程为 $\rho=x\cos\theta+y\sin\theta$（$\rho$ 为原点到直线的距离），如图 3-41a 所示。

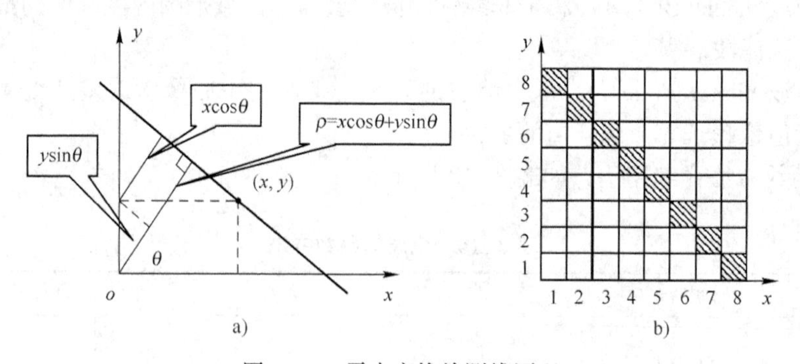

图 3-41　霍夫变换检测线原理

a）直线方程　b）8×8 图像的一条直线

如图 3-41b 所示，假定在一个 8×8 的平面像素中有一条直线，并且从左上角（1，8）像素点开始分别计算 θ 为 0°、45°、90°、135°、180°时的 ρ，从表 3-19 中可以看出 ρ 分别为 1、$(9\sqrt{2})/2$、8、$(7\sqrt{2})/2$、-1，并给这 5 个值分别记一票，同理计算像素点（3，6）点 θ

为 0°、45°、90°、135°、180°时的ρ，再给计算出来的 5 个ρ 值分别记一票，此时就会发现$\rho=(9\sqrt{2})/2$ 的这个值已经记了两票了，以此类推，遍历完整个 8×8 的像素空间的时候$\rho=(9\sqrt{2})/2$ 就记了 5 票，别的ρ 值的票数均小于 5 票，所以得到该直线在这个 8×8 的像素坐标中的极坐标方程为$(9\sqrt{2})/2=x\text{Cos}45°+y\text{Sin}45°$，到此该直线方程就求出来了。

表 3-19　遍历像素空间ρ 的值

θ \ ρ \ (x, y)	0°	45°	90°	135°	180°
(1, 8)	1	$\frac{9\sqrt{2}}{2}$	8	$\frac{7\sqrt{2}}{2}$	-1
(3, 6)	3	$\frac{9\sqrt{2}}{2}$	6	$\frac{3\sqrt{2}}{2}$	-3
(5, 4)	5	$\frac{9\sqrt{2}}{2}$	4	$\frac{-\sqrt{2}}{2}$	-5
(7, 2)	7	$\frac{9\sqrt{2}}{2}$	2	$\frac{-5\sqrt{2}}{2}$	-7
(8, 1)	8	$\frac{9\sqrt{2}}{2}$	1	$\frac{-7\sqrt{2}}{2}$	-8

在 OpenCV 中提供了霍夫变换的函数方法，详见表 3-20。

表 3-20　霍夫变换的函数方法

序号	方　法	参　数	返回值	功　能
1	void Imgproc. HoughLines (Mat image, Mat lines, double rho, double theta, int threshold)	image：输入的图像 lines：输出线的矢量 rho：β 值 theta：θ 值 threshold：阈值	无	利用霍夫变换在灰度图像中找直线
2	void Imgproc. HoughCircles(Mat image, Mat circles, int method, double dp, doubleminDist)	image：输入的图像 circles：输出圆的矢量 method：变换方法，目前只有 CV_HOUGH_GRADIENT dp：累加器图像的分辨率 minDist：区分的两个不同圆之间的最小距离	无	利用霍夫变换在灰度图像中找圆

3.9.6　形状识别的主要过程

对于要识别图像里的圆、矩形、三角形和多边形等基本形状的步骤如图 3-42 所示。具体过程如下：

1）通过摄像头或是加载图片的方式获取到源图。

2）将 RGB 图像转为 HSV 图像并取 H 通道的图片进行处理。

3）调节 HSV 的值，通过 getStructuringElement 函数去除一些噪点，通过 morphologyEx 函数连接一些连通域。

4）通过第 2）步的操作得到只保留与目标形状相近部分的图片。

5）通过 cvFindContours 函数检测所有轮廓。

6）通过 GetAreaMaxContour 函数找到最大的轮廓。

7）如果是圆，通过 cvDrawContours 函数画出轮廓；如果是矩形或是三角形，通过 cvApproxPoly 函数进行多边形逼近。

8）如果是圆的话，用 handlecicle 函数进行识别，参数根据实际图片进行调节。

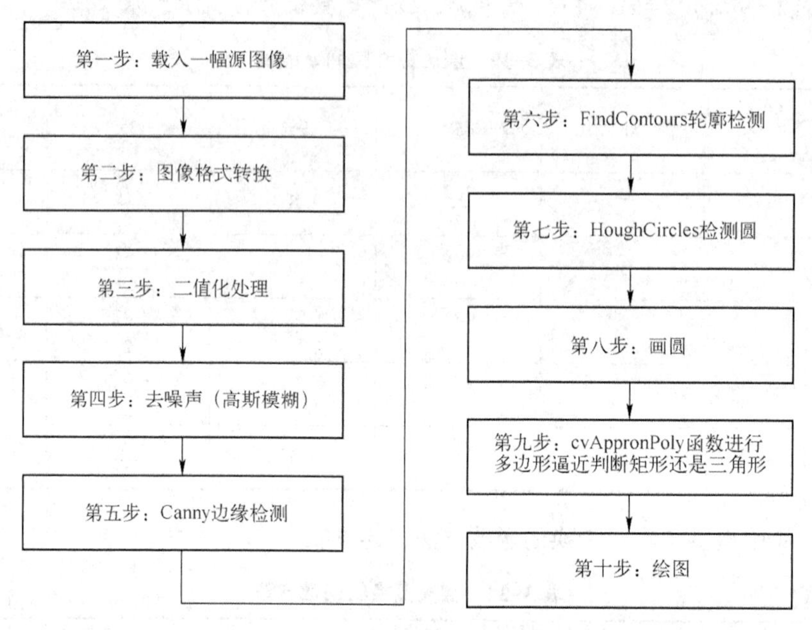

图 3-42　形状识别的步骤

3.9.7　凸包检测

通俗的话来解释凸包：给定二维平面上的点集，凸包就是将最外层的点连接起来构成的凸多边形，它能包含点集中所有的点，如图 3-43 所示。理解物体形状或轮廓的一种比较有用的方法便是计算一个物体的凸包，然后计算其凸缺陷。

OpenCV 中提供了函数 convesHull( )用于对物体轮廓凸包进行检测，对形状凸包缺陷分析时使用 convexityDefects( )函数，每个缺陷区包含 4 个特征量：起始点、结束点、距离和最远点，如果想快速地判断物体轮廓是否是凸包，可以使用 isContourConvex( )函数，从而将轮廓线转换为直线，详细如表 3-21 所示。

表 3-21　凸包变换的函数方法

序号	方　　法	参　　数	返回值	功　　能
1	boolean Imgproc. isContourConvex (MatOfPoint contour)	contour：输入的轮廓	如果是凸包，则返回 1，否则 0	判断物体轮廓是否是凸包
2	void Imgproc. convexHull (MatOfPoint points, MatOfInt hull)	points：输入的轮廓 hull：输出的凸包点	无	对物体轮廓凸包进行检测
3	void Imgproc. convexityDefects (MatOfPoint contour, MatOfInt convexhull, MatOfInt4 convexityDefects)	contour：输入的轮廓 convexhull：输出的凸包矩 convexityDefects：输出的缺陷矩	无	对形状凸包缺陷分析

对于物体的形状一般可以分为圆形、三角形、四边形、正方形、矩形、多边形等。在形状识别时可以采用如图 3-44 所示的步骤进行。在所要识别的物体中首先提取其外部轮廓，然后先用霍夫变换 HoughCircles 检测圆形把圆形筛选出来，接着采用多边形逼近 approxPolyDP 函数来获取多边形的边数，这时候需要用 isContourConvex 函数检测轮廓是否为凸包，根据获得边数值来判断是三角形、四边形、多边形等，如果还需要对更具体的形状进行判断，可以利用边与边之间的角度和边的长度进行条件判断进一步识别，如四边形识别出正方形、矩形等。

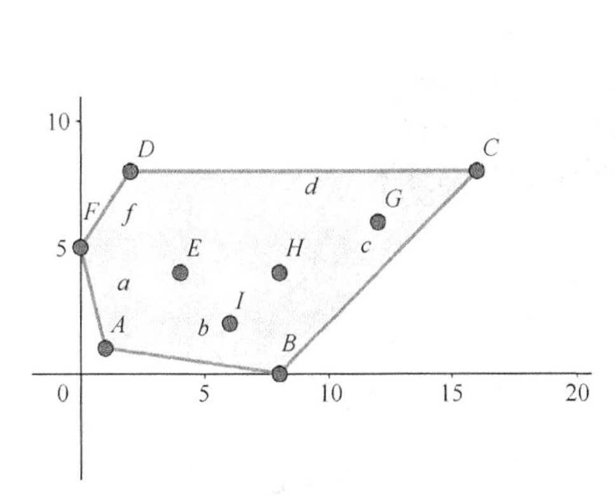

图 3-43　形状识别的主要过程

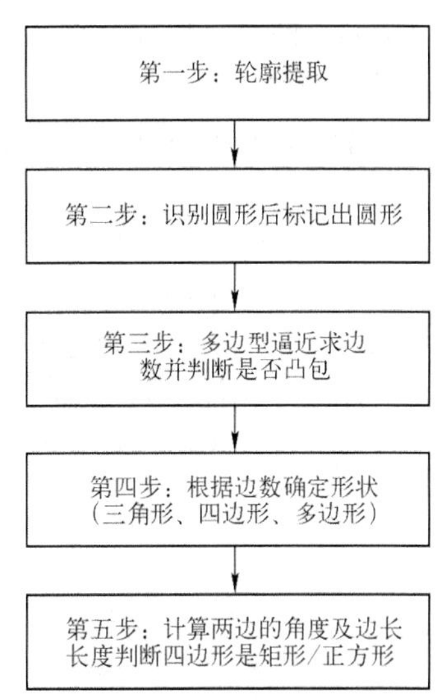

图 3-44　形状识别的一般方法

3.9.8　过程实施

1）打开 Eclipse，新建一个空白的 Android 工程。

2）为新建工程引入 OpenCV Library - * 库工程。

3）打开 res\layout 目录下的布局文件：activity_main.xml，为项目添加一个按键和一个图像显示控件，这个图像显示控件有两个作用，在形状识别前用来显示源图像，在形状识别后用来显示结果图像，当按键按下便开始进行形状识别处理。

```
<LinearLayout xmlns:android="http://schemas.android.com/apk/res/android"
  xmlns:tools="http://schemas.android.com/tools"
  android:orientation="vertical"
  android:layout_width="match_parent"
  android:layout_height="match_parent" >

  <Button
    android:id="@+id/btn_process"
    android:layout_width="fill_parent"
    android:layout_height="wrap_content"
    android:text="形状识别"/>
```

```
    <ImageView
      android:id="@+id/image_view"
      android:layout_width="wrap_content"
      android:layout_height="wrap_content"     />

</LinearLayout>
```

4）打开 src 目录下的 MainActivity. java，并承接 OnClickListener 的照片保存回调接口，具体代码可以扫描二维码查看。

程序代码
OpenCV for Android 形状识别的 MainActivity

5）添加如图 3-45 所示的待形状识别的图像资源的 shape_Rec. jpg 图像文件至 res\drawabel 目录下。

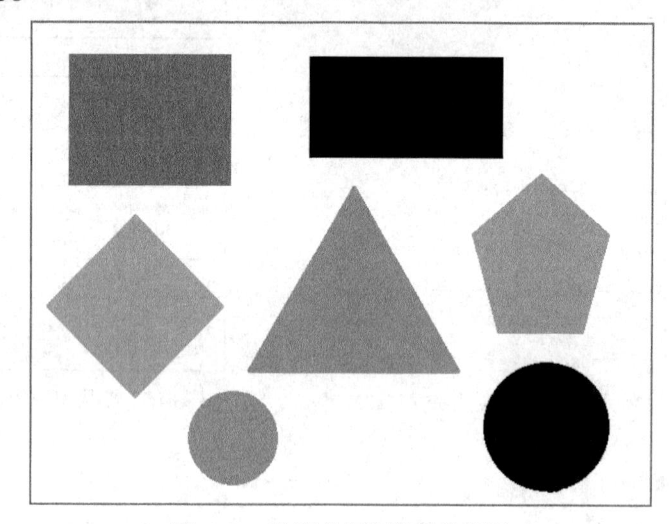

图 3-45　待形状识别的图像资源

6）编译并运行项目进行测试，对图形进行形状识别的结果如图 3-46 所示。

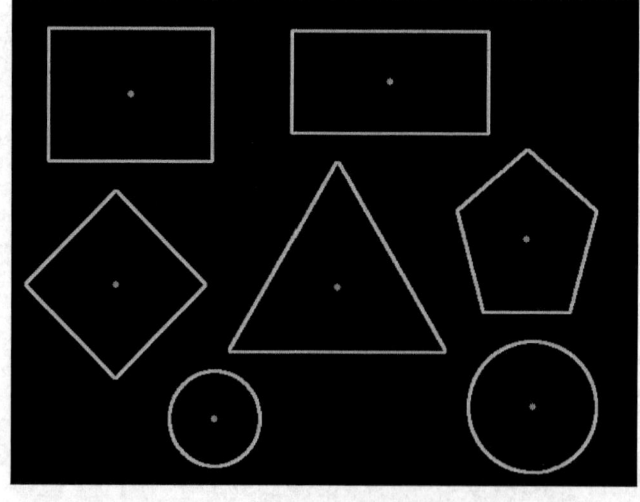

图 3-46　形状识别结果

想一想

1. 以上的案例只是实现了形状识别的处理，并没有对物体进一步分类识别，您能结合任务 5 和任务 5 所学的知识，把图 3-44 中不同颜色物体的形状识别出来吗？

2. 在本学习情境的任务 6 基础上，结合学习情境 2 的运动控制，实现以下的功能：

① 在视野中放置一个红色的三角形，步进电机正转旋转两周，即 720°。

② 在视野中放置一个红色的圆形，步进电机反转旋转两周，即 720°。

③ 在视野中放置一个绿色的正方形，步进电机先反转旋转两周，即 720°，再正转旋转四周，即 1440°，循环 3 次后停止。

3.10 任务 7 OpenCV for Android 模型训练及手写数字识别

任务描述

经过任务 6 的实施，小明已经可以顺利地实现不同形状和颜色的物体识别的功能，但他遇到这样的一个麻烦，如果识别的场景多变或者较为复杂，就无法有效的识别。有没有一个很好的方法来解决呢？请您跟随着小明来学一学 OpenCV 的支持向量机和分类器功能吧。

任务要求

使用 OpenCV 开发库的分类器支持向量机和分类器进行物体识别的模型训练，能通过模型识别物体，完成对手写数字的识别任务。

任务目标

通过 OpenCV for Android 的模型训练及识别任务，达到以下的目标：

❖ 知识目标

- 了解机器学习中的支持向量机（SVM）和分类器的基本原理。
- 掌握模型训练的基本过程和原理。
- 掌握 OpenCV 模型训练集成工具使用方法。

❖ 能力目标

- 能够使用支持向量机（SVM）功能进行模型训练和识别。
- 能够使用分类器的功能进行模型训练和识别。
- 能够使用 opencv_createsamples 进行模型样本采集准备。
- 能够使用 opencv_haartraining 进行模型训练。

❖ 素质目标

能查找资料并分析问题，独立解决问题。

3.10.1 支持向量机（SVM）

知识拓展
线性回归

支持向量机是一类按监督学习（Supervised Learning）方式对数据进行二元分类（Binary Classification）的广义线性分类器（Generalized Linear Classifier），通过学习样本构建一个超平面函数，从而实现对样本进行分类。

支持向量机实现的过程就是找到一种变换的方法 $\phi(s)$ 来实现目标识别，见图 3-47，也即给目标贴上相应的标签。如人类的性别识别任务可以通过人类的身高和体重这两个参数来粗略实现，一个人的身高为 190 cm、体重 80 kg，可以人为判断这可能是一位男士，相反一个人的身高为 155 cm、体重为 45 kg，可以人为判断这可能是一位女士，所以就可以找到一种判断标准来识别人的性别。但现实中人的身高和体重因人而异，在判别性别的过程中较为复杂，如图 3-47a 中分界线下方的数据点是女性的，而分界线上方的数据点是男性的，在二维平面上就很难找到一个直观的判断方法了，只能是弯弯曲曲的一条分界线，在分界线上面的数据表征是男性，在分界线下面的数据表征是女性。通过支持向量机的方法，就可以找到一个直观的方法——空间中的一平面（如 3-47b）来分隔而快速地判断人的性别。

支持向量机主要用来进行分类和回归分析，在对一些数据进行分类的时候，需要解决以下 3 个问题：

1）怎么选择决策边界？什么样的决策边界最好？

2）目标函数如何求解？

3）对于线性不可分的问题该用何种方法来解决。

为了能用支持向量机的方法来实现识别目标，具体的过程包括以下 6 个步骤：

1）选取决策边界（选取出最好的决策边界）。

2）列目标函数。

3）优化目标函数。

4）求解优化目标。

5）软间隔问题的解决（解决离群点）。

6）核函数变换。

1. 决策边界选择及目标函数求取

当我们拿到一些简单的线性可分的数据的时候，如图 3-48 所示，将两类数据分类的决策边界有 n 条直线（图中显示了 3 条），那么哪一个决策边界才是最好的呢？

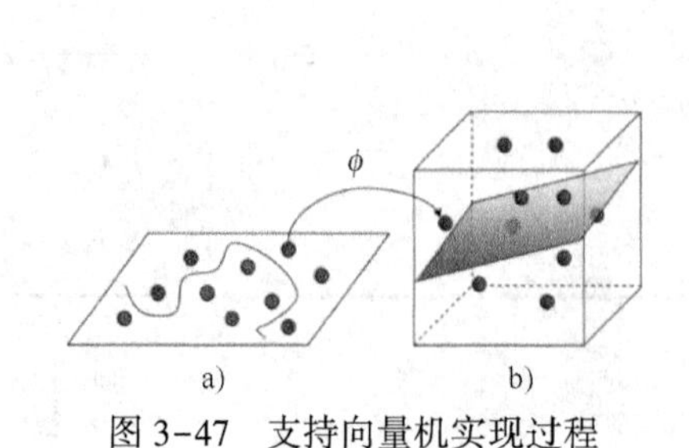

图 3-47　支持向量机实现过程

图 3-48　线性可分的数据

接着，来尝试决策这一条中间的边界选择原则，如图 3-49 所示，可以列出很多条目标函数，图 3-48 中两侧的数据就好比两边是河，肯定希望可以走的地方越宽越好，这样掉入河里的概率就降低了。

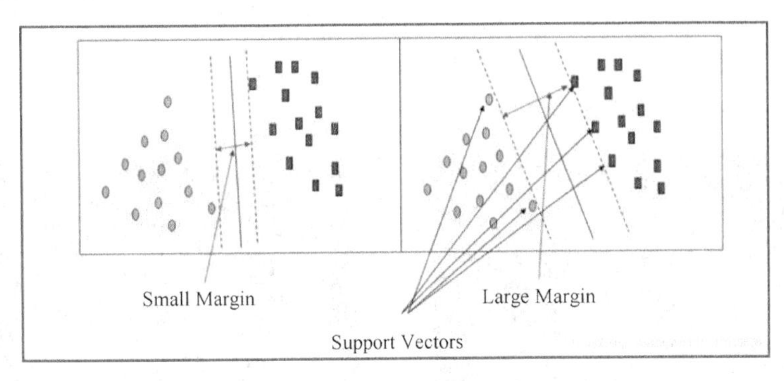

图 3-49　边界选择原则

为此，选择的决策边界是：选出离河岸最远的（河岸就是边界上的点，要 Large Margin），第二个肯定比第一个效果好。

知道要选择什么样的边界之后，接下来就是要求解边界了。

希望找到离决策边界最近的点，这样就找到了决策边界。

所以，假设决策边界是一个阴影平面，求点到平面的距离转换成点到点的距离，然后再求垂直方向上的投影，大概的模型如图 3-50 所示。x 为一个点，面的方程可以用线性方程来描述：$\boldsymbol{w}^{\mathrm{T}}x+b=0$，其中 $\boldsymbol{w}$ 为法向量，决定了超平面的方向，b 为位移量，决定了超平面与原点的距离。为了求解得到 $\boldsymbol{w}$ 和 b，可以通过最小二乘法的计算方法计算边界两边的所有点到边界的距离最小，即可以优化得到这个边界的平面方程。

2. 软间隔问题的解决和核函数变换

在图 3-51 中发现一个离群点造成了超平面的移动，间隔缩小了，可以看到模型对噪声非常敏感。如果这个离群点在另外一个类中时，那模型就不可线性分了。如果按照之前的方法要求把两类点完全分得开，这个要求有点过于严格了！这时候给原来的模型加一些条件，即允许这些个别离群点违背限制条件，引入松弛因子。

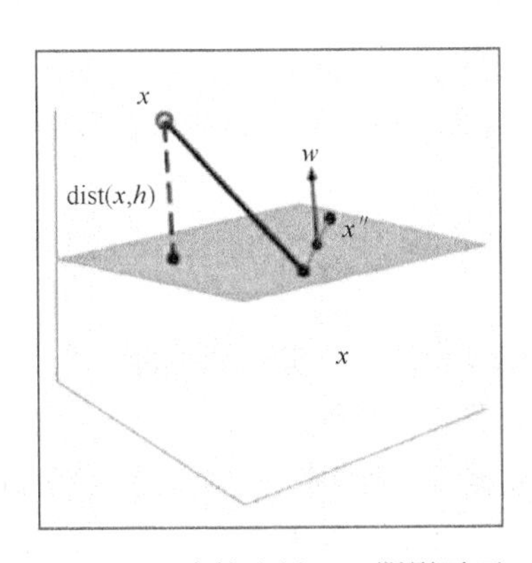

图 3-50　决策边界——阴影平面

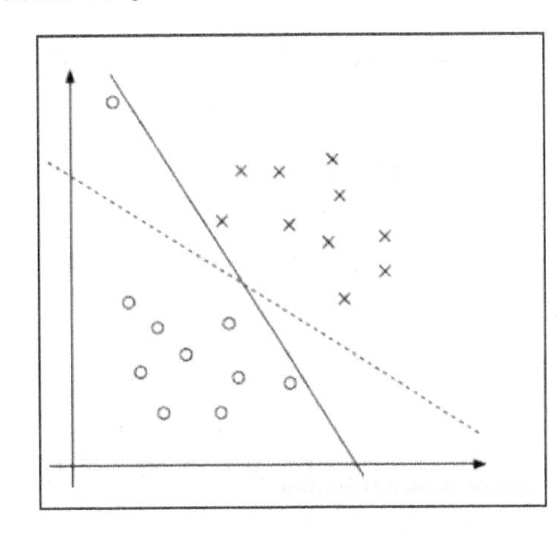

图 3-51　软间隔问题例子

通过引入松弛因子来解决一些特例，这就是软间隔问题的解决。

其实，从图 3-50 中引出的问题是被限定在二维空间中，导致了线性可分性变弱，如果采用了核变换的方法，即可以解决。如图 3-47 所示，图 3-47a 这些数据分布比较复杂，明显是线性不可分的。而图 3-47b 部分就是把低微不可分问题转为高维可分的，这种转换方法就是核变换。核变换是支持向量机 SVM 的最核心技术，有了核变换就可以利用高维空间来解决低维数据的问题。核变换示例如图 3-52 所示。

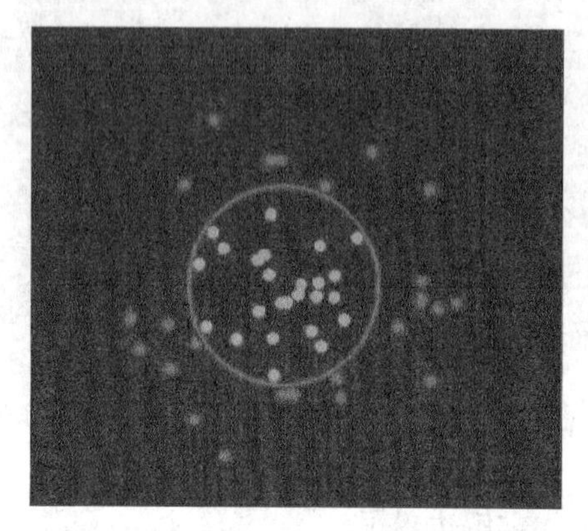
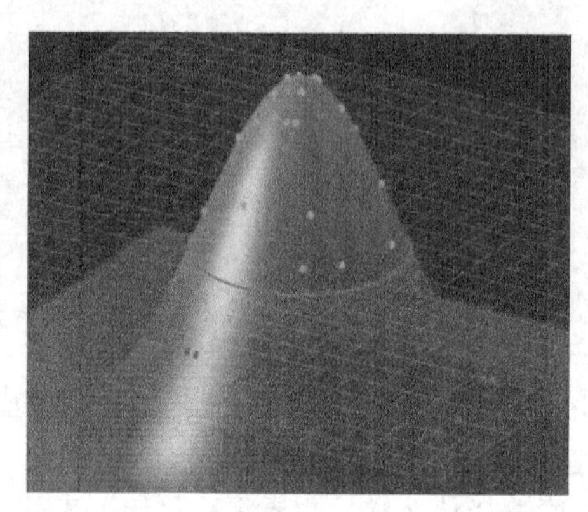

图 3-52　核变换示例

OpenCV 视觉库提供了支持向量机 SVM 的功能，在 OpenCV For Android 的开发库中主要由类 CvSVM 来实现，见表 3-22。

表 3-22　支持向量机创建方法

序号	方　法	参　数	返回值	功　能
1	CvSVM( )	无	SVM 对象	创建一个支持向量机
2	CvSVM(Mat trainData, Mat responses)	trainData：训练数据 responses：结果数据		
3	CvSVM(Mat trainData, Mat responses, Mat varIdx, Mat sampleIdx, CvSVMParams params)	trainData：训练数据 responses：结果数据 varIdx：变量向量 sampleIdx：样本向量 Params：训练参数		

其中，CvSVMParams 是支持向量机配置参数的数据类型，包括 svm_typent、kernel_type、degree、gamma、coef0、Cvalue、nu、p、class_weights、term_crit 共 10 个参数。

1) svm_type：指定 SVM 的类型（5 种）。

- CvSVM :: C_SVC：*C* 类支持向量分类机。*n* 类分组（$n \geqslant 2$），允许用异常值惩罚因子 *C* 进行不完全分类。
- CvSVM :: NU_SVC：γ 类支持向量分类机。*n* 类似然不完全分类的分类器。参数为 γ 取代 *C*（其值在区间【0, 1】中，*nu* 越大，决策边界越平滑）。
- CvSVM :: ONE_CLASS：单分类器，所有的训练数据提取自同一个类里，然后 SVM 建立了一个分界线以分割该类在特征空间中所占区域和其他类在特征空间中所占区域。
- CvSVM :: EPS_SVR：ϵ 类支持向量回归机。训练集中的特征向量和拟合出来的超平面

的距离需要小于 p。异常值惩罚因子 C 被采用。

- CvSVM :: NU_SVR：γ 类支持向量回归机。γ 代替了 p。

2）kernel_type：SVM 的内核类型（4 种）：

- CvSVM :: LINEAR：线性内核，没有任何向量映射至高维空间，线性区分（或回归）在原始特征空间中被完成，这是最快的选择。

$$K(x_i,x_j)=x_i^{\mathrm{T}}x_j$$

- CvSVM :: POLY：多项式内核：$K(x_i,x_j)=(\gamma x_i^{\mathrm{T}}x_j+coef0)^{\mathrm{degree}}$，$\gamma>0$
- CvSVM :: RBF：基于径向的函数，对于大多数情况都是一个较好的选择：

$$K(x_i,x_j)=e^{-\gamma\|x_i-x_j\|^2},\ \gamma>0$$

- CvSVM :: SIGMOID：Sigmoid 函数内核：$K(x_i,x_j)=\tanh(\gamma x_i^{\mathrm{T}}x_j+coef0)$

3）degree：内核函数（POLY）的参数 degree。

4）gamma：内核函数（POLY/ RBF/ SIGMOID）的参数 γ。

5）coef0：内核函数（POLY/ SIGMOID）的参数 coef0。

6）Cvalue：SVM 类型（C_SVC/ EPS_SVR/ NU_SVR）的参数 C。

7）nu：SVM 类型（NU_SVC/ ONE_CLASS/ NU_SVR）的参数 γ。

8）p：SVM 类型（EPS_SVR）的参数 ϵ。

9）class_weights：C_SVC 中的可选权重，赋给指定的类，乘以 C 以后变成 $\text{class\_weights}_i * C$。所以这些权重影响不同类别的错误分类惩罚项。权重越大，某一类别的误分类数据的惩罚项就越大。

10）term_crit：SVM 的迭代训练过程的中止条件，解决部分受约束二次最优问题。可以是指定的公差和（或）最大迭代次数。

当然对于一个特定的 SVM 训练器，里面的所有参数不一定全用。比如用的 svm_type 为 EPS_SVR，那么要是用到的参数主要就是 p、c、$gama$ 这 3 个参数。下面是设置参数的代码：

```
CvSVMParams param;
param.svm_type = CvSVM::EPS_SVR;   //用 SVR 作回归分析,可能大部分人的实验是用 SVM 来
                                   //分类,方法都一样
param.kernel_type = CvSVM::RBF;
param.C = 1;
param.p = 5e-3;
param.gamma = 0.01;
param.term_crit = cvTermCriteria(CV_TERMCRIT_EPS, 100, 5e-3);
```

设置参数后就可以用 CvSVM.train()进行训练了，下面是 train 的原型。

```
boolCvSVM::train(
        const Mat& trainData,
        const Mat& responses,
        const Mat& varIdx=Mat(),
        const Mat& sampleIdx=Mat(),
        CvSVMParams params=CvSVMParams() )
```

在用 train 完成训练预测时出现了过拟合的情况，即对于训练集的数据有很好的预测结果，但对不在训练集的测试集预测值都一样，这是需要调整参数。

OpenCV 中 SVM 类是提供了优化参数值功能的。要让 SVM 自动优化参数，那么训练时就不能再用 train 函数了，而应该用 train_auto 函数。下面是 train_auto 的函数原型。

```
boolCvSVM::train_auto(
        const Mat& trainData,
        const Mat& responses,
        const Mat& varIdx,
        const Mat& sampleIdx,
        CvSVMParams params,
        int k_fold=10,
        CvParamGrid Cgrid=CvSVM::get_default_grid(CvSVM::C),
        CvParamGrid gammaGrid=CvSVM::get_default_grid(CvSVM::GAMMA),
        CvParamGrid pGrid=CvSVM::get_default_grid(CvSVM::P),
        CvParamGrid nuGrid=CvSVM::get_default_grid(CvSVM::NU),
        CvParamGrid coeffGrid=CvSVM::get_default_grid(CvSVM::COEF),
        CvParamGrid degreeGrid=CvSVM::get_default_grid(CvSVM::DEGREE),
        bool balanced=false)
```

自动训练函数的参数分别是这样的：前 5 个参数参考构造函数的参数注释。

k_fold：交叉验证参数。训练集被分成 k_fold 的自子集。其中一个子集是用来测试模型，其他子集则成为训练集。所以，SVM 算法复杂度是执行 k_fold 的次数。

*Grid：对应的 SVM 迭代网格参数。

balanced：如果是 true 则这是一个分类问题。这将会创建更多的平衡交叉验证子集。

使用自动训练函数时需要注意以下几点：

1）这个方法根据 CvSVMParams 中的最佳参数 C，gamma，p，nu，coef0，degree 自动训练 SVM 模型。

2）参数被认为是最佳的交叉验证，其测试集预估错误最小。

3）如果没有需要优化的参数，相应的网格步骤应该被设置为小于或等于 1 的值。例如，为了避免 gamma 的优化，设置 gamma_grid.step = 0，gamma_grid.min_val，gamma_grid.max_val 为任意数值。所以 params.gamma 由 gamma 得出。

4）如果参数优化是必需的，但是相应的网格却不确定，你可能需要调用函数 CvSVM::get_default_grid()，创建一个网格。例如，对于 gamma，调用 CvSVM::get_default_grid(CvSVM::GAMMA)。

5）该函数为分类运行（params.svm_type = CvSVM::C_SVC 或者 params.svm_type = CvSVM::NU_SVC）和为回归运行（params.svm_type=CvSVM::EPS_SVR 或者 params.svm_type=CvSVM::NU_SVR）效果一样好。如果 params.svm_type=CvSVM::ONE_CLASS，没有优化，并指定执行一般的 SVM。

这里要注意的是，对于需要优化的参数虽然 train_auto 可以自动选择最优值，但在代码中也要先赋初始值，要不然编译能通过，但运行时会报错。下面是示例代码：

```
CvSVMParams param;
param. svm_type = CvSVM::EPS_SVR;
param. kernel_type = CvSVM::RBF;
param. C = 1;                    //给参数赋初始值
param. p = 5e-3;                 //给参数赋初始值
param. gamma = 0. 01;            //给参数赋初始值
param. term_crit = cvTermCriteria(CV_TERMCRIT_EPS, 100, 5e-3);
//对不用的参数 step 设为 0
CvParamGrid nuGrid = CvParamGrid(1,1,0.0);
CvParamGrid coeffGrid = CvParamGrid(1,1,0.0);
CvParamGrid degreeGrid = CvParamGrid(1,1,0.0);
CvSVM regressor;
regressor. train_auto(PCA_training, tr_label, NULL, NULL, param, 10, regressor. get_default_grid(CvSVM::
C), regressor. get_default_grid(CvSVM::GAMMA), regressor. get_default_grid(CvSVM::P), nuGrid, coeff-
Grid, degreeGrid);
```

用上面的代码的就可以自动训练并优化参数。最后，若想查看优化后的参数值，可以使用 CvSVM::get_params()函数来获得优化后的 CvSVMParams。下面是示例代码：

```
CvSVMParams params_re = regressor. get_params();
regressor. save("training_srv. xml");
float C = params_re. C;
float P = params_re. p;
float gamma = params_re. gamma;
printf("\nParms: C = %f, P = %f,gamma = %f \n",C,P,gamma);
```

3.10.2 用支持向量机实现识别过程

用支持向量机实现机器学习主要包括训练和识别两个环节，具体过程如图 3-53 所示。首先准备好训练样本，配置训练模型参数，开始训练并保存模型，接着调用训练的结果模型进行识别。

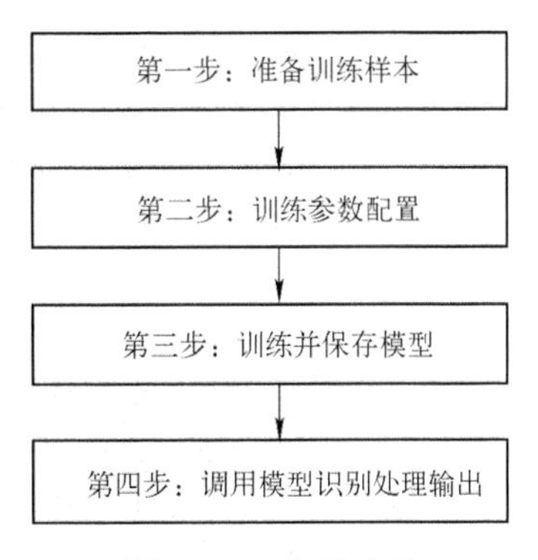

图 3-53 实现过程

下面将以性别识别为案例进行说明，本案例是基于 C 语言版 openCV 库，在 Visual Studio 平台中可以简单测试。

现有男女性别识别样本和待测试的数据如表 3-23 所示。

表 3-23 数据样本

姓 名	小明	小东	小红	小江	人员 1	人员 2
身高/cm	186	185	160	161	184	159
体重/kg	80	81	50	48	79	50
性别	男	男	女	女	待测	待测

根据表 3-20，编写样本数据变量，如下：

```
//训练数据,两个维度,表示身高和体重
float[ ] trainingData = { 186, 80, 185, 81, 160, 50, 161, 48 };
//训练标签数据,前两个表示男生 0,后两个表示女生 1,由于使用了多种机器学习算法,他们的输入有些不一样,所以 labelsMat 有三种
float[ ] labels = { 0f, 0f, 0f, 0f, 1f, 1f, 1f, 1f };
int[ ] labels2 = { 0, 0, 1, 1 };
float[ ] labels3 = { 0, 0, 1, 1 };
```

为上述的识别任务配置一个训练参数并开始训练，得到一个识别模型，具体代码如下：

```
SVM svm = SVM.create();            //配置 SVM 训练器参数
TermCriteria criteria = new TermCriteria (TermCriteria.EPS + TermCriteria.MAX_ITER, 1000, 0);
svm.setTermCriteria(criteria);     //指定
svm.setKernel(SVM.LINEAR);         //使用预先定义的内核初始化
svm.setType(SVM.C_SVC);            //SVM 的类型,默认是:SVM.C_SVC
svm.setGamma(0.5);                 //核函数的参数
svm.setNu(0.5);                    //SVM 优化问题参数
svm.setC(1);                       //SVM 优化问题的参数 C
TrainData td = TrainData.create(trainingData, Ml.ROW_SAMPLE, labels);//类封装的训练数据 boolean
success = svm.train(td.getSamples(),Ml.ROW_SAMPLE,td.getResponses());
//训练统计模型 System.out.println("Svm training result: " + success);
svm.save(filename);                //保存模型
```

最后调用模型进行识别，具体代码如下：

```
//测试数据
Mat responseMat = new Mat();
svm.predict(testData,responseMat,0);
System.out.println("SVM responseMat:\n" + responseMat.dump());
for(int i = 0;i<responseMat.height();i++)
{
    if(responseMat.get(i, 0)[0] == 0)
        System.out.println("Boy\n");
    if(responseMat.get(i, 0)[0] == 1)
        System.out.println("Girl\n");
}
```

整个过程的完整代码如下：

```
public class SVM {
    static {
        System.loadLibrary(Core.NATIVE_LIBRARY_NAME);
    }
    public static void run() {
        //训练数据,两个维度,表示身高和体重
```

```
        float[] trainingData = { 186, 80, 185, 81, 160, 50, 161, 48 };
        //训练标签数据,前两个表示男生 0,后两个表示女生 1,由于使用了多种机器学习算法,他们
        //的输入有些不一样,所以 labelsMat 有 3 种
        float[] labels = { 0f, 0f, 0f, 0f, 1f, 1f, 1f, 1f };
        int[] labels2 = { 0, 0, 1, 1 };
        float[] labels3 = { 0, 0, 1, 1 };
        //测试数据,先男后女
        float[] test = { 184, 79, 159, 50 };

        Mat trainingDataMat = new Mat(4, 2, CvType.CV_32FC1);
        trainingDataMat.put(0, 0, trainingData);

        Mat labelsMat2 = new Mat(4, 1, CvType.CV_32SC1);
        labelsMat2.put(0, 0, labels2);

        Mat sampleMat = new Mat(2, 2, CvType.CV_32FC1);
        sampleMat.put(0, 0, test);

        MySvm(trainingDataMat, labelsMat2, sampleMat);
    }

    // SVM 支持向量机
    public static Mat MySvm(Mat trainingData, Mat labels, Mat testData) {

        SVM svm = SVM.create();
        //配置 SVM 训练器参数
        TermCriteria criteria = new TermCriteria(TermCriteria.EPS + TermCriteria.MAX_ITER, 1000, 0);
        svm.setTermCriteria(criteria);       //指定
        svm.setKernel(SVM.LINEAR);   //使用预先定义的内核初始化
        svm.setType(SVM.C_SVC);          //SVM 的类型,默认是:SVM.C_SVC
        svm.setGamma(0.5);                  //核函数的参数
        svm.setNu(0.5);                         //SVM 优化问题参数
        svm.setC(1);                              //SVM 优化问题的参数 C

        TrainData td = TrainData.create(trainingData, Ml.ROW_SAMPLE, labels);//类封装的训练数据
        boolean success = svm.train(td.getSamples(),Ml.ROW_SAMPLE,td.getResponses());
        //训练统计模型
        System.out.println("Svm training result: " + success);
        //svm.save(filename);                 //保存模型

        //测试数据
        Mat responseMat = new Mat();
```

```
        svm.predict(testData,responseMat,0);
        System.out.println("SVM responseMat:\n" + responseMat.dump());
        for(int i = 0;i<responseMat.height();i++) {
            if(responseMat.get(i, 0)[0] == 0)
                System.out.println("Boy\n");
            if(responseMat.get(i, 0)[0] == 1)
                System.out.println("Girl\n");
        }
        return responseMat;
    }

        return responseMat;
    }

    public static void main(String[] args) {
        run();
    }
```

3.10.3 分类器

分类是数据挖掘的一种非常重要的方法。分类的概念是在已有数据的基础上学会一个分类函数或构造出一个分类模型，即通常所说的分类器（Classifier）。该函数或模型能够把数据库中的数据纪录映射到给定类别中的某一个，从而可以应用于数据预测。总之，分类器是数据挖掘中对样本进行分类的方法的统称，包含决策树、逻辑回归、朴素贝叶斯、神经网络等算法。

OpenCV 提供了两个程序级联分类器 opencv_haartraining 与 opencv_traincascade，用于实现对用户分类器的建模。opencv_traincascade 是一个新程序，使用 OpenCV 2.x API 以 C++编写。这二者主要的区别是 opencv_traincascade 支持 Haar 和 LBP（Local Binary Patterns）两种特征，并易于增加其他的特征。与 Haar 特征相比，LBP 特征是整数特征，因此训练和检测过程都会比 Haar 特征快几倍。LBP 和 Haar 特征用于检测准确率，是依赖训练过程中的训练数据的质量和训练参数。训练一个与基于 Haar 特征同样准确度的 LBP 的分类器是可能的。

与其他分类器模型的建模方法类似，同样需要样本数据与测试数据，OpenCV 级联分类器训练与测试可分为以下步骤。

1）准备样本训练集的数据。

2）使用级联分类器建立预测模型。

3）使用验证数据测试分类器性能。

4）使用预测模型进行目标检测。

1. 准备训练样本图片

样本图片最好使用灰度图，且最好根据实际情况做一定的预处理；样本数量越多越好，尽量多于 1000 个，样本间差异性越大越好，正负样本比例为 1∶3 最佳；尺寸为 20×20 最佳。

（1）正样本

正样本就是要识别的东西的图片，告诉分类器什么是正确的分类，也就是告诉程序要识别的是什么，训练样本的尺寸为 20×20（OpenCV 推荐的最佳尺寸），且所有样本的尺寸必须一致。如果不一致的或者尺寸较大的，可以先将所有样本统一缩放到 20×20。

正样本

例如要做的是小丑鱼的识别，所以正样本就是小丑鱼的图片了，图 3-54 就是用来训练的正样本。

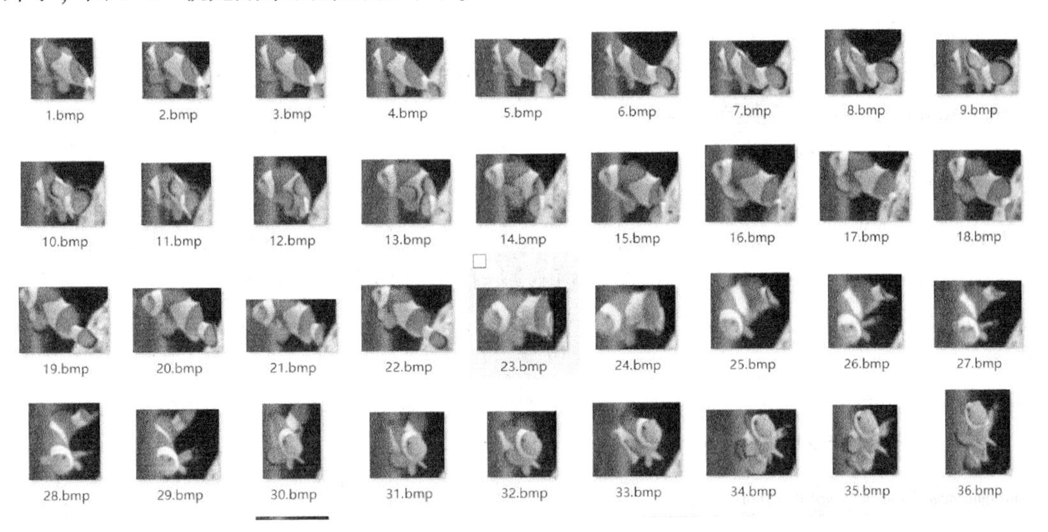

图 3-54　正样本

（2）负样本

负样本

负样本是区别于正样本的图片，告诉分类器什么是错误的分类，也及时告诉程序不能识别什么，如图 3-55 所示。

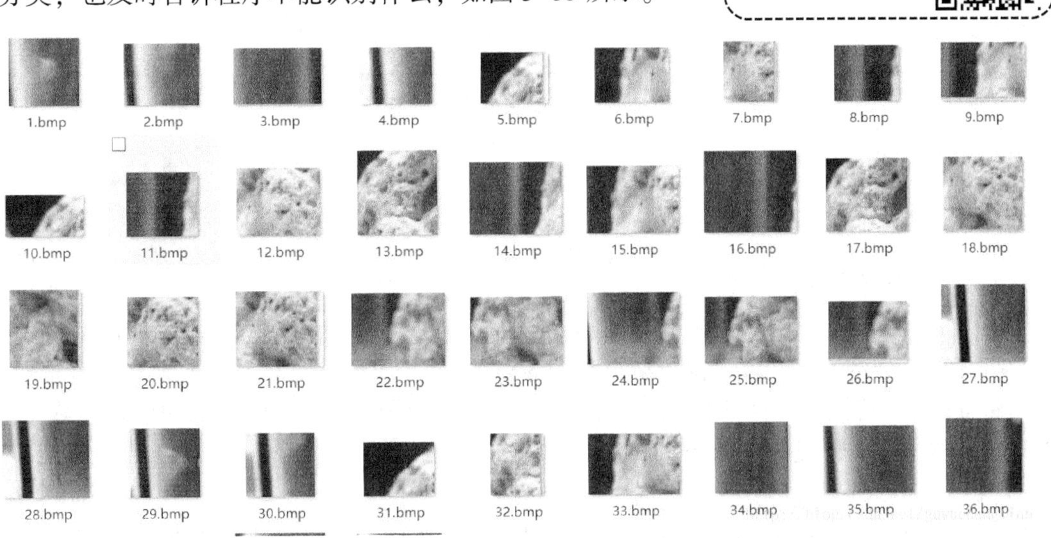

图 3-55　负样本

虽然负样本就是样本中不存在正样本的内容。但也不能随意地找些图片来作为负样本，比如什么天空、大海、森林等。需要根据不同的项目选择不同的负样本，比如一个项目是做机场的人脸检测，那么就最好从现场拍摄一些图片数据，从中采集负样本。其实正样本的采集也应该这样。不同的项目，就采集不同的正样本和负样本。因为项目不同，往往相机的安装规范不同，场景的拍摄角度也不同。

（3）准备好工作目录

- negdata 目录：放负样本的目录。
- posdata 目录：放正样本的目录。
- xml 目录：新建的一个目录，为之后存放分类器文件。
- negdata. txt：负样本路径列表。
- posdata. txt：正样本路径列表。
- pos. vec：后续自动生成的样本描述文件。
- opencv_createsamples. exe：生成样本描述文件的可执行程序（OpenCV 自带）。
- opencv_haartraining. exe：样本训练的可执行程序（OpenCV 自带）。

将如图 3-56 所示的所有文件复制到样本同级目录中，此目录路径应为 OpenCV 的安装路径下。

剪贴板　组织　新建　打开　选择

› 此电脑 › 新加卷 (E:) › apk › opencv › build › x64 › vc14 › bin

名称	修改日期	类型	大小
opencv_annotation.exe	2017/8/4 8:39	应用程序	56 KB
opencv_createsamples.exe	2017/8/4 8:39	应用程序	38 KB
opencv_ffmpeg330_64.dll	2017/8/4 8:28	应用程序扩展	17,389 KB
opencv_interactive-calibration.exe	2017/8/4 8:39	应用程序	147 KB
opencv_traincascade.exe	2017/8/4 8:39	应用程序	380 KB
opencv_version.exe	2017/8/4 8:39	应用程序	16 KB
opencv_visualisation.exe	2017/8/4 8:39	应用程序	65 KB
opencv_world330.dll	2017/8/4 8:38	应用程序扩展	87,735 KB
opencv_world330d.dll	2017/8/4 8:42	应用程序扩展	130,344 KB

图 3-56　复制文件存放的路径

（4）生成样本描述文件

1）生成正样本描述文件。

进入 posdata 目录，执行 dir /b/s/p/w　*. jpg > pos. txt。

2）生成负样本描述文件。

进入 negdata 目录，执行 dir /b/s/p/w　*. jpg > neg. txt。

打开正负样本描述文件，执行后得到图 3-57 所示的文件内容。

将 jpg 全部替换成下面的格式，如图 3-58 所示。图中右边下画线处为图片像素大小，将正负样本描述文件复制到与 opencv_createsamples. exe 文件在同一目录。

（5）生成 . vec 文件

在与 opencv_createsamples. exe 文件同一目录下，执行下面的命令，生成 . vec 文件。

```
opencv_createsamples. exe -vec pos. vec -info pos. txt -num 18500 -w 20 -h 20
opencv_createsamples. exe -vec neg. vec -info neg. txt -num 10500 -w 50 -h 50
```

```
pos.txt - 记事本
文件(F) 编辑(E) 格式(O) 查看(V) 帮助(H)
C:\Users\lyl\Desktop\face\posdata\1.jpg
C:\Users\lyl\Desktop\face\posdata\10.jpg
C:\Users\lyl\Desktop\face\posdata\100.jpg
C:\Users\lyl\Desktop\face\posdata\1000.jpg
C:\Users\lyl\Desktop\face\posdata\10000.jpg
C:\Users\lyl\Desktop\face\posdata\10001.jpg
C:\Users\lyl\Desktop\face\posdata\10002.jpg
C:\Users\lyl\Desktop\face\posdata\10003.jpg
C:\Users\lyl\Desktop\face\posdata\10004.jpg
C:\Users\lyl\Desktop\face\posdata\10005.jpg
C:\Users\lyl\Desktop\face\posdata\10006.jpg
C:\Users\lyl\Desktop\face\posdata\10007.jpg
C:\Users\lyl\Desktop\face\posdata\10008.jpg
C:\Users\lyl\Desktop\face\posdata\10009.jpg
C:\Users\lyl\Desktop\face\posdata\1001.jpg
C:\Users\lyl\Desktop\face\posdata\10010.jpg
```

图 3-57　生成样本描述文件内容

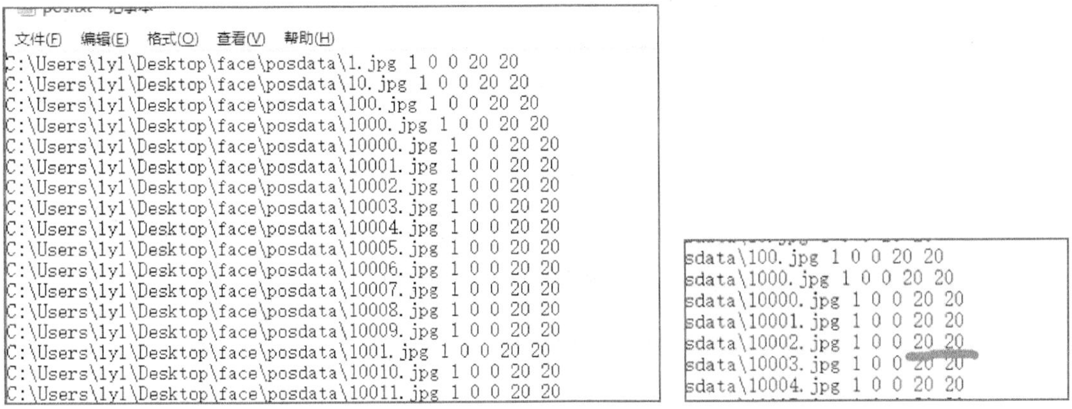

```
文件(F) 编辑(E) 格式(O) 查看(V) 帮助(H)
C:\Users\lyl\Desktop\face\posdata\1.jpg 1 0 0 20 20
C:\Users\lyl\Desktop\face\posdata\10.jpg 1 0 0 20 20
C:\Users\lyl\Desktop\face\posdata\100.jpg 1 0 0 20 20
C:\Users\lyl\Desktop\face\posdata\1000.jpg 1 0 0 20 20
C:\Users\lyl\Desktop\face\posdata\10000.jpg 1 0 0 20 20
C:\Users\lyl\Desktop\face\posdata\10001.jpg 1 0 0 20 20
C:\Users\lyl\Desktop\face\posdata\10002.jpg 1 0 0 20 20
C:\Users\lyl\Desktop\face\posdata\10003.jpg 1 0 0 20 20
C:\Users\lyl\Desktop\face\posdata\10004.jpg 1 0 0 20 20
C:\Users\lyl\Desktop\face\posdata\10005.jpg 1 0 0 20 20
C:\Users\lyl\Desktop\face\posdata\10006.jpg 1 0 0 20 20
C:\Users\lyl\Desktop\face\posdata\10007.jpg 1 0 0 20 20
C:\Users\lyl\Desktop\face\posdata\10008.jpg 1 0 0 20 20
C:\Users\lyl\Desktop\face\posdata\10009.jpg 1 0 0 20 20
C:\Users\lyl\Desktop\face\posdata\1001.jpg 1 0 0 20 20
C:\Users\lyl\Desktop\face\posdata\10010.jpg 1 0 0 20 20
C:\Users\lyl\Desktop\face\posdata\10011.jpg 1 0 0 20 20
```

```
sdata\100.jpg 1 0 0 20 20
sdata\1000.jpg 1 0 0 20 20
sdata\10000.jpg 1 0 0 20 20
sdata\10001.jpg 1 0 0 20 20
sdata\10002.jpg 1 0 0 20 20
sdata\10003.jpg 1 0 0 20 20
sdata\10004.jpg 1 0 0 20 20
```

图 3-58　*.jpg 文件参数增加修改

说明：

-info，指样本说明文件。

-vec，样本描述文件的名字及路径。

-num，样本数。要注意，这里的样本数是指标定后的 20×20 的样本数，而不是大图的数目，其实就是样本说明文件第 2 列的所有数字累加。

-w -h 指明想让样本缩放到的尺寸。这里的奥妙在于不必另外去处理第 1 步中被矩形框出的图片的尺寸，因为这个参数可以进行统一缩放（这里准备的样本都是 20×20）。

（6）训练样本

新建文件 traincascade.bat，复制以下两行命令并保存。

```
opencv_traincascade.exe -data xml -vec pos.vec -bg neg.txt -numPos 500 -numNeg 656 -numStages 20 -w 20 -h 20 -mode ALL
Pause
```

表 3-24 所示为上述命令参数的说明。

特别需要注意的是，需要把 pos.txt 和 neg.txt 改回原来的格式，这一步至关重要，如

图 3-59 所示。

表 3-24　命令的参数说明

参　数	功　能
-data:	指定生成的文件目录（将来存放各级分类的地方）
-vec:	样本描述文件
-bg	负样本描述文件名称，就是负样本的路径列表
-nstage 20	指定训练层数，推荐 15~20，层数越同，耗时越长
-nsplits	分裂子节点数目，选取默认值 2，1 表示使用简单的 stump classfier 分类
-minhitrate	最小命中率，即训练目标准确度
-maxfalsealarm	最大虚警（误检率），每一层训练到这个值小于 0. 5 时训练结束，进入下一层训练
-npos	在每个训练用来训练的正样本数目
-nneg	在每个训练用来训练的负样本数目
-mode:	All 指定 haar 特征的种类，basic 仅仅使用垂直特征，all 表示使用垂直及 45°旋转特征
-sym 或-nonsym:	后面不用跟其他参数，用于指定目标对象是否垂直对称，若对象是垂直对称的，则有利于提高训练速度
-mem:	表示允许使用计算机的内存大小

pos.txt - 记事本

文件(F)　编辑(E)　格式(O)　查看(V)　帮助(H)

```
C:\Users\lyl\Desktop\face\posdata\1.jpg
C:\Users\lyl\Desktop\face\posdata\10.jpg
C:\Users\lyl\Desktop\face\posdata\100.jpg
C:\Users\lyl\Desktop\face\posdata\1000.jpg
C:\Users\lyl\Desktop\face\posdata\10000.jpg
C:\Users\lyl\Desktop\face\posdata\10001.jpg
C:\Users\lyl\Desktop\face\posdata\10002.jpg
C:\Users\lyl\Desktop\face\posdata\10003.jpg
C:\Users\lyl\Desktop\face\posdata\10004.jpg
C:\Users\lyl\Desktop\face\posdata\10005.jpg
C:\Users\lyl\Desktop\face\posdata\10006.jpg
C:\Users\lyl\Desktop\face\posdata\10007.jpg
C:\Users\lyl\Desktop\face\posdata\10008.jpg
C:\Users\lyl\Desktop\face\posdata\10009.jpg
C:\Users\lyl\Desktop\face\posdata\1001.jpg
```

图 3-59　*. jpg 文件参数复原修改

然后双击 traincascade. bat 进行训练，单击训练后会出现如图 3-60 所示页面代表正确训练中。

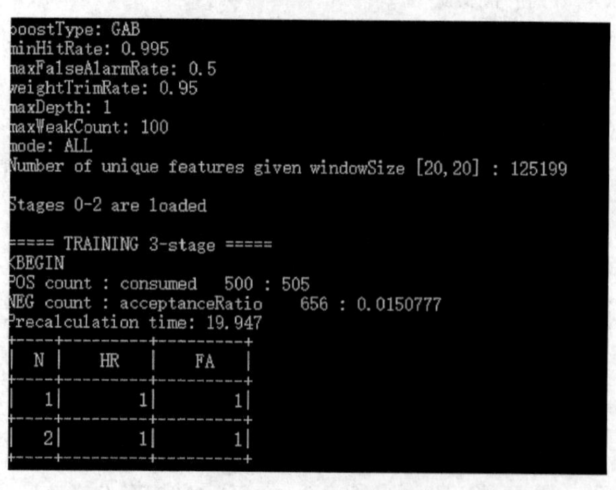

图 3-60　成功训练结果

训练结束后会在 xml 目录下生成分类器文件，在本例中 cascade. xml 就是训练得到的分类器。调用本分类器可以用来识别鱼。

3.10.4 过程实施

为了实现在移动设备上进行手写数字识别的应用，其过程就是先在 Windows 上训练好手写数字识别字体的 SVM 分类模型，然后将 Windows 上训练好的 SVM 分类模型移植到 Android 上，并可以实时通过手机触摸屏进行数字手写体测试，完成任务。

其中所用到的手写数字训练资源可以选用 MNIST 手写库作为数据集，MNIST 是由 Yann LeCun 带头创建的。

MNIST 数据集分为以下 4 部分：

1）train-images-idx3-ubyte 训练图像的集合，共有 60000 张，大小是 28×28 像素。

2）train-labels-idx1-ubyte 对应于训练图像的标签集，为 0~9。

3）t10k-images-idx3-ubyte 测试图像的集合，共有 10000 张，大小是 28×28 像素。

4）t10k-labels-idx1-ubyte 对应于测试图像的标签集，为 0~9。

整个任务的实现分为两个步骤：模型训练和手写识别 App 设计。

◇ 任务实施第一步：模型训练过程如下。

1. 读取 MNIST 数据集

在 MNIST 数据库的 4 个文件都是 binary 二进制文件，并且数据的存储有一定的格式，格式如下。

```
TRAINING SET LABEL FILE (train-labels-idx1-ubyte):
[offset]   [type]           [value]            [description]
0000       32 bit integer   0x00000801(2049)   magic number (MSB first)
0004       32 bit integer   60000              number of items
0008       unsigned byte    ??                 label
0009       unsigned byte    ??                 label
........
xxxx       unsigned byte    ??                 label
The labels values are 0 to 9.
```

需要读取的第一个数是 32 bit 的 magic number，第二个数据是图像标签的个数，也是 32 bit 的整数，接下来才是每个图像对应的标签值，每个按照 unsigned byte 进行存储。需要注意的是 MNIST 的所有 32 bit 的整数是按照 MSB 在前（大端模式）进行存储的。在 Intel 及其他小端处理器上，需要对这些整数进行大小端翻转，下面的代码段通过位运算实现 32 bit 整数的大端-小端的转换。

```
//大端转小端
int reverseInt(int i)
{
    unsigned char c1, c2, c3, c4;
```

```
    c1 = i & 255;
    c2 = (i >> 8) & 255;
    c3 = (i >> 16) & 255;
    c4 = (i >> 24) & 255;

    return ((int)c1 << 24) + ((int)c2 << 16) + ((int)c3 << 8) + c4;
}
```

利用 C++中 fstream 的子类 ifstream 进行二进制文件的读取，请注意在打开文件时需要设置 ios::binary，代码如下。

```
//读取训练样本集
ifstream if_trainImags("train-images-idx3-ubyte", ios::binary);
//读取失败
if (true == if_trainImags.fail())
{
    cout << "Please check the path of file train-images-idx3-ubyte" << endl;
    return;
}
```

调用函数 ifstream.read()对数据按行读取。

```
int magic_num, trainImgsNum, nrows, ncols;
//读取 magic number
if_trainImags.read((char *)&magic_num, sizeof(magic_num));
magic_num = reverseInt(magic_num);
```

在读取训练图像时，需要注意的一点是需要将 CV_8UC1 格式的数据转换为 CV_32FC1。在 for 循环里，每一次读取一张图片的所有像素点到 Mat 矩阵 temp，然后调用 OpenCV 内置的 convertTo 函数实现 unsigned char 到 32bit float 转换，最后复制到 trainFeatures 中占满一行，注意 Mat 数据结构是行优先的。

```
//读取训练图像
int imgVectorLen = nrows * ncols;
Mat trainFeatures = Mat::zeros(trainImgsNum, imgVectorLen, CV_32FC1);
Mat temp = Mat::zeros(nrows, ncols, CV_8UC1);
for (int i = 0; i < trainImgsNum; i++)
{
    if_trainImags.read((char *)temp.data, imgVectorLen);
    Mat tempFloat;
    //由于 SVM 需要的训练数据格式是 CV_32FC1,在这里进行转换
    temp.convertTo(tempFloat, CV_32FC1);
    memcpy(trainFeatures.data+i * imgVectorLen * sizeof(float), tempFloat.data, imgVectorLen * sizeof
(float));
}
```

在完成训练样本的读取后，需要对其进行归一化，像素点是 0~255 的，归一化至 0~1。

原因是在 SVM 分类时采用了 RBF 的 kernal。按照同样的读取方式，测试样本集以及训练和测试标签集都可以读取成功。

2. SVM 训练和预测

按照下面的代码创建一个 SVM 的分类器，并初始化参数。

1）type——选择 SVM :: C_SVC 类型，该类型可以用于 n-类分类问题（n>2）。

2）kernal——CvSVM :: RBF：基于径向的函数，对于大多数情况都是一个较好的选择。

3）Gamma&C——经验值选择。

在训练结束之后，把 SVM 分类模型保存在 xml 文件里。

```
//训练 SVM 分类器
//初始化
Ptr<SVM> svm = SVM::create();
//多分类
svm->setType(SVM::C_SVC);
//kernal 选用 RBF
svm->setKernel(SVM::RBF);
//设置经验值
svm->setGamma(0.01);
svm->setC(10.0);
//设置终止条件,在这里选择迭代 200 次
svm->setTermCriteria(TermCriteria(TermCriteria::MAX_ITER, 200, FLT_EPSILON));
//训练开始
svm->train(trainFeatures, ROW_SAMPLE, trainLabels);
cout << "训练结束,正写入 xml:" << endl;
//保存模型
svm->save("mnist.xml");
```

接下来导入训练好的 SVM 模型，对测试数据集进行预测并计算准确率。

```
//载入训练好的 SVM 模型
Ptr<SVM> svm = SVM::load("mnist.xml");
int sum = 0;
//对每一个测试图像进行 SVM 分类预测
for (int i = 0; i < testLblsNum; i++)
{
    Mat predict_mat = Mat::zeros(1, imgVectorLen, CV_32FC1);
    memcpy(predict_mat.data, testFeatures.data + i * imgVectorLen * sizeof(float), imgVectorLen *
sizeof(float));
    //预测
    float predict_label = svm->predict(predict_mat);
    //真实的样本标签
    float truth_label = testLabels.at<int>(i);
    //比较判定是否预测正确
    if ((int)predict_label == (int)truth_label)
```

```
        {
            sum++;
        }
    }

    cout << "预测准确率为:"<<(double)sum / (double)testLblsNum << endl;
```

3. 结果显示

MNIST 手写数据集的训练过程，如图 3-61 所示。

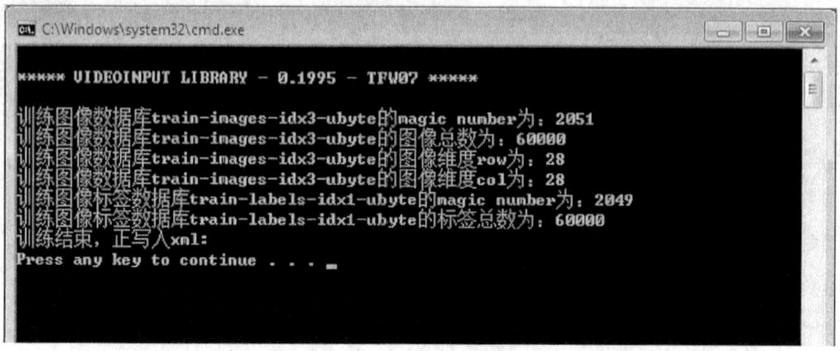

```
C:\Windows\system32\cmd.exe
***** VIDEOINPUT LIBRARY - 0.1995 - TFW07 *****

训练图像数据库train-images-idx3-ubyte的magic number为: 2051
训练图像数据库train-images-idx3-ubyte的图像总数为: 60000
训练图像数据库train-images-idx3-ubyte的图像维度row为: 28
训练图像数据库train-images-idx3-ubyte的图像维度col为: 28
训练图像标签数据库train-labels-idx1-ubyte的magic number为: 2049
训练图像标签数据库train-labels-idx1-ubyte的标签总数为: 60000
训练结束，正写入xml:
Press any key to continue . . .
```

图 3-61　MNIST 手写训练过程

MNIST 手写数据集的测试验证，如图 3-62 所示，预测的准确率为 0. 9698。

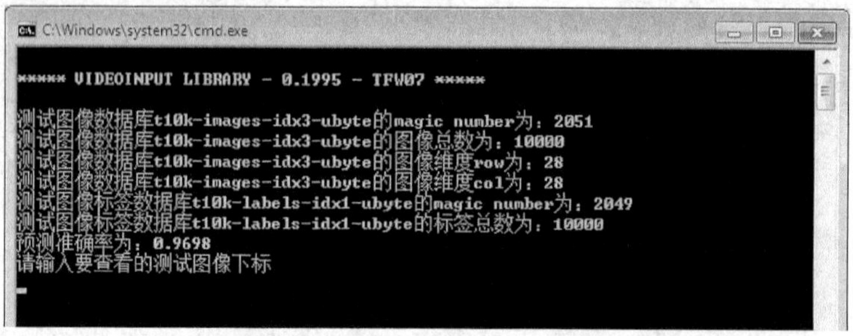

```
C:\Windows\system32\cmd.exe
***** VIDEOINPUT LIBRARY - 0.1995 - TFW07 *****

测试图像数据库t10k-images-idx3-ubyte的magic number为: 2051
测试图像数据库t10k-images-idx3-ubyte的图像总数为: 10000
测试图像数据库t10k-images-idx3-ubyte的图像维度row为: 28
测试图像数据库t10k-images-idx3-ubyte的图像维度col为: 28
测试图像标签数据库t10k-labels-idx1-ubyte的magic number为: 2049
测试图像标签数据库t10k-labels-idx1-ubyte的标签总数为: 10000
预测准确率为: 0.9698
请输入要查看的测试图像下标
```

图 3-62　MNIST 手写数据集测试验证

从图 3-60 和图 3-62 可以看出，训练样本集为 60000，测试样本集为 10000 时，SVM 分类准确率可达到 96. 98%，而且 SVM 的最大迭代次数为 200。

单个样本的随机测试，如图 3-63 所示。

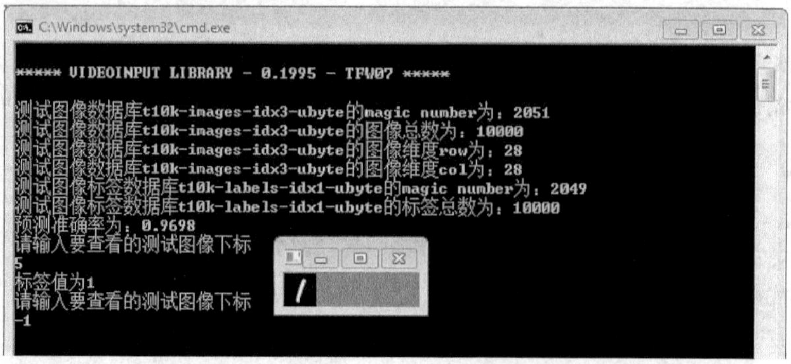

```
C:\Windows\system32\cmd.exe
***** VIDEOINPUT LIBRARY - 0.1995 - TFW07 *****

测试图像数据库t10k-images-idx3-ubyte的magic number为: 2051
测试图像数据库t10k-images-idx3-ubyte的图像总数为: 10000
测试图像数据库t10k-images-idx3-ubyte的图像维度row为: 28
测试图像数据库t10k-images-idx3-ubyte的图像维度col为: 28
测试图像标签数据库t10k-labels-idx1-ubyte的magic number为: 2049
测试图像标签数据库t10k-labels-idx1-ubyte的标签总数为: 10000
预测准确率为: 0.9698
请输入要查看的测试图像下标
5
标签值为1
请输入要查看的测试图像下标
-1
```

图 3-63　单个样本随机测试

在测试图片上进行预测，可以用 Windows 自带的画图板进行黑底白字的数字绘制，如图 3-64 所示。

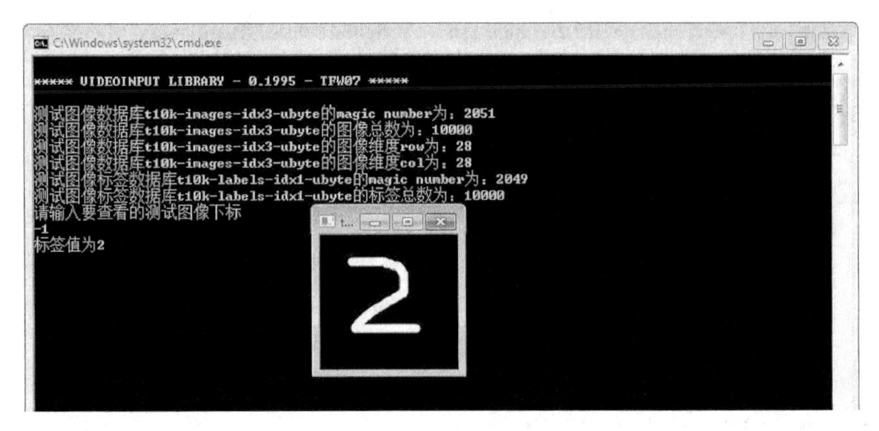

图 3-64　模拟预测

4. 全部代码

（1） SVM 训练 MNIST 过程

此步得到模型文件 mnist. xml，该文件将在第（2）步中使用，可扫描二维码查看代码。

程序代码
生成模型文件

（2） SVM 测试 MNIST 过程，可扫描二维码查看代码。

程序代码
测试模型文件

（3） 手写识别 App 设计

考虑到移动设备的处理器性能，将不会在移动端进行 SVM 分类器的训练。即手写识别 App 设计是在 PC 上用 OpenCV 训练出一个可用的 SVM 分类模型——mnist. xml 的基础上，在 Android 上将这个分类模型加载，再用它进行手写体的分类测试。

具体过程如下。

1） 打开 Eclipse，新建一个空白的 Android 工程。

2） 为新建工程引入 OpenCV Library - * 库工程。

3） 打开 res\layout 目录下的布局文件：activity_main. xml，为项目添加两个按键、两个文本控件和一个手写触摸视图控件，手写触摸视图控件用来获取手写录入的数字，一个按键的功能是开始识别，另一个按键的功能是停止识别，识别的结果在文本控件中显示。

```
<? xml version="1.0" encoding="utf-8"? >
<RelativeLayout xmlns:android="http://schemas.android.com/apk/res/android"
    xmlns:tools="http://schemas.android.com/tools"
    android:id="@+id/activity_main"
    android:layout_width="match_parent"
    android:layout_height="match_parent"
    android:paddingBottom="@dimen/activity_vertical_margin"
    android:paddingLeft="@dimen/activity_horizontal_margin"
```

```
        android:paddingRight = "@ dimen/ activity_horizontal_margin"
        android:paddingTop = "@ dimen/ activity_vertical_margin"
        tools:context = " com. example. bolong_wen. handwritedigitrecognize. MainActivity" >

        <TextView
            android:id = "@ +id/intro"
            android:layout_width = " wrap_content"
            android:layout_height = " wrap_content"
            android:textSize = "25sp"
            android:text = " It's a recognition demo on hand written digits, enjoy!" />
        <com. example. bolong_wen. handwritedigitrecognize. HandWriteView
            android:id = "@ +id/handWriteView"
            android:layout_below = "@ id/intro"
            android:layout_width = " match_parent"
            android:background = "@ drawable/ draw_background"
            android:layout_height = "400dp" />
        <Button
            android:id = "@ +id/btnRecognize"
            android:layout_below = "@ id/handWriteView"
            android:layout_width = " wrap_content"
            android:layout_height = " wrap_content"
            android:layout_alignParentLeft = " true"
            android:text = " Recognize" />
        <Button
            android:id = "@ +id/btnClear"
            android:layout_below = "@ id/handWriteView"
            android:layout_width = " wrap_content"
            android:layout_height = " wrap_content"
            android:layout_alignParentRight = " true"
            android:text = " Clear" />
        <TextView
            android:id = "@ +id/resultShow"
            android:layout_below = "@ id/btnRecognize"
            android:layout_width = " wrap_content"
            android:layout_height = " wrap_content"
            android:layout_alignParentLeft = " true"
            android:layout_alignParentBottom = " true"
            android:textSize = "25sp"
            android:layout_marginBottom = "50dp"
            android:text = " The recognition result is: " />
    </RelativeLayout>
```

在界面设计上，除了两个交互性的按钮 Button 和一些显示性的静态文本外，需要特别注意的是通过触摸屏进行手写的部分。这部分显示是继承自 Android 的 View，将其命名为 HandWriteView。当手指在屏幕上滑动时，会触发 onTouchEvent 函数，在这个函数中进行坐标提取，并把每次滑动的轨迹用很小的线段拼接起来，这样就达到了手写体显示的效果。在进行识别时，将当前 View 上面的内容通过 BitMap 取出，然后送入 SVM 分类器进行识别。

5. 加载 SVM 分类器

为了方便每次更新训练好的 SVM 模型，将它放入 Android 的 res 目录下，并首先声明一个 SVM 分类器和 SVM 模型的承载器。

```
CvSVM mClassifier;
File mSvmModel;
```

6. 加载分类器模型

然后通过 Android 的资源目录将保存好的分类器模型载入，存放的模型名称为 mnist. xml。

```
mClassifier = new CvSVM();
//
try {
    // load cascade file from application resources
    InputStream is = getResources().openRawResource(R.raw.mnist);
    File mnist_modelDir = getDir("mnist_model", Context.MODE_PRIVATE);
    mSvmModel = new File(mnist_modelDir, "mnist.xml");
    FileOutputStream os = new FileOutputStream(mSvmModel);
    byte[] buffer = new byte[4096];
    int bytesRead;
    while ((bytesRead = is.read(buffer)) != -1) {
        os.write(buffer, 0, bytesRead);
    }
    is.close();
    os.close();
    mClassifier.load(mSvmModel.getAbsolutePath());
    mnist_modelDir.delete();
} catch (IOException e) {
    e.printStackTrace();
    Log.e(TAG, "Failed to load cascade. Exception thrown: " + e);
}
```

在完成这一步并且没有报错的情况下，mClassifier 已经将整个 SVM 模型加载完成，可以进行接下来的预测。

7. HandWriteView 绘制手写体

程序代码
手写体 View

基于 View 视图创建获取手写体的视图控件，可扫描二维码查看代码。

在这个 View 类的初始化中，设置好画笔的颜色、宽度，同时需要注意的是要设置笔触风格和连接处的形状为“圆形”，以及设置反锯齿，这样会使得画出来的手写体数字更光滑，细节处更连贯，有利于后期的识别。代码如下所示：

```
mPaint.setAntiAlias(true);
mPaint.setDither(true);
mPaint.setStrokeCap(Paint.Cap.ROUND);
mPaint.setStrokeJoin(Paint.Join.ROUND);
```

当用户通过手指触摸在屏幕上移动时会触发 onTouchEvent 函数，在该函数里获取当前的接触点坐标：

```
mLastX = mCurrX;
mLastY = mCurrY;
mCurrX = (int) event.getX();
mCurrY = (int) event.getY();
```

同时在原始接触点 Last 和当前接触点 Curr 之间绘制出直线：

```
int width = getWidth();
int height = getHeight();

if (mBitmap == null) {
    mBitmap = Bitmap.createBitmap(width, height, Bitmap.Config.ARGB_8888);
}

Canvas tmpCanvas = new Canvas(mBitmap);
tmpCanvas.drawLine(mLastX, mLastY, mCurrX, mCurrY, mPaint);
invalidate();
```

8. MainActivity 的实现——识别数字

在 Android 程序中的 MainActivity，当按下识别按钮时，会从 HandWriteView 返回得到一个 Bitmap，它是当前绘制得到的一个截图（snapshot），然后将这个 Bitmap 转换为 OpenCV 的 Mat 格式，同时进行灰度化处理。

```
Bitmap tmpBitmap = mHandWriteView.returnBitmap();
if(null == tmpBitmap)
    return;
Mat tmpMat = new Mat(tmpBitmap.getHeight(),tmpBitmap.getWidth(),CvType.CV_8UC3);
Mat saveMat = new Mat(tmpBitmap.getHeight(),tmpBitmap.getWidth(),CvType.CV_8UC1);

Utils.bitmapToMat(tmpBitmap,tmpMat);

Imgproc.cvtColor(tmpMat, saveMat, Imgproc.COLOR_RGBA2GRAY);
```

SVM 分类器模型是通过 MNIST 数据集训练得到的，数据集中的每幅图片的大小是 28×28 像素。因此在进行实际测试时，也需要将上一步手写得到的图片进行 resize 处理，归一化到［0，1］，并且转换为一维向量。

```
int imgVectorLen = 28 * 28;
Mat dstMat = new Mat(28,28,CvType.CV_8UC1);
```

```
Mat tempFloat = new Mat(28,28,CvType.CV_32FC1);

Imgproc.resize(saveMat,dstMat,new Size(28,28));
dstMat.convertTo(tempFloat, CvType.CV_32FC1);

Mat predict_mat = tempFloat.reshape(0,1).clone();
Core.normalize(predict_mat,predict_mat,0.0,1.0,Core.NORM_MINMAX);
```

其中特别需要注意的是归一化，MNIST 中每幅图片的数据都在［0,1］，要保持一致才能得到正确的结果。最后一步，调用加载好的 SVM 模型进行预测，得到识别出的数字。

```
int response = (int)mClassifier.predict(predict_mat);
```

9. 程序运行结果

程序运行结果如图 3-65 所示。

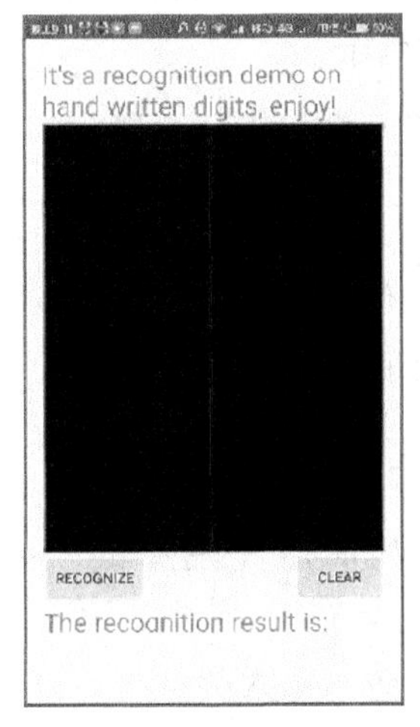

图 3-65　运行结果

想一想

以上的案例只是实现了手写数字识别的处理，经过多次测试，发现在 8/9 两个数字上的识别率比较低。怎么改进呢？

解决思路

将误识别的 8/9 手写体图片保存下来，加入训练集，重新训练模型，这样应该会得到一个更好的分类效果。

除此之外，思考一下将这个识别功能具体化，做一个可以识别任意文字的 App。

小结

通过本学习情境的学习，熟悉了有关人工智能的视觉系统相关设计与应用，了解到开源视觉库 OpenCV 的各种强大的功能，通过学习支持向量机和分类器的功能，可以实现定制化的人工智能识别应用，主要是通过数据采集、模型训练和模型调用 3 个步骤来实现。随着视觉技术的应用需求及发展，相信不久的将来，机器会因为视觉发展而带上一双明亮的、有智慧的眼睛。

课后习题

第一部分

简答题

1）什么是机器视觉系统，机器视觉系统由哪几部分组成？

2）什么是支持向量机？支持向量机的作用是什么？

3）什么是分类器？

4）请简要描述一下运用分类器进行机器学习的过程。

5）你认为机器的智能会超过人类吗？为什么？

6）请简要对比一下主要的颜色空间各自的优缺点。

第二部分

一、填空题

1）OpenCV 的相机控件主要有两个：________________和________________。

2）常用的视觉库软件有 Halcon，visionPro(CVL)，Evision，labview+vision，MIL(Matrox Imaging Library)，HexSight，OpenCV，其中________________是开源的。

3）OpenCV 视觉库中，使用______________数据结构来表示图像。

4）彩色图片转化成 Mat 数据图像格式，可以使用______________________方法实现。

5）Mat 数据图像格式转化成彩色图片，可以使用______________________方法实现。

6）视觉识别的传感器是相机，常用的相机会根据应用的不同分为__________和______________。

7）OpenCV 开发库为 Android 的应用开发提供了 Imgproc. matchTemplate 方法来实现__________。

8）颜色空间按照基本机构可以分为两大类：______________和______________。前者典型的是 RGB，后者包括 YUV 和 HSV 等。

9）图像形态学中的几个基本操作：________、________、________、____________。

10）________是一个从数字图形中计算出来的矩集，通常描述了该图像的全局特征，并提供了大量的关于该图像不同类型的几何特征信息，比如大小、位置、方向及形状等。

11）边缘检测的一般步骤：________、____________、__________、________。

12）滤波处理分为两大类：________和__________，线性滤波有方框滤波、均值滤波和高斯滤波 3 种，而非线性滤波有中值滤波和双边滤波两种。

13）__________是图像处理中的一种特征提取技术，它通过一种投票算法检测具有特定形状的物体。

14）__________是一类按监督学习方式对数据进行二元分类的广义线性分类器。

15）分类是____________的一种非常重要的方法。

二、简述题

1）请列举轮廓检测的应用，并简要说一下其工作过程。

2）谈谈您对机器视觉的认识，举例说明机器视觉的应用。

3）请使用支持向量机 SVM 或者分类器的方法，设计一个人脸识别的 App。

学习情境4　语音识别系统的设计与应用

学习目标

【知识目标】

- 了解人机交互的发展。
- 了解语音识别的发展历史。
- 了解科大讯飞语音服务。
- 掌握科大讯飞的语音听写、语音合成等功能及其应用。

【能力目标】

- 能在语音云开放平台注册账号与创建应用。
- 能在 Eclipse 的 Android 开发环境中集成语音识别 SDK 开发包。
- 能使用科大讯飞提供的语音服务设计开发适用于控制应用的语音识别系统。

【重点难点】

运用科大讯飞的语音识别 SDK 开发包设计应用。

情境简介

本学习情境针对人工智能系统设计与应用所需要的语音识别系统，主要讲述人机交互的发展，通过学习科大讯飞提供的语音服务，掌握语音听写、语音合成等基本原理与应用，为所需要的人工智能系统设计出语音交互服务，与任务 2 所涉及的运动控制、任务 3 所涉及的视觉识别一起形成一个物物相知、物人相应的多点传感识别与执行的机构。

情境分析

语音交互已经成为人类与机器之间交互的一种主流方式。从智能手机微信提供语音聊天到智能电视的语音搜索电视节目、再到汽车车载的语音搜索地图等服务，大家都早已广为熟悉。

通过本学习情境的学习，可以了解到人机交互的发展，从键盘到鼠标、再到多点触摸，到语音交互演变过程中来体验为什么语音交互会迅速变成了人类最常用的、最受欢迎的人机交互方式；然后再通过学习科大讯飞的语音服务及嵌入应用，掌握有关语音识别的 App 开发，从而揭开语音交互这一神奇的面纱，最后可以设计出相应的语音识别系统。

支撑知识

在本学习情境实施前需要学习有关人机交互的历史，语音听写、语音合成等知识。

知识拓展

人与机器的交流

4.1 人机交互

4.1.1 定义

人机交互（Human-Computer Interaction，HCI）主要是研究人和计算机之间的信息交换，它主要包括人到计算机和计算机到人的信息交换两部分。是与认知心理学、人机工程学、多媒体技术、虚拟现实技术等密切相关的综合学科。人与计算机之间的信息交换主要依靠交互设备进行，主要包括：

1）人到计算机的交互设备：键盘、鼠标、操纵杆、数据服装、眼动跟踪器、位置跟踪器、数据手套以及压力笔等。

2）计算机到人的交互设备：打印机、绘图仪、显示器、头盔式显示器以及音箱等。

人机交互的交互技术可分为：基本交互技术、图形交互技术、语音交互技术和体感交互技术等。

4.1.2 三次革命

在科技与需求双轮驱动下，随着信息技术的高速发展，人机交互技术实现了三次重大革命：鼠标、多点触控和体感技术。

鼠标：苹果公司设计的世界第一款大众普及鼠标 Lisa，它在位置指示上比键盘更加人性化，是“自然人机交互”的始祖，随后鼠标逐步成为计算机的标配；

多点触控：苹果公司将多点触控推向大众。颠覆了传统的“交互模式”，带来全新的基于手势的交互体验，如图 4-1 所示。

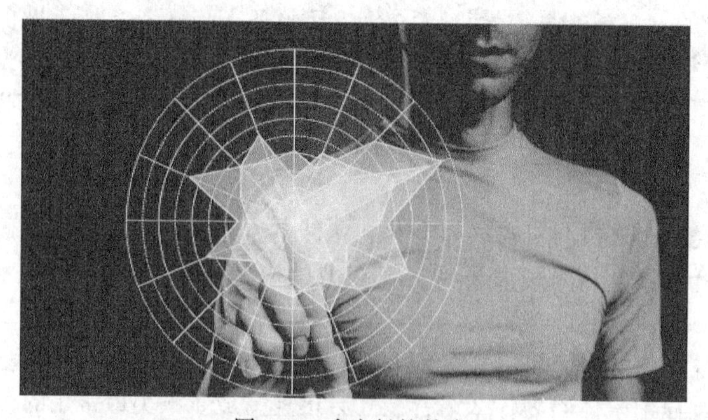

图 4-1　多点触控技术

体感技术：Kinect 被誉为第三代人机交互的划时代产品。它利用即时动态捕捉、影响识别、送话器输入、语音识别等功能，实现了不需要任何手持设备即可进行人机交互的全新体验。

4.1.3 发展趋势

从历次人机交互革命来预测人机交互的发展趋势，人机交互的发展主要体现在交互理念的变化及交互设备的升级：

1）交互理念：①被动接受信息转向主动理解信息；②满足基本功能转向强调用户体验。

2）交互设备：主要取决于输入、输出的变化，①方式自然化；②内容多样化。智能交互技术：基于大数据和云计算推动下的人机交互技术是发展大趋势，通过对交互数据的大量处理形成“交互素材”数据库，搭建智能交互云平台，在此平台下用户和计算机通过各种设备实现自然的交互行为。

4.2 语音交互

语音交互是一种实现人与人之间、人与机器之间、机器与机器之间的信息传递、交流的技术，语音交互是以语音识别为基础而实现的，如图 4-2 所示。语音识别是以语音为研究对象，通过语音信号处理和模式识别让机器自动识别和理解人类口述的语言。语音交互就是让机器听懂人说话，有利于提高传输效率，有利于双方合作的一种交互方式。

图 4-2 语音交互

4.2.1 组成

语音交互一般包括以下 3 个模块。

1）语音识别（Automatic Speech Recognition，ASR）：主要工作是将声音信息转化为文字。

2）自然语言处理（Natural Language Processing，NLP）：主要工作是理解人们想要表达的意思，并给出合理的反馈。

3）语音合成（Text To Speech，TTS）：主要工作是指将文字转化为声音。

《统计自然语言处理》给了更细致和完整的的人机对话系统组成结构，如图 4-3 所示。主要包括 6 个技术模块。

（1）语音识别模块（Speech Recognizer）

语音识别模块把用户说的语音转成文字，实现用户输入语音到文字的识别转换，识别结果一般以得分最高的前 $n(n \geqslant 1)$ 个句子或词格（Word Lattice）形式输出。

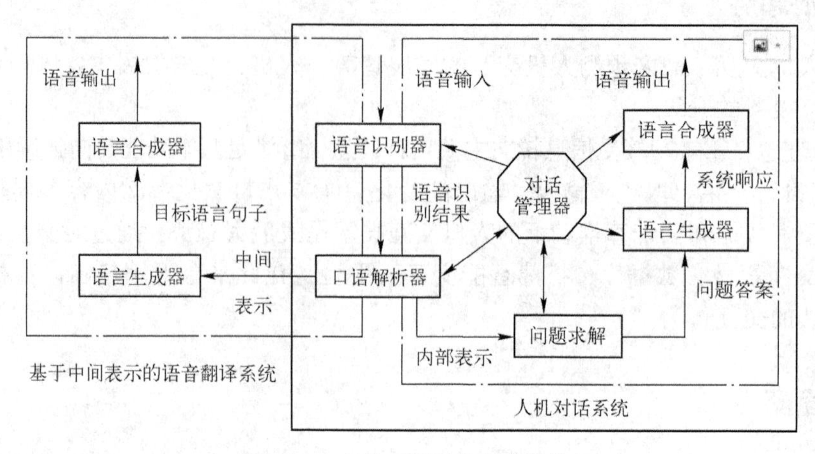

图 4-3　人机对话系统组成结构

（2）语言解析模块（Language Parser）

语言解析模块把用户说的话转成机器理解的语言，对语音识别结果进行分析理解，获得给定输入的内部表示。

（3）问题求解模块（Problem Resolving）

问题求解模块是解决用户问题的模块，比如调用的百度搜索，依据语言解析器的分析结果进行问题的推理或查询，求解用户问题的答案。

（4）对话管理模块（Dialogue Management）

对话管理模块能够记录历史对话数据，通过训练能够给用户更好的回答，在整个人机对话系统里这部分是系统的核心，一个理想的对话管理器应该能够基于对话历史调度人机交互机制，辅助语言解析器对语音识别结果进行正确的理解，为问题求解提供帮助，并指导语言的生成过程。可以说，对话管理机制是人机对话系统的中心枢纽。

（5）语言生成模块（Language Generator）

语言生成模块把回答的机器语言再转换成口语语言，根据解析模块得到的内部表示，在对话管理机制的作用下生成自然语言句子。

知识拓展（音频）
声纹识别

（6）语音合成模块（Speech Synthesizer）

语音合成模块把口语语言再转化成语音，将生成模块生成的句子转换成语音输出。

4.2.2　应用

我们的身边有各种语音交互使用的案例，如采用语音识别的应用——Siri、Google Now、车载导航、智能手机等。

1. 语音搜索

语音搜索早先的模式是可以通过打电话的方式查一些专项的资讯，比如天气预报或者打12315。随着服务的延伸，很多的企业都建立了自己的客户专线，实际上这个时候语音信息的服务就由企业为他的用户提供，主要是产品或者服务的资讯或者售后服务。常见的有苹果公司的 Siri 和谷歌公司的 Google Now，如图 4-4a 所示。

2. 歌曲识别

生活中，时常听到很熟悉的旋律，却想不出歌曲的名字。这个时候就可以直接利用语音识别功能来查找相关歌曲，常见的有微信摇一摇搜歌，以及其他音乐播放软件的搜索功能。如图 4-4b 所示。

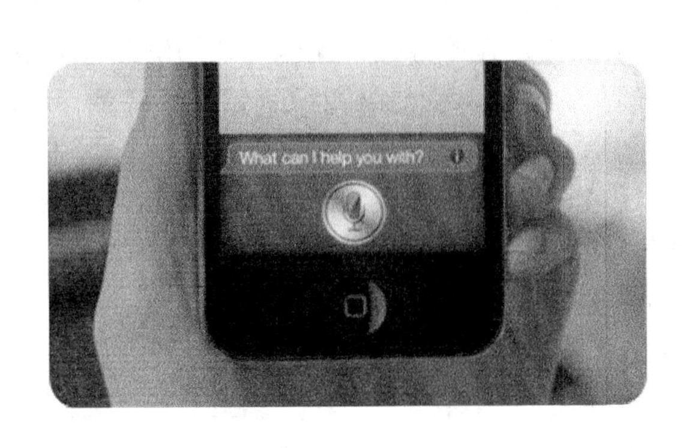

a)

b)

图 4-4　语音信息服务

a）语音搜索　b）歌曲识别

3. 语音控制

由于在汽车的行驶过程中，驾驶员的手必须放在方向盘上，因此在汽车上拨打电话，需要使用具有语音拨号功能的免提电话通信方式。此外，对汽车的卫星导航定位系统（GPS）的操作，对汽车空调、照明以及音响等设备的操作，同样也可以由语音来方便地控制。如图 4-5a 所示。

4. 家电遥控

用语音可以控制电视机、DVD、空调、电扇、窗帘的操作，而且一个遥控器就可以把家中的电器皆用语音控制起来，这样，让各种电器的操作变得简单易行。如图 4-5b 所示。

a)

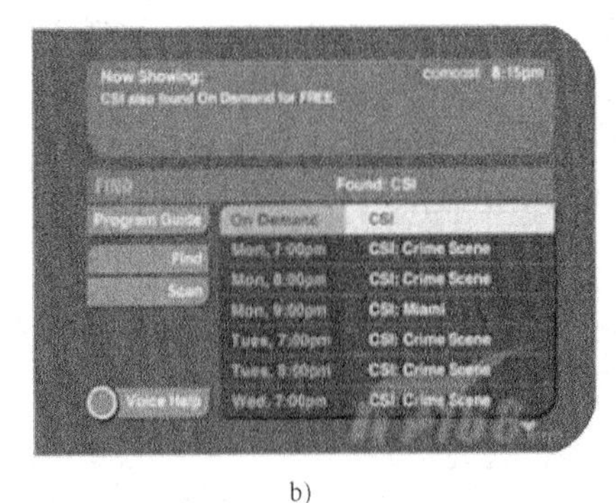

b)

图 4-5　语音信息服务二

a）语音控制　b）家电遥控

4.2.3 发展趋势

近几年来，特别是2009年以来，借助机器学习领域深度学习研究的发展，以及大数据语料的积累，语音识别技术得到突飞猛进的发展。

1. 技术新发展

1）将机器学习领域深度学习研究引入到语音识别声学模型训练，使用带RBM预训练的多层神经网络，极大提高了声学模型的准确率。在此方面，微软公司的研究人员率先取得了突破性进展，他们使用深层神经网络模型（DNN）后，语音识别错误率降低了30%，是近20年来语音识别技术方面最快的进步。

2）目前大多主流的语音识别解码器已经采用基于有限状态机（WFST）的解码网络，该解码网络可以把语言模型、词典和声学共享音字集统一集成为一个大的解码网络，大大提高了解码的速度，为语音识别的实时应用提供了基础。

3）随着互联网的快速发展，以及手机等移动终端的普及应用，目前可以从多个渠道获取大量文本或语音方面的语料，这为语音识别中的语言模型和声学模型的训练提供了丰富的资源，使得构建通用大规模语言模型和声学模型成为可能。在语音识别中，训练数据的匹配和丰富性是推动系统性能提升的重要因素之一，但是语料的标注和分析需要长期的积累和沉淀，随着大数据时代的来临，大规模语料资源的积累将提到战略高度。

2. 技术新应用

近期，语音识别在移动终端上的应用最为火热，语音对话机器人、语音助手、互动工具等层出不穷，许多互联网公司纷纷投入人力、物力和财力展开此方面的研究和应用，目的是通过语音交互的新颖和便利模式迅速占领客户群。

目前，国外的应用一直以苹果公司的Siri为龙头。而国内方面，科大讯飞、云知声、盛大、捷通华声、搜狗语音助手、紫冬口译、百度语音等系统都采用了最新的语音识别技术，市面上其他相关的产品也直接或间接嵌入了类似的技术。

3. 技术新模式

语音交互是语音使用的一种新方式，未来发展趋势主要有以下3点。

（1）免唤醒交互

目前远场语音交互需要唤醒词，唤醒词的存在可能使得用户体验很差，如：想看电影，主流程需要“我要看电影→播放第3个→全屏→快进3分钟”，部分情况反而不如遥控器效率高。因此在特定多流程场景下迫切需要免唤醒交互。

（2）离线语音识别

离线语音识别指的是在本地直接进行指令的识别和处理，而无须连接到云端，好处是一方面无须唤醒词，另一方面无须联网，速度快。针对电灯、空调、电视等设备，采用离线指令识别体验更好，例如直接对设备说“开灯”或“关灯”可以快速实现台灯的开或关。

（3）多通道交互

多通道交互就是综合使用多种输入通道和输出通道，用最恰当的方式传递服务，满足用户需求。实际上，多通道交互就是将智能设备的通道进行注册和管理，根据用户的需求，给不同的通道分配相应的任务，以期用最恰当的方式去满足用户需求。例如：将智能音箱和电视作为一个系统进行多通道交互，可以综合使用它们5个输入和输出通道。如：当用户问音箱天气状况的时候，可以将天气的图形通过电视进行显示和播报，给用户更直观的体验。

4.3 语音识别SDK开发包

语音识别作为21世纪新型的人机交互方式，目前国内各大IT龙头如百度云、腾讯云、科大讯飞、云知声、盛大、捷通华声等都提供了语音识别平台库的服务，在语音识别领域，科大讯飞凭借自己技术优势一直处于领先的位置。

而语音识别SDK开发包就是各大语音识别的龙头公司为用户提供的一套有关语音识别的二次开发接口，用户可以利用这个接口快速地开发符合客户需求的语音识别应用。

语音识别技术已经可以实现对非特定人的语音进行识别，目前的使用方式主要有两种：离线方式和在线方式。

1. 离线语音识别服务

离线语音识别是把识别数据下载到本地，对本地的语音录入进行识别，语音的采样、分析及结果输出都在本地，优点是识别速度快，但识别率低。

2. 在线语音识别服务

在线语音识别服务与离线语音识别服务则相反，所有的数据认识都是在服务器端进行的，因此语音采样和结果输出在本地，语音分析识别在云端，语音数据需要在本地和云端进行来回地传输，优点是识别率高，但速度稍慢，速度很大程度上取决于网络传输速度，随着移动通信速度的提升，进入5G时代，速度方面将不再是约束语音识别应用的因素之一。

4.4 科大讯飞语音识别

科大讯飞于2010年率先对外发布语音云，其对语音合成、语音识别、口语评测、自然语言处理等多项人工智能技术均代表世界最高水平，具有以下特点：

1）作为人工智能云服务的开拓者，率先将先进的人工智能核心技术通过互联网云服务对外提供。

2）作为中文语音产业的引领者，主导编制《中文语音识别、合成互联网服务接口规范》等国家标准。

3）先进的云计算、大数据技术为语音服务的稳定运行全程护航，轻松应对亿万级别用户服务。

4）WebAPI、Android、iOS、Linux、Java SDK等接入方式帮助用户以最小的开发成本快速接入语音服务。

科大讯飞的技术链条如图4-6所示，主要包括了语音识别技术、语音合成技术、语音测评技术、手写识别技术、自然语言处理技术和声纹识别技术等。

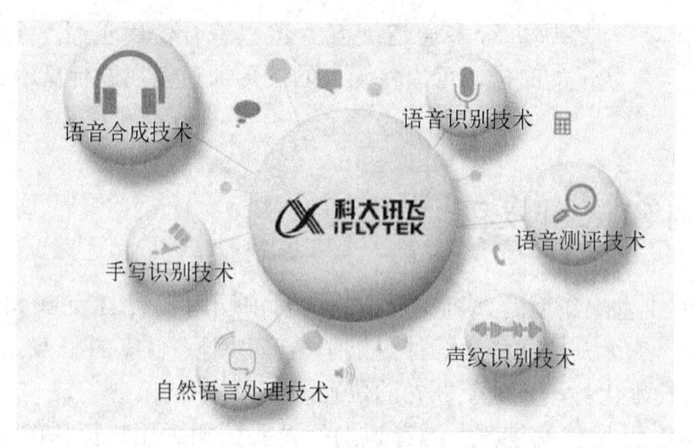

图 4-6　科大讯飞的技术链条

任务实施

本学习情境的实施，从让机器听懂人的指令的角度，对语音识别系统设计与应用所需要知识与技能进行学习，包括以下 3 个子学习任务：

- 任务 1：让机器记下您说的话——语音听写系统的设计与应用。
- 任务 2：让机器说话给您听——语音合成系统的设计与应用。
- 任务 3：让机器执行您的语音指令——语音析义系统的设计与应用。

4.5　任务 1　让机器记下您说的话——语音听写系统的设计与应用

任务描述

经过学习情境 2、3 的学习，小明已经可以实现机器的运动控制和视觉识别，现他突发奇想，能否为机器装上一对耳朵，让机器听懂人的语音指令，经查阅相关资料，小明发现了语音识别开发库的嵌入使用可以实现，他选择了科大讯飞公司的语音识别 SDK，请跟随小明来学习学习吧。

任务要求

使用科大讯飞语音识别 SDK 开发库开发一个语音听写的 App，能记录下人类的语音指令。

任务目标

通过语音听写系统的设计与应用，达到以下的目标：

❖ 知识目标

- 了解科大讯飞、百度等语音识别平台服务。
- 了解科大讯飞语音识别 SDK 的功能组成。
- 掌握语音听写的基本原理。

❖ 能力目标
- 能根据应用需求下载相应的科大讯飞语音识别 SDK。
- 能将下载的 SDK 集成到 Eclipse 的 Android 开发环境中。
- 能利用科大讯飞语音听写 API 开发应用。

❖ 素质目标

善于查找资料分析并解决设计过程中的问题。

4.5.1 语音听写

语音识别（Speech Recognizer），包括听写、语法识别功能。语音识别技术（Auto Speech Recognize，ASR）即把人的自然语言音频数据转换成文本数据。除了听写、语法识别外，还有语义理解（Speech Understander）。

语法识别是基于语法规则，将与语法一致的自然语言音频转换为文本输出的技术。语法识别的结果值域只在语法文件所列出的规则里，故有很好的匹配率，另外，语法识别结果携带了结果的置信度，应用可以根据置信分数，决定这个结果是否有效。语法识别多用于要更准确结果且有限语法的语音控制，如空调的语音控制等。在使用语法识别时，需要先构建一个语法文件上传给服务器，并在会话时，传入语法 ID，以使用该语法。

听写是基于自然语言处理，将自然语言音频转换为文本输出的技术。语音听写技术与语法识别技术的不同在于，语音听写不需要基于某个具体的语法文件，其识别范围是整个语种内的词条。在听写时，应用还可以上传个性化的词表，如联系人列表等，提高列表中词语的匹配率。

4.5.2 科大讯飞语音听写服务

用科大讯飞提供的语音识别控件、语音识别控件回调接口和识别结果 3 方面的 API 功能方法来实现语音听写功能。

1. 初始化接口 SpeechUtility

初始化即创建语音配置对象，只有初始化后才可以使用 MSC 的各项服务。建议将初始化放在程序入口处（如 Application、Activity 的 onCreate 方法），初始化代码如下。其中 APPID 为在科大讯飞官网上申请的应用所对应的唯一识别的 ID 号。

```
//将"12345678"替换成您申请的 APPID,申请地址:http://www.xfyun.cn
//请勿在"="与 APPID 之间添加任何空字符或者转义符
SpeechUtility.createUtility(context, SpeechConstant.APPID +"=12345678");
```

2. 识别控件 RecognizerDialog

功能演示

语音听写

RecognizerDialog 是科大讯飞提供的一个很重要的语音识别控件，由此控件可以创建出一个语音识别的人机交互对话框，如图 4-7 所示。

识别控件相关的方法见表 4-1。

图 4-7　人机交互对话框

表 4-1　识别控件函数方法

序号	方　法	参　数	返 回 值	功　能
1	publicRecognizerDialog (Context context, String params) ;	context：上下文环境 params：初始化列表，每项中间以英文逗号分隔，如：“appid=1234567, usr=test，pwd=12345” 可设置参数列表： 1. appid：应用程序 ID（必选） 2. devid：设备 ID（可选） 3. usr：用户名（可选） 4. pwd：用户密码（可选） 5. server_url：服务器地址（可选）	成功创建后，返回一个 RecognizerDialog 对象	创建 RecognizerDialog 对象
2	public voidsetEngine (String engine, String params, String grammar) ;	engine：目前支持以下五种服务（“sms”：普通文本转写；“poi”：地名搜索；“vsearch”：热词搜索；“video”：视频音乐搜索；“asr”：命令词识别） params：附加参数列表，每项中间以逗号分隔，如在地图所搜索进可指定搜索区域：“area=安徽省合肥市”，无附加参数传 null grammar：自定义命令词识别需要传入语法	无	设置识别参数
3	public voidsetSampleRate(RATE rate);	rate：录音采样率，支持 rate8k、rate11k、rate16k、rate22k，默认为 rate16k	无	设置录音采样率
4	public voidsetListener (RecognizerDialogListener listener);	listener：回调接口，通知外部获取识别结果	无	设置回调接口

3. 识别控件回调接口 RecognizerDialogListener

识别控件回调接口主要包括结果和结束回调两个方面。结果回调是把经 RecognizerDialog 对象采样到的语音通过在线或者离线的方式识别后，返回结果的识别响应，需要通过回调接口 RecognizerDialogListener 进行承接，结果回调可能会是多次，根据语音识别的长度来决定；

结束回调是结果回调完毕后的二次回调过程，目的是为了结束本次识别过程，如果识别成功，则对话框自动消失，调用者可以在此函数中进行下步处理；如果出现错误，界面则不消失，显示相应错误文字。见表 4-2。

表 4-2　识别控件回调接口函数方法

序号	方　法	参　数	返回值	功能
1	public voidonResults(ArrayList<Recogni-zerResult> results, boolean isLast) ;	results：识别结果 isLast：true 表示最后一次结果，false 表示结果未取完	无	结果回调
2	public voidonEnd(SpeechError error) ;	error：请求成功返回 null，否则返回错误码	无	结束回调

4. 识别结果 RecognizerResult

识别结果是用来存放经过 RecognizerDialog 对象创建、语音采样、结果回调后得到数据结构，包括识别文本结果、结果置信度和语义结果 3 部分，代码如下：

```
class RecognizerResult
{
    String text;              //识别文本结果
    int confidence;           //结果置信度
    ArrayList<HashMap<String,String>> semanteme; //语义结果,由本次识别所选择服务定义
        ....                  //构造、实现等方法
}
```

其中，识别文本结果是采用了 JSON 的方式进行传输的，JSON 字段格式如表 4-3 所示。

表 4-3　识别结果的 JSON 格式定义

JSON 字段	英 文 全 称	类　型	说　明
sn	sentence	number	第几句
ls	last sentence	boolean	是否最后一句
bg	begin	number	开始
ed	end	number	结束
ws	words	array	词
cw	chinese word	array	中文分词
w	word	string	单字
sc	score	number	分数

如语音听写的语音数据是“今天的天气怎么样”，其识别的结果数据传输如下：

{ "sn" : 1, "ls" : true, "bg" : 0, "ed" : 0, "ws" : [{ "bg" : 0, "cw" : [{ "w" : "今天", "sc" : 0 }] }, { "bg" : 0, "cw" : [{ "w" : "的", "sc" : 0 }] }, { "bg" : 0, "cw" : [{ "w" : "天气", "sc" : 0 }] }, { "bg" : 0, "cw" : [{ "w" : "怎么样", "sc" : 0 }] }, { "bg" : 0, "cw" : [{ "w" : "。", "sc" : 0 }] }] }

4.5.3 科大讯飞语音识别流程

科大讯飞语音识别流程如图 4-8 所示，首先使用 RecognizerDialog 创建识别控件；第二步使用 SpeechUser（com.iflytek.speech 包下）类下的 getUser( ).login( )函数利用 Appid 登录到科大讯飞服务器，这是一个自动连接的过程，需要允许联网；第三步读取语言识别语法；第四步通过 RecognizerDialog 下的 setEngine( )方法设置参数及识别监听器；第五步需要继承 RecognizerDialogListener 接口，其中有两个方法需要重写，分别是 onResults 和 onEnd，实现识别结果回调；最后一步，识别结果处理，自己将文本进行处理。

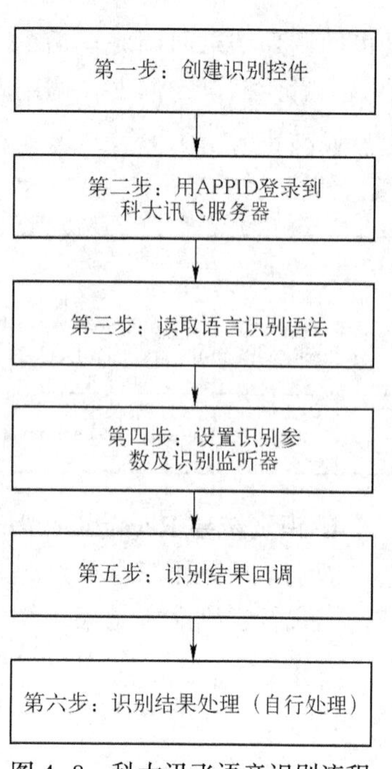

图 4-8　科大讯飞语音识别流程

4.5.4 过程实施

1）申请 APPID 及下载语音听写 SDK。

下载科大讯飞语音识别 SDK(http://www.xfyun.cn/sdk/dispatcher)选择语音听写 SDK（如图 4-9 和图 4-10），下载前会让用户先创建应用，创建应用后会得到一个 APPID。然后单击“立即开通”按钮，开通“语音识别”功能，之后就会跳出“SDK 下载中心”的页面，然后就可以下载了（未注册账号的要先注册一个账号）。

图 4-9　菜单选择资料库下的 SDK 下载

接着如果是 Android 开发，则选择 Android 平台；如果是 iOS 开发，则选择 iOS 平台（如图 4-11 所示）。

图 4-10　选择“语音听写”单个服务 SDK 下载

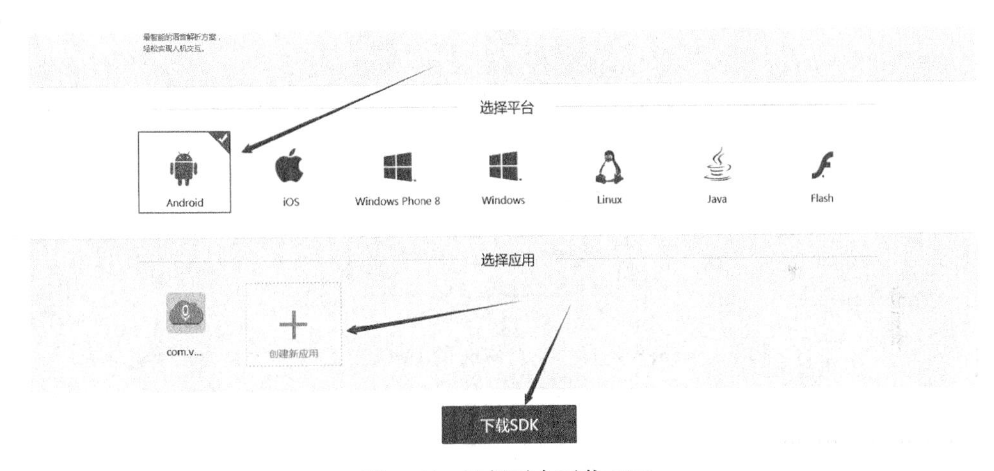

图 4-11　选择平台下载 SDK

生成应用服务的 APPID，如图 4-12 所示。

2）新建 Android 应用项目，项目名为 XunFeiYuYin。

3）导入 SDK。

解压刚下载的 SDK 的 zip 包，将其中的 libs 文件夹下 jar 文件复制到本地工程 libs 子目录下，又或者在 Eclipse 里右键单击工程根目录，选择 Properties -> Java Build Path -> Libraries，然后单击 Add External JARs... 选择指向 jar 的路径，单击 OK，即导入成功，如图 4-13 所示。

另外，如果使用的讯飞 UI 语音识别功能，需要将刚下载的 SDK 里 assets 复制到项目的 assets 里。

4）布局。

这里只进行简单的布局，只设置一个按钮作为语言识别按钮及一个文本组件用作显示识别结果，布局文件如下：

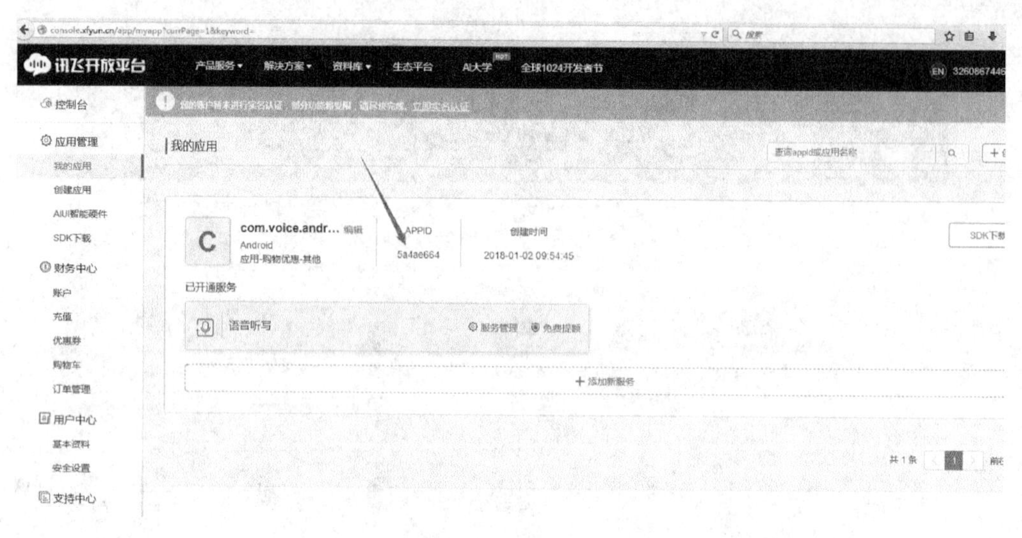

图 4-12　APPID 生成

图 4-13　导入 SDK 的 JAR 包

```
<LinearLayout xmlns:android="http://schemas.android.com/apk/res/android"
xmlns:tools="http://schemas.android.com/tools"
    android:layout_width="fill_parent"
    android:layout_height="fill_parent"
    android:orientation="vertical"
    tools:context="${relativePackage}.${activityClass}" >

    <EditText
    android:id="@+id/editText"
    android:layout_width="fill_parent"
    android:layout_height="300dp"
    android:gravity="top"
    android:inputType="textMultiLine" >
    <requestFocus />
  </EditText>
```

```
    <Button
        android:id="@+id/button_start"
        android:layout_width="wrap_content"
        android:layout_height="wrap_content"
        android:text="点击开始说话" />

</LinearLayout>
```

5）编写 MainActivity. java 代码，可扫描二维码查看。

程序代码
语音听写系统的

MainActivity

6）添加需要的允许权限。

```
<uses-permission android:name="android.permission.INTERNET"/>
<uses-permission android:name="android.permission.RECORD_AUDIO"/>
<uses-permission android:name="android.permission.ACCESS_NETWORK_STATE"/>
<uses-permission android:name="android.permission.ACCESS_WIFI_STATE"/>
<uses-permission android:name="android.permission.CHANGE_NETWORK_STATE"/>
<uses-permission android:name="android.permission.READ_PHONE_STATE"/>
```

7）编译后生成 APK，进行测试，运行结果如图 4-14 所示。

图 4-14　语音听写测试结果

4.6　任务 2　让机器说话给您听——语音合成系统的设计与应用

任务描述

经过学习任务 1 的学习，小明已经可以给机器装上一对耳朵，让机器听懂人的语音指令，他现在想着能否让机器开口说话呢，经查阅相关资料，小明发现了使用科大讯飞提供的语音合成功能就可以让机器开口说话，请跟随小明来学习吧。

任务要求

使用科大讯飞语音识别 SDK 开发库开发一个语音合成的 App，能让机器开口说话。

任务目标

通过语音听写系统的设计与应用，达到以下的目标：

❖ 知识目标

- 了解语音合成的定义、系统组成和应用。
- 了解科大讯飞平台语音合成的优点。
- 掌握 android 下语音合成的基本实现过程。

❖ 能力目标

- 能根据应用需求下载相应的科大讯飞语音合成 SDK。
- 能将下载的 SDK 集成到 Eclipse 的 Android 开发环境中。
- 能利用科大讯飞语音合成 API 开发应用。

❖ 素质目标

善于查找资料分析并解决设计过程中的问题。

4.6.1 语音合成

1. 定义

语音合成是通过机械的、电子的方法产生人造语音的技术。文语转换（Text to Speech，TTS）隶属于语音合成，它是将计算机自己产生的或外部输入的文字信息转变为可以听得懂的、流利的汉语口语输出的技术。

语音合成和语音识别技术是实现人机语音通信，建立一个有听和讲能力的口语系统所必需的两项关键技术。使计算机具有类似于人一样的说话能力，是当今时代信息产业的重要竞争市场。和语音识别相比，语音合成的技术相对说来要成熟一些，并已开始向产业化方向成功迈进，大规模应用指日可待。

语音合成能将任意文字信息实时转化为标准流畅的语音朗读出来，相当于给机器装上了人工嘴巴。它涉及声学、语言学、数字信号处理、计算机科学等多个学科技术，是中文信息处理领域的一项前沿技术，解决的主要问题就是如何将文字信息转化为可听的声音信息，也即让机器像人一样开口说话。我们所说的“让机器像人一样开口说话”与传统的声音回放设备（系统）有着本质的区别。传统的声音回放设备（系统），如磁带录音机，是通过预先录制声音然后回放来实现“让机器说话”的。这种方式无论是在内容、存储、传输或者方便性、及时性等方面都存在很大的限制。而通过计算机语音合成则可以在任何时候将任意文本转换成具有高自然度的语音，从而真正实现让机器“像人一样开口说话”。

2. 系统框架

语音合成系统主要由文本分析和语音合成两部分组成，如图 4-15 所示。其中，文本分析部分主要实现的功能是根据词典/规则对文本进行语言分析处理，提交给韵律处理器赋予了感情上的律动，然后提交给语音合成器进行合成输出。

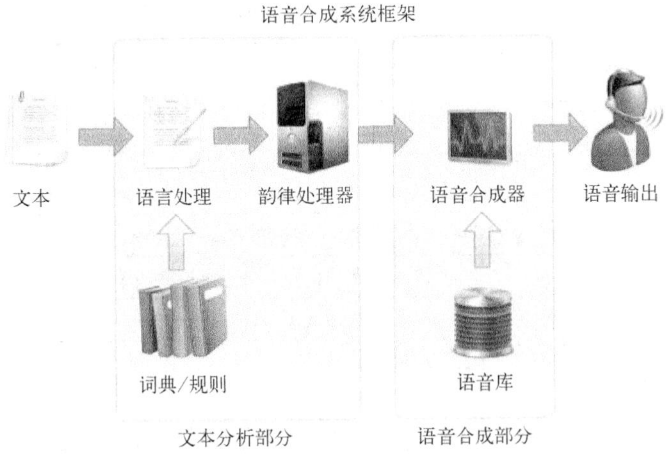

图 4-15　语音合成系统框架

3. 应用

有关语音合成的应用已经广泛存在于我们的身边，如电话里的留言信息、公交汽车的报站语音系统、公安消防等报警系统、电子发声书、汽车导航内嵌的语音系统、智能手机语音助手、读书软件等。时下热门的 AR、机器人、可穿戴设备等也为语音合成技术应用提供了更广阔的市场。

4.6.2　讯飞语音合成服务

1. 优点

语音合成是科大讯飞语音平台中的一个重要服务，其具有以下的优点：

- 作为一个主流技术平台全覆盖，超过 4000 款应用正在使用。
- 可以提供特色发音人定制服务。
- 提供 36 个免费在线发音人、15 个离线发音人。
- 支持各种语言方言达 13 种，主要包括汉语、美式英语、俄语、法语、印地语和越南语等不同国家语言，其中汉语还包括普通话、粤语、东北话、四川话、河南话、湖南话、陕西话方言等。
- 合成主要参数。

在科大讯飞提供的语音合成服务中，主要参数包括：

- 语言（LANGUAGE，中文、英文等）。
- 方言（ACCENT，中文的普通话、粤语等）。
- 发音人特征（性别，年龄，语气）。
- 语速（SPEED）。
- 音量（VOLUME）。
- 语调（PITCH）。
- 音频采样率（SAMPLE_RATE）。

在 MSC SDK 参数中的前三者（语言、方言和特征）基本由发音人决定——即不同的发音人，支持不一样的语言、方言和特征，参考如表 4-4 所示。

表 4-4　合成发音人列表

名　称	属　性	语　言	参数名称	新引擎参数
小燕	青年女声	中英文（普通话）	xiaoyan	
小宇	青年男声	中英文（普通话）	xiaoyu	
凯瑟琳	青年女声	英文	catherine	
亨利	青年男声	英文	henry	
小新	童年男声	汉语（普通话）	vixx	xiaoxin
楠楠	童年女声	汉语（普通话）	vinn	nannan
老孙	老年男声	汉语（普通话）	vils	

注：语言为中英文的发音人可以支持中英文的混合朗读；英文发音人只能朗读英文，中文无法朗读；汉语发音人只能朗读中文，遇到英文会以单个字母的方式进行朗读。使用新引擎参数会获得更好的合成效果，系统默认选择的是小燕作为合成发音人。

2. 主要的 API 接口

（1）语音合成类（SpeechSynthesizer）

在科大讯飞提供的语音合成服务里，有一个专用于合成的类 SpeechSynthesizer，该类下提供了创建方法 createSynthesizer、设置参数方法 setParameter、开始合成方法 startSpeaking 等，如表 4-5 所示。

表 4-5　语音合成函数方法

序号	方　法	参　数	返回值	功　能
1	public SpeechSynthesizer SpeechSynthesizer. createSynthesizer(Context arg0, InitListener arg1);	arg0：上下文环境 arg1：初始化的回调接口	成功创建将返回一个 SpeechSynthesizer 对象	创建一个 SpeechSynthesizer 对象
2	public boolean setParameter(String arg0, String arg1);	arg0：设置参数域 arg1：设置参数值	布尔型 成功设置返回 1；失败返回 0	设置语音合成的参数
3	public int startSpeaking(String text, SynthesizerListener listener);	text：需要合成语音的文本 listener：播放回调接口	错误码，0 表示成功	开始合成语音

其中，设置语音合成参数函数 setParameter 所能设置的域及参数值如表 4-6 所示。

表 4-6　setParameter 的参数设置域字段

字　段	功　能	参数值	字　段	功　能	参数值
VOICE_NAM	发音人	云端支持发音人	ENGINE_TYPE	引擎类型	TYPE_CLOUD
SPEED	语速	0~100	TTS_AUDIO_PATH	合成保存路径	./sdcard/iflytek. pcm
VOLUME	音量	0~100	PITCH	音调	0~100
AUDIO_FOMAT	合成音频格式	PCM WAV	STREAM_TYPE	播放类型	AudioManager. STREAM_MUSIC

（2）语音合成播放回调接口 SynthesizerListener

在科大讯飞提供的语音合成服务里，提供专用于合成播放的回调接口 SynthesizerListener，该接口拥有缓冲进度回调、结束回调、开始播放回调、暂停回调、播放进度回调和重新播放回调等功能，如表 4-7 所示。

表 4-7　语音合成函数方法

序号	方　法	参　数	返回值	功　能
1	void **onBufferProgress** (int progress) ;	progress：音频缓冲进度，范围值：0~100	无	缓冲进度回调
2	void **onCompleted** (int errorCode) ;	errorCode：错误码，0 表示成功	无	结束回调
3	void **onSpeakBegin** ( ) ;	无	无	开始播放回调
4	void **onSpeakPaused** ( ) ;	无	无	暂停回调
5	void **onSpeakProgress** (int progress) ;	播放进度，范围值：0~100	无	播放进度回调
6	void **onSpeakResumed** ( ) ;	无	无	重新播放回调

3. 主要流程

语音合成实现的主要流程是先登录服务器，创建语音合成对象并设置参数，设置播放回放接口等待合成启动，然后播放合成的语音。如图 4-16 所示。

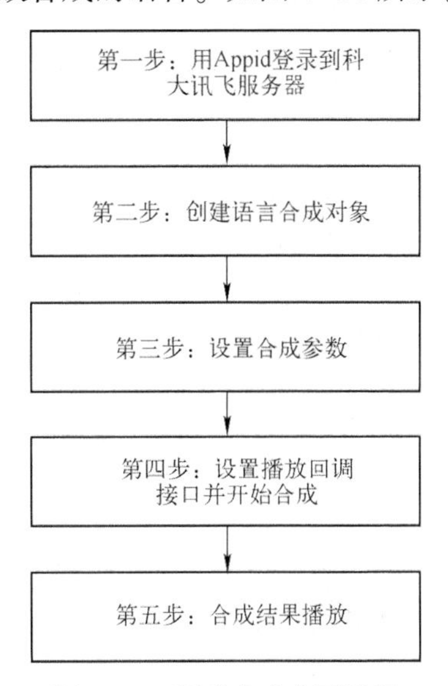

图 4-16　语音合成主要流程

4.6.3　过程实施

1）申请 appid 及下载语音合成 SDK，具体过程请参见任务 1。

2）新建 Android 应用项目。

3）在新建的项目中导入下载的语音合成 SDK，具体过程请参见任务 1。

4）在 Manifest. xml 文件中添加需要的允许权限，具体过程请参见任务 1。

5）布局文件编写，在 activity_main. xml 文件中添加一个“语音合成（把文字转成声音）”的按键，用于启动语音合成，再添加另外一个文本编辑的控件，用于接收用户的文本输入。

```
<LinearLayout xmlns:android="http://schemas.android.com/apk/res/android"
    xmlns:tools="http://schemas.android.com/tools"
```

```
    android:id="@+id/LinearLayout1"
    android:layout_width="match_parent"
    android:layout_height="match_parent"
    android:orientation="vertical"
    tools:context=" ${relativePackage}. ${activityClass}" >

    <EditText
        android:id="@+id/et_input"
        android:layout_width="match_parent"
        android:layout_height="80dp"
        android:ems="10"
        android:hint="请输入文本信息...." >

        <requestFocus />
    </EditText>

    <Button
        android:id="@+id/btn_startspeektext"
        android:layout_width="match_parent"
        android:layout_height="wrap_content"
        android:text="语音合成(把文字转声音)" />
</LinearLayout>
```

6）编写 MainActivity. java 的代码，可扫描二维码查看。

程序代码
语音合成系统的
MainActivity

7）编译并生成 APK 进行测试，语音合成结果如图 4-17 所示。

图 4-17　语音合成结果

功能演示
语音合成

4.7 任务 3 让机器执行您的语音指令——语音析义系统的设计与应用

任务描述

经过学习任务 2 的学习，小明已经可以让机器开口说话，实现了与人的交流，现在公司需要他实现一个这样的任务，能让机器一直等候指令，当指令正确时，可以执行相应的操作。小明经与相关主管交流后终于明白了任务的需求，请您跟随他一起来学习吧。

任务要求

使用科大讯飞语音唤醒和语音听写的 SDK 开发库开发一个具有语音析义并执行指令的系统，如机器一直等待着唤醒指令（例如唤醒密钥为“同学你好”），与机器对话的操作者通过语音输入正确的唤醒指令后，机器从休眠状态中唤醒并接受操作者的语音听写输入，当机器聆听到操作者的执行指令后，理解后进行执行，例如，机器上安装了一个步进电机，当操作者输入的语音指令“前进”时，电机正转、当操作者输入的语音指令“后退”时，电机反转、当操作者输入的语音指令“停止”时，电机停止转动。

任务目标

通过语音析义系统的设计与应用，达到以下的目标：

❖ 知识目标

- 了解科大讯飞语音唤醒服务。
- 掌握语音唤醒的基本原理。

❖ 能力目标

- 能根据应用需求下载相应的科大讯飞语音唤醒+语音听写的 SDK。
- 能将下载的 SDK 集成到 Eclipse 的 Android 开发环境中。
- 能利用科大讯飞语音唤醒+语音听写 API 实现语音析义系统的设计。

❖ 素质目标

善于查找资料分析并解决设计过程中的问题。

4.7.1 语音唤醒

1. 定义

设备（手机、玩具、家电等）在休眠或锁屏状态下也能检测到用户的声音（设定的语音指令，即唤醒词），让处于休眠状态下的设备直接进入到等待指令状态，开启语音交互的第一步。

语音唤醒（VoiceWakeuper）通过辨别输入的音频中特定的词语（如“讯飞语点”），返回被命中（唤醒）结果，应用通过回调的结果，进行下一步的处理，如点亮屏幕，或与用户进行语音交互等。唤醒资源中含有一个或多个资源，只要命中其中一个，即可唤醒。需下载使用对应的语音唤醒 SDK。

2. 应用场景

- 机器人：智能机器人，随时可以检测到用户声音，及时响应人的指令。
- 生活语音助手：手机里的语音助手，在锁屏状态下，检测用户声音，及时响应人的指令。
- 智能硬件：比如玩具、家电等在休眠或锁屏状态下也能检测到用户声音，进入待指令状态。

目前，已经成功使用语音唤醒功能的应用有叮咚音箱、护车狗、悠悠云驾、说说日历、智慧树考勤机等。

4.7.2 讯飞语音唤醒服务

（1）VoiceWakeuper 类

在科大讯飞的语音平台中提供了 VoiceWakeuper 类专用于语音唤醒服务，该类主要包括了取消唤醒、获取当前参数值、设置语义参数、是否正在唤醒、启动唤醒和停止唤醒等方法，具体如表 4-8 所示。

表 4-8 语音唤醒函数方法

序号	方法	参数	返回值	功能
1	VoiceWakeuper VoiceWakeuper(Context context, InitListener listener)；	context：上下文环境 listener：初始化回调接口	返回 VoiceWakeuper 的实例化对象	创建语音唤醒对象
2	int cancel(WakeuperListener listener)；	listener：唤醒回调接口	0 表示成功	取消当前唤醒，停止唤醒并断开与服务端的连接
3	boolean destory()；	无	返回 True，表示销毁成功	销毁对象
4	boolean isListening()；	无	是否正在唤醒状态	是否正在唤醒
5	int setParameter(String key, String value)；	key：参数名称 value：参数值	错误码，0 表示成功	设置语义参数。设置的参数值在下次识别仍然有效。包括引擎类型、语言、语言区域、场景、前后端点超时等
6	StringgetParameter(String key)；	key：参数名称	参数值	获取当前参数值。包括引擎类型、语言、语言区域、场景、前后端点超时等，另外包括支持的语言列表等
7	int startListening(Wakeuper-Listener wakerListener)；	wakerListener：识别监听回调对象	返回值，0 表示成功	启动唤醒，开始录音
8	boolean stopListening()；	无	返回 True，表示停止成功	停止唤醒但不断开与服务端的连接

（2）WakeuperListener 回调接口

在科大讯飞的语音平台中提供了 WakeuperListener 回调接口，专用于回调语音唤醒服务，该接口主要包括了唤醒启动回调、唤醒停止回调、唤醒错误回调、语音唤醒结果回调和音量变化回调等方法，具体如表 4-9 所示。

表 4-9　唤醒回调接口方法

序号	方　法	参　数	返回值	功　能
1	void onVolumeChanged(int volume) ;	volume：音量值	无	音量变化回调
2	void onBeginOfSpeech( ) ;	无	无	唤醒启动回调
3	void onEndOfSpeech( ) ;	无	无	唤醒停止回调
4	void onResult(WakeuperResult result) ;	result：唤醒结果	无	语音唤醒结果回调
5	void onError(int errorCode) ;	errorCode - 错误码	无	唤醒错误回调

（3）WakeuperResult 唤醒结果

在科大讯飞的语音平台中提供了 WakeuperResult 唤醒结果类，专用于获得唤醒结果数据，该类主要有获取结果的方法，具体如表 4-10 所示。

表 4-10　唤醒结果方法

序号	方　法	参数	返　回　值	功能
1	public WakeuperResult( ) ;	无	返回一个 WakeuperResult 对象	创建 WakeuperResult 对象
1	String getResultString( ) ;	无	唤醒结果，json 格式	获取唤醒结果

（4）语音唤醒的主要实现流程

在科大讯飞提供的平台里，需要实现语音唤醒的功能，其主要实现流程如图 4-18 所示。首先需要在官网上申请一个唤醒服务应用并下载对应的语音唤醒 SDK，同时需要在应用服务里添加唤醒指令，如“同学你好”，唤醒指令可以一个，也可以多个；接着将下载好的 SDK 导入到 eclipse 里，使用 SpeechUtility. createUtility 添加登录操作，使用 VoiceWakeuper 类创建语音唤醒对象，使用 WakeuperListener 回调接口创建回调函数，使用 setParameter 方法设置唤醒参数，使用 startListening 设置回调并开启唤醒服务，等待唤醒并获取结果。

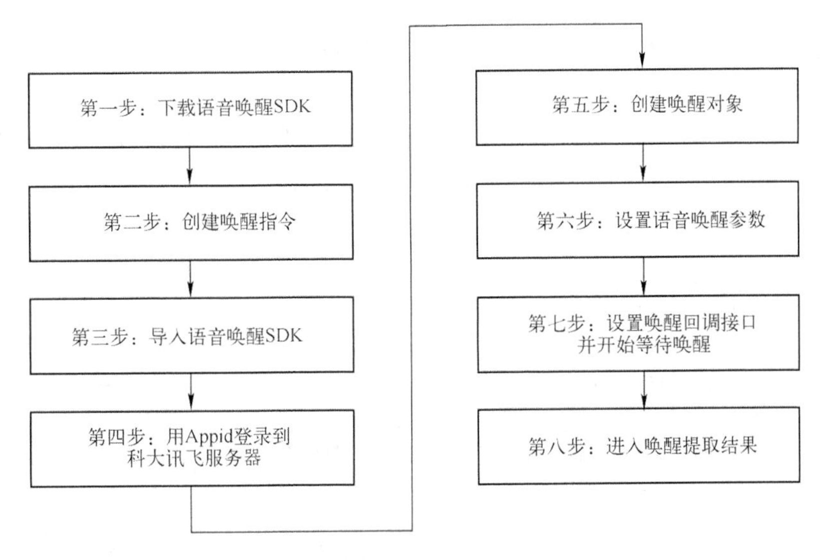

图 4-18　语音唤醒的主要实现流程

4.7.3 科大讯飞多个服务联合应用设计

在现实的应用中，需要讯飞语音平台的两个或多个语音服务联合使用进行设计开发，如语音唤醒+语音听写，语音听写+语音合成等。假设用以下的场景来学习语音唤醒+语音听写+语音合成三联合的设计：某一款智能记事助手，能随时把主人说的事情记录下并具有提醒功能，为了能实现这个功能，需要语音唤醒功能让机器一直进入语音唤醒待命状态，当主人说出了语音唤醒指令，如“同学你好”，机器正式唤醒后说出“在呢，主人”，主人听到这个对答语后便可以把所要记下的事情说出来，让机器记下，保存在本地存储卡上，完成后又再次进入语音唤醒待命状态，当记录的事件到了指定时间便合成语音进行提醒。

从讯飞的 API 实现的角度来看具体操作，如图 4-19 所示。

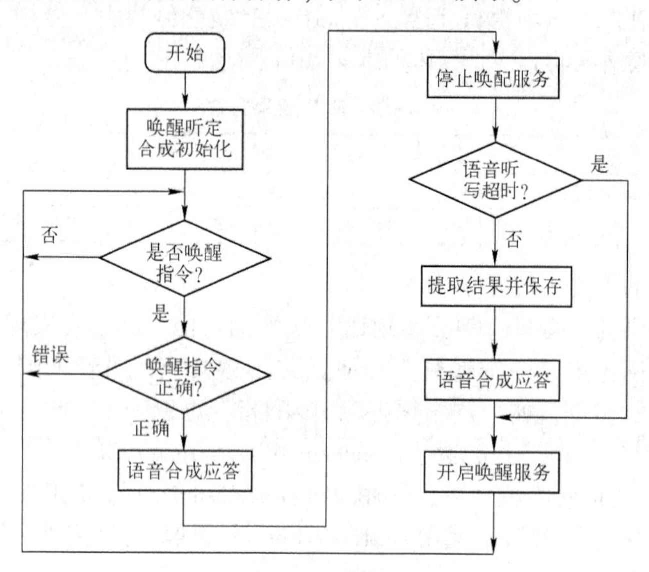

图 4-19　智能记事助手主要实现流程

其中特别需要注意的地方是服务与服务间的启动与停止。

(1) 唤醒成功后要启动语音听写

语音听写启动需要在唤醒回调的结果回调中进行，启动前需要将唤醒服务停止。

```
private WakeuperListener mWakeuperListener = new WakeuperListener() {
        ......
        @ Override
        public void onResult(WakeuperResult result) {
            ......
            mIvw = VoiceWakeuper. getWakeuper();//已经创建成功的唤醒对象
            if (mIvw ! = null) {
                mIvw. stopListening();        //停止唤醒服务
            }
            ......
            //启动语音听写服务
```

```
            startSpeechDialog();
        }
    ......
}
```

(2) 语音听写成功后需要重新开启语音唤醒服务

语音唤醒服务重新开启需要在听写结果保存之后在语音听写回调的结果回调中进行。

```
class MyRecognizerDialogListener implements RecognizerDialogListener {
    ......
    @Override
    public void onResult(RecognizerResult arg0, boolean arg1) {
        ......
        mIvw = VoiceWakeuper.getWakeuper();     //已经创建成功的唤醒对象
        if (mIvw != null) {
            mIvw.startListening();              //启动唤醒服务
        }
    }
    ......
}
```

4.7.4 过程实施

1）申请 APPID 及下载语音合成+语音听写+语音唤醒的 SDK，具有语音唤醒功能的体验版的 SDK 可享受 3 个装机量，5 个唤醒词，进入服务管理后，如图 4-20 所示，输入 5 个唤醒词，生成体验包，如图 4-21 所示。

图 4-20　唤醒服务管理设置

2）新建 Android 应用项目。

3）在新建的项目中导入下载的 SDK，注意，每个唤醒词不一样，服务不一样，生成的 SDK 里的资源也不一样。解压下载后体验包，将 libs 下要用到的 jar 包和各个平台的 so 文件，直接放入项目的 libs 目录，将 res 目录下的为对应 APPID 生成的资源文件，把里面的内容放入项目的 assets 目录下，同时还需要将 assets 目录下资源放入项目的 assets 目录下。

图 4-21　输入唤醒词生成体验包

4）在 Manifest. xml 文件中添加需要的允许权限。

```
<!--连接网络权限,用于执行云端语音能力 -->
<uses-permission android:name="android.permission.INTERNET"/>
<!--获取手机录音机使用权限,听写、识别、语义理解需要用到此权限 -->
<uses-permission android:name="android.permission.RECORD_AUDIO"/>
<!--读取网络信息状态 -->
<uses-permission android:name="android.permission.ACCESS_NETWORK_STATE"/>
<!--获取当前 wifi 状态 -->
<uses-permission android:name="android.permission.ACCESS_WIFI_STATE"/>
<!--允许程序改变网络连接状态 -->
<uses-permission android:name="android.permission.CHANGE_NETWORK_STATE"/>
<!--外存储写权限,构建语法需要用到此权限 -->
<uses-permission android:name="android.permission.WRITE_EXTERNAL_STORAGE"/>
<!--外存储读权限,构建语法需要用到此权限 -->
<uses-permission android:name="android.permission.READ_EXTERNAL_STORAGE"/>
<!--配置权限,用来记录应用配置信息 -->
<uses-permission android:name="android.permission.WRITE_SETTINGS"/>
<!--手机定位信息,用来为语义等功能提供定位,提供更精准的服务-->
<!--定位信息是敏感信息,可通过 Setting.setLocationEnable(false)关闭定位请求 -->
<uses-permission android:name="android.permission.ACCESS_FINE_LOCATION"/>
```

5）布局文件编写，在 activity_main. xml 文件中添加“启动服务”和“停止服务”的按钮，再添加另外一个文本控件，用于显示用户的语音指令。

```
<LinearLayout xmlns:android="http://schemas.android.com/apk/res/android"
        android:layout_width="match_parent"
        android:layout_height="wrap_content"
```

```
    android:layout_marginTop="10dip"
    android:orientation="horizontal" >

    <Button
        android:id="@+id/btn_start"
        android:layout_width="0dp"
        android:layout_height="wrap_content"
        android:layout_weight="1"
        android:text="开始服务" />

    <Button
        android:id="@+id/btn_stop"
        android:layout_width="0dp"
        android:layout_height="wrap_content"
        android:layout_weight="1"
        android:text="停止服务" />

    <TextView
        android:id="@+id/txt_show_msg"
        android:layout_width="wrap_content"
        android:layout_height="wrap_content"
        android:paddingTop="20dp" />
</LinearLayout>
```

6）语音服务初始化，可以放在 Application 或 Activity 的 onCreate( )中初始化。

```
SpeechUtility.createUtility(this, SpeechConstant.APPID + "=你的 appid");
```

7）添加语音唤醒、语音合成和语音听写 3 个对象。

```
private VoiceWakeuper mIvw;                //语音唤醒对象
private SpeechSynthesizer mTts;            //语音合成对象
RecognizerDialog mDialog;                  //创建 RecognizerDialog 对象
```

8）在 OnCreate 里进行语音唤醒、语音合成和语音听写对象实例化。

```
//初始化唤醒对象
mIvw = VoiceWakeuper.createWakeuper(this, null);
//创建语音合成对象
mTts = SpeechSynthesizer.createSynthesizer( this, null);
//创建语音听写对象
mDialog = new RecognizerDialog(this, new MyInitListener()) ;
```

9）对语音唤醒对象进行参数设置，并启动唤醒服务。

```
public void wake() {
    //非空判断,防止因空指针使程序崩溃
    mIvw = VoiceWakeuper.getWakeuper();
```

```
    if (mIvw != null) {
        //清空参数
        mIvw.setParameter(SpeechConstant.PARAMS, null);
        //设置唤醒资源路径
        mIvw.setParameter(SpeechConstant.IVW_RES_PATH, getResource());
        //唤醒门限值入
        mIvw.setParameter(SpeechConstant.IVW_THRESHOLD, "0:" + 0);
        //设置唤醒模式
       mIvw.setParameter(SpeechConstant.IVW_SST, "wakeup");
       //设置持续进行唤醒
       mIvw.setParameter(SpeechConstant.KEEP_ALIVE, "1");
       mIvw.startListening(mWakeuperListener);
       } else {
          Toast.makeText(mContext, "唤醒未初始化", Toast.LENGTH_SHORT).show();
       }
}
```

10）为语音唤醒对象添加回调函数 mWakeuperListener。

```
private WakeuperListener mWakeuperListener = new WakeuperListener() {
        @Override
        public void onResult(WakeuperResult result) {
        }
        @Override
        public void onError(SpeechError error) {
        }
        @Override
        public void onBeginOfSpeech() {
        }
        @Override
        public void onEvent(int eventType, int isLast, int arg2, Bundle obj) {
        }
        @Override
        public void onVolumeChanged(int volume) {
        }
    };
```

11）在第 9 步中，使用了一个 getResource()函数，这个函数的功能是获取语音唤醒词，这个唤醒词在下载的 SDK 的 IVW 文件夹中的 appid.jet 文件里，具体的代码如下。

```
private String getResource() {
        final String resPath = ResourceUtil.generateResourcePath(MainActivity.this,
                RESOURCE_TYPE.assets, "ivw/"+getString(R.string.app_id)+".jet");
        return resPath;
    }
```

至此，语音唤醒服务的代码添加完成，接着需要添加语音合成和语音听写的代码请参照任务 1 和任务 2，如给项目添加的语音合成回调接口函数为 MySynthesizerListener，语音听写的回调扩音器函数为 MyRecognizerDialogListener。

12）在回调监听函数里添加语音唤醒、语音合成和语音听写之间服务切换功能，代码如下。

```
//语音唤醒监听回调
private WakeuperListener mWakeuperListener = new WakeuperListener() {
        @ Override
        public void onResult( WakeuperResult result) {
                mIvw = VoiceWakeuper. getWakeuper( ) ;
                //停止唤醒,启动语音合成
                if( mIvw ! = null) {
                    mIvw. stopListening( ) ;          //停止唤醒
                    mTts. startSpeaking( "在呢,主人", new MySynthesizerListener( ) ) ;
                }
        }
        ...
}
...
//语音合成监听回调
class MySynthesizerListener implements SynthesizerListener {
        @ Override
        public void onCompleted( SpeechError arg0) {
            mTts = SpeechSynthesizer. getSynthesizer( ) ;
            if ( arg0 = = null) {
                showTip( "播放完成 " ) ;
                if( mTts ! =null)
                {
                    mTts. stopSpeaking( ) ;   //停止语音合成
                    mDialog. show( ) ;        //启动语音听写
                }
            }
        }
        ...
}
//语音听写监听回调
class MyRecognizerDialogListener implements RecognizerDialogListener {
        ...
        @ Override
        public void onResult( RecognizerResult arg0, boolean arg1) {
            ...
            mIvw = VoiceWakeuper. getWakeuper( ) ;
            //重启唤醒
```

```
            if(mIvw != null) {
                mIvw.startListening(mWakeuperListener);
            }
        }
}
```

13）为项目添加语音指令解释并转发至步进电机执行部件的功能，代码如下。

```
//语音听写监听回调
class MyRecognizerDialogListener implements RecognizerDialogListener {
        ......
        @Override
        public void onResult(RecognizerResult arg0, boolean arg1) {
            ......
            if(mIvw != null) {
                if(mIvw.isListening() == false)
                {
                    if(resultBuffer.toString().indexOf("前进") != -1)
                        sendSerialPort("+TOMD:GoAheda");   //串口发送前进指令
                    else if (resultBuffer.toString().indexOf("后退") != -1)
                        sendSerialPort("+TOMD:GoBack");    //串口发送后退指令
                    else if (resultBuffer.toString().indexOf("后退") != -1)
                        sendSerialPort("+TOMD:Stop");      //串口发送停止指令
                }
                mIvw.startListening(mWakeuperListener);
            }
        }
    }
```

14）为步进电机执行进行软硬件电路设计。

请根据学习情境2的任务实施。

小结

通过本学习情境的学习，主要学习了有关人工智能的语音识别设计与实现，学习了科大讯飞语音识别库的应用，掌握语音合成、语音听说等，为人工智能控制系统添加了两只有思维的耳朵。

课后习题

第一部分

简答题

1）什么是人机交互？发展趋势如何？

2）什么是语音交互？语音交互的系统组成如何？

3）语音交互的应用领域有哪些？

第 二 部 分

一、填空题

1）人机交互主要是研究________和___________间的信息交换，它主要包括人到计算机和计算机到人的信息交换两部分。

2）人机交互技术实现了 3 次重大革命：________、________、_________。

3）________是以语音为研究对象，通过语音信号处理和模式识别让机器自动识别和理解人类口述的语言。

4）________是把用户说的语音转成文字，实现用户输入语音到文字的识别转换。

5）________是把口语语言再转化成语音，将生成模块生成的句子转换成语音输出。

二、简述题

请列举身边的有关语音识别的应用，并简要说明其工作过程。

学习情境5　认知系统的设计与应用

学习目标

【知识目标】

■ 了解机器学习的发展。
■ 了解机器学习的主流神经网络算法。
■ 了解 TensorFlow 的应用和系统搭建。
■ 了解利用 TensorFlow 进行识别模型的训练。
■ 掌握使用 TensorFlow 训练得到的识别模型在移动设备中的移植使用。

【能力目标】

■ 能在计算机平台上搭建 TensorFlow 的环境。
■ 能在计算机平台上使用 TensorFlow 进行识别模型训练。
■ 能使用 TensorFlow 训练得到的识别模型在移动设备中的移植使用。

【重点难点】

运用 TensorFlow 进行认知识别系统的设计应用。

情境简介

本学习情境主要针对人工智能系统设计与应用所需要的认知系统而设计，主要讲述机器学习的发展，通过学习了解主要的神经网络算法，掌握 TensorFlow 框架的基本原理与应用，为所需要的人工智能系统设计出简单的认知服务，与学习情境 2 涉及的运动控制、学习情境 3 涉及的视觉识别、学习情境 4 涉及的语音识别一起形成一个物物相知、物人相应、物物自思的多点传感识别与执行的高级机构。

情境分析

认知功能是人工智能技术研究的最高层次。认知功能让机器具有像人一样的思维能力，可以使机器在不断变化的环境中通过学习而不断做出自适应性的决策。目前有关此类应用的典型代表是2016 年由谷歌旗下的 DeepMind 公司开发的阿尔法围棋（AlphaGo）和 2017 年百度公司开发的 Appllo 无人驾驶汽车。

通过本学习情境，可以了解机器学习的发展，通过趣味性案例学习了解机器学习的底层模型——神经网络，以及了解常用的几种神经网络算法，主要学习谷歌提供的 TensorFlow 模型进行系统搭建，了解识别模型的训练过程，然后再移植识别模型至移动设备进行使用，从而揭开认知系统构建这一神奇的面纱，最后可以设计出相应的简单认知系统。

支撑知识

在本学习情境实施前需要学习有关机器学习的发展、神经网络原理和算法等。

5.1 机器学习

5.1.1 定义

机器学习（Machine Learning，ML）是一种让计算机或者机器能像人一样“学习”的技术，见图 5-1。从广义上来说，机器学习是一种能够赋予机器学习的能力以此让它完成直接编程无法完成的功能的方法。但从实践的意义上来说，机器学习是一种通过利用数据，训练出模型，然后使用模型预测的一种方法。

图 5-1 机器学习

计算机或者机器是怎样像人类一样“学习”呢？那我们就来看看人类是怎么样学习的。

每个人每天都会进行各种各样的学习，而学习的目的是获取知识或者经验，然后通过得到的知识或者经验对遇到新的情况或者局面进行判断做出决定，最后付之行动实施。机器学习与人类思考类比如图 5-2 所示。

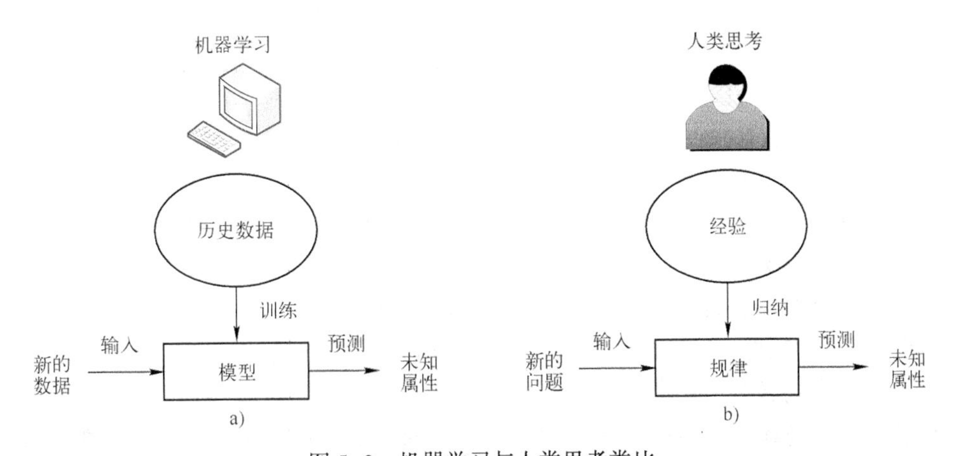

图 5-2 机器学习与人类思考类比

人类在成长、生活过程中积累了很多的知识与经验。人类定期地对这些经验进行“归纳”，获得了生活的“规律”。当人类遇到未知的问题或者需要对未来进行“预测”时，人类使用这些“规律”，对未知问题与未来进行“推测”，从而指导自己的生活和工作。

这里通过人类是如何区分熊、鹰、企鹅和海豚的例子来简单说明什么是机器学习。

熊、鹰、企鹅和海豚动物区分问题

任务目标：区分4种动物：熊、鹰、企鹅和海豚。

解决方法：设定“规则”，首先，**第一条“规则”——这种动物有没有羽毛。**这个“规则”会将可能的动物分成“有羽毛”和“没有羽毛”两个类别：“有羽毛”的类别中有鹰和企鹅两种动物，“没有羽毛”的类别中有熊和海豚两种动物。

接着，只有第一条“规则”是不能完全区分4种动物，那么需要再设定一些“规则”，如果在“有羽毛”的类别中设定**第二条“规则”——这种动物会不会飞**，这个“规则”会将可能的动物分成“会飞”和“不会飞”两个类别，从而得知“既有羽毛又会飞”的动物是鹰，“有羽毛却不会飞”的动物是企鹅；同样情况，对于“没有羽毛”的类别中设定**第二条“规则”——这种动物有没有鳍**，这个“规则”会将可能的动物分成“有鳍”和“没有鳍”两个类别，从而得知“既没有羽毛又没有鳍”的动物是熊，“没有羽毛却有鳍”的动物是海豚。

上述建立“规则”的过程可以表示成如图5-3所示的模型。此图就是一个最简单的机器学习模型，称之为决策树。

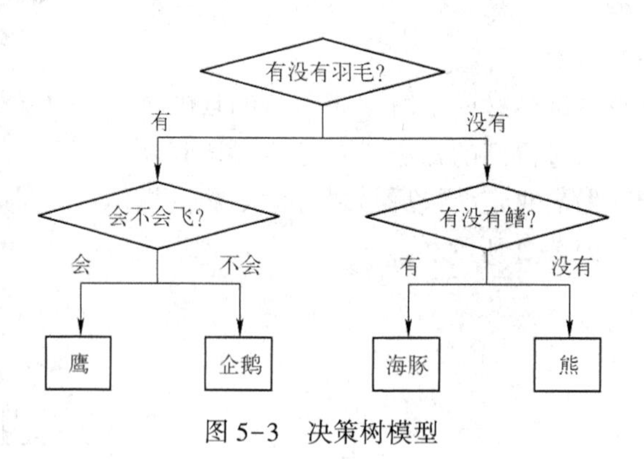

图5-3　决策树模型

当需要区分的动物种类较少时，情况较为简单。如果把需要区分的动物种类增加，于是需要设定的“规则”就更多了，建立的模型就复杂起来。

如果把这些建立模型的过程交给计算机。比如把所有的自变量和因变量输入，然后让计算机帮着生成一个模型，同时让计算机根据当前的情况，给出建议。那么计算机执行这些辅助决策的过程就是机器学习的过程。

机器学习方法是计算机利用已有的数据（经验），得出了某种模型（迟到的规律），并利用此模型预测未来（是否迟到）的一种方法。

5.1.2　范围

从范围上来说，机器学习同模式识别、统计学习、数据挖掘是类似的，同时，机器学习与其他领域的处理技术的结合，形成了计算机视觉、语音识别、自然语言处理等交叉学科。因此，一般说数据挖掘时，可以等同于说机器学习。同时，平常所说的机器学习应用，应该是通用的，不仅仅局限在结构化数据，还有图像、音频等应用，如图5-4所示。

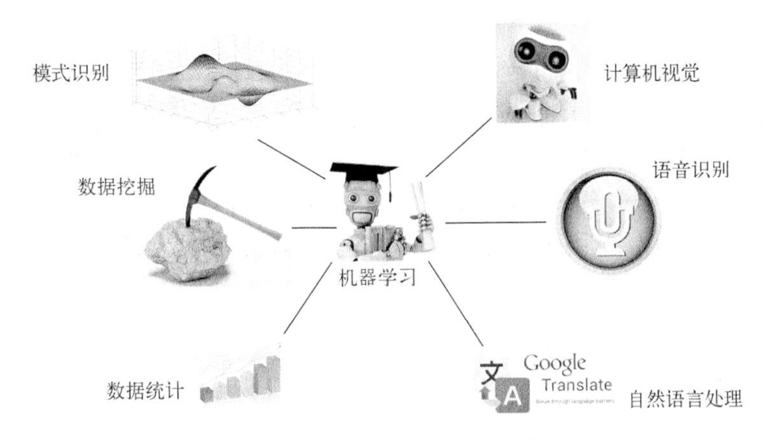

图 5-4　机器学习与相关学科

1. 数据挖掘

数据挖掘=机器学习+数据库。

数据挖掘是从数据中挖出有用的信息，以及将废弃的数据转化为价值等。数据挖掘仅仅是一种思考方式，告诉人们应该尝试从数据中挖掘出知识，但不是每个数据都能挖掘出价值来的。一个系统绝对不会因为上了一个数据挖掘模块就变得无所不能，恰恰相反，一个拥有数据挖掘思维的人员才是关键，而且他还必须对数据有深刻的认识，这样才可能从数据中导出模式指引业务的改善。大部分数据挖掘中的算法是机器学习的算法在数据库中的优化。

2. 统计学习

统计学习近似等于机器学习。

统计学习是个与机器学习高度重叠的学科。因为机器学习中的大多数方法来自统计学，甚至可以认为，统计学的发展促进机器学习的繁荣昌盛。例如著名的支持向量机算法，就是源自统计学科。但是在某种程度上两者是有区别的，这个区别在于：统计学习者重点关注的是统计模型的发展与优化，偏数学，而机器学习者更关注的是能够解决问题，偏实践，因此机器学习研究者会重点研究学习算法在计算机上执行的效率与准确性的提升。

3. 计算机视觉

计算机视觉=图像处理+机器学习。

图像处理技术用于将图像处理为适合进入机器学习模型的输入，机器学习则负责从图像中识别出相关的模式。计算机视觉相关的应用非常多，例如百度识图、手写字符识别、车牌识别等应用。这个领域应用前景非常好，同时也是研究的热门方向。随着机器学习的新领域——深度学习的发展，大大促进了计算机图像识别的效果，因此未来计算机视觉界的发展前景不可估量。

4. 语音识别

语音识别=语音处理+机器学习。

语音识别就是音频处理技术与机器学习的结合。语音识别技术一般不会单独使用，一般会结合自然语言处理的相关技术。目前的相关应用有苹果公司的语音助手 Siri 等。

5. 自然语言处理

自然语言处理=文本处理+机器学习。

自然语言处理技术主要是让机器理解人类语言的技术。在自然语言处理技术中，大量使用了编译原理相关的技术，例如词法分析、语法分析等，除此之外，在理解层面，则使用了语义理解，机器学习等技术。作为唯一由人类自身创造的符号，自然语言处理一直是机器学习界不断研究的方向。如何利用机器学习技术进行自然语言的深度理解，一直是工业和学术界关注的焦点。

5.2 神经网络

人工智能的底层模型是神经网络（Neural Network）如图 5-5 所示。许多复杂的应用（比如模式识别、自动控制）和高级模型（比如深度学习）都基于它。

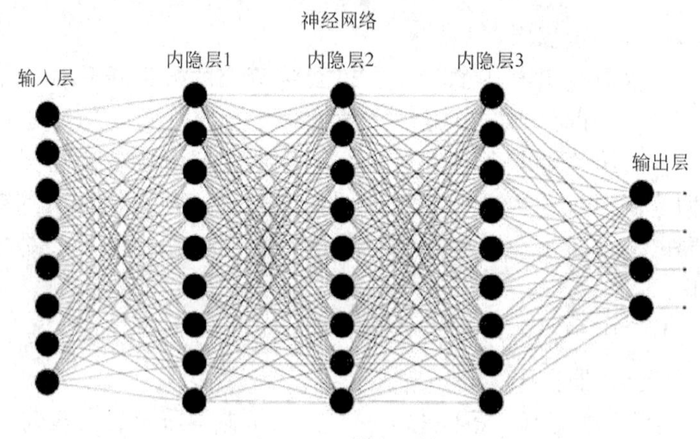

图 5-5 神经网络

5.2.1 感知器

历史上，科学家一直希望模拟人的大脑，制造出可以思考的机器。人为什么能够思考？科学家发现，原因在于人体的神经网络。感知器模型如图 5-6 所示。

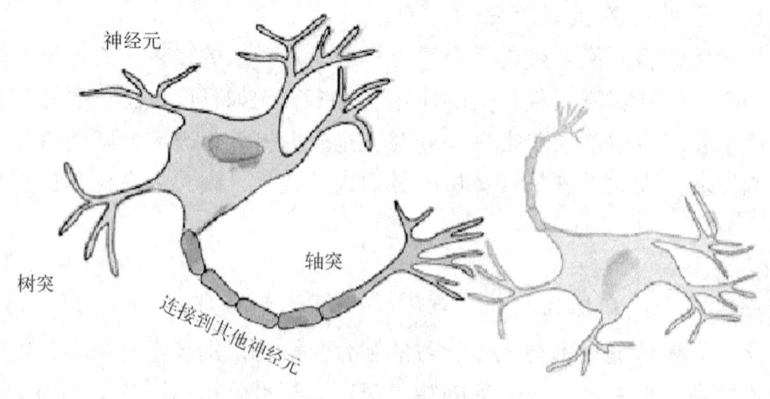

图 5-6 感知器

1）外部刺激通过神经末梢，转化为电信号，传导到神经细胞（又叫神经元）。

2）无数神经元构成神经中枢。

3）神经中枢综合各种信号，做出判断。

4）人体根据神经中枢的指令，对外部刺激做出反应。

既然思考的基础是神经元，如果能够“人造神经元”（Artificial Neuron），就能组成人工神经网络，模拟思考。20 世纪 60 年代，提出了最早的“人造神经元”模型，叫作“感知器”（Perceptron），如图 5-7 所示，直到今天还在用。

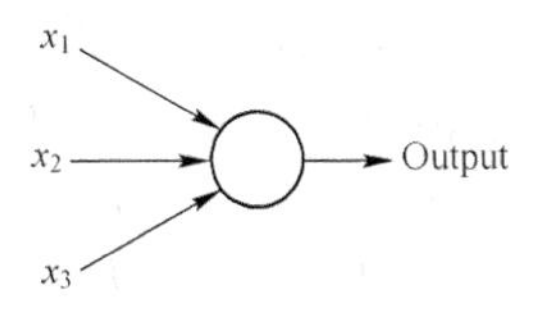

图 5-7　人造神经元

图中的圆圈就代表一个感知器。它接受多个输入（x_1，x_2，x_3，…），产生一个输出（Output），好比神经末梢感受各种外部环境的变化，最后产生电信号。

为了简化模型，约定每种输入只有两种可能：1 或 0。如果所有输入都是 1，表示各种条件都成立，输出就是 1；如果所有输入都是 0，表示条件都不成立，输出就是 0。

5.2.2　感知器的应用

下面来看一个例子。城里正在举办一年一度的游戏动漫展览，如图 5-8 所示。小明拿不定主意，周末要不要去参观。

图 5-8　一年一度的游戏动漫展览

他决定考虑 3 个因素：

1）天气：周末是否晴天。

2）同伴：能否找到人一起去。

3）价格：门票是否可承受。

这就构成一个感知器。上面 3 个因素就是外部输入，最后的决定就是感知器的输出。如果 3 个因素都是 Yes（使用 1 表示），输出就是 1（去参观）；如果都是 No（使用 0 表示），输出就是 0（不去参观）。

5.2.3 权重各阈值

看到这里，你肯定会问：如果某些因素成立，另一些因素不成立，输出是什么？比如，周末是好天气，门票也不贵，但是小明找不到同伴，他还要不要去参观呢？

现实中，各种因素很少具有同等重要性：某些因素是决定性因素，另一些因素是次要因素。因此，可以给这些因素指定权重（weight），代表它们不同的重要性。

■ 天气：权重为 8。

■ 同伴：权重为 4。

■ 价格：权重为 4。

上面的权重表示，天气是决定性因素，同伴和价格都是次要因素。

如果 3 个因素都为 1，它们乘以权重的总和就是 8+4+4=16。如果天气和价格因素为 1，同伴因素为 0，总和就变为 8+0+4=12。

这时，还需要指定一个阈值（threshold）。如果总和大于阈值，感知器输出 1，否则输出 0。假定阈值为 8，那么 12>8，小明决定去参观。阈值的高低代表了意愿的强烈，阈值越低就表示越想去，越高就越不想去。

上面的决策过程，使用数学表达如下。

$$\text{output} = \begin{cases} 0 & \text{if } \sum_j w_j x_j \leqslant \text{threshold} \\ 1 & \text{if } \sum_j w_j x_j > \text{threshold} \end{cases}$$

上面公式中，x 表示各种外部因素，w 表示对应的权重。

5.2.4 决策模型

单个的感知器构成了一个简单的决策模型，已经可以拿来用了。真实世界中，实际的决策模型则要复杂得多，如图 5-9 所示的决策模型是由多个感知器组成的多层网络。

图 5-9 中，底层感知器接收外部输入，做出判断以后，再发出信号，作为上层感知器的输入，直至得到最后的结果。（注意：感知器的输出依然只有一个，但是可以发送给多个目标。）

图 5-9 的决策模型中的信号都是单向的，即下层感知器的输出总是上层感知器的输入。现实中，有可能发生循环传递，即 A 传给 B，B 传给 C，C 又传给 A，这称为“递归神经网络”（Recurrent Neural Network），如图 5-10 所示。

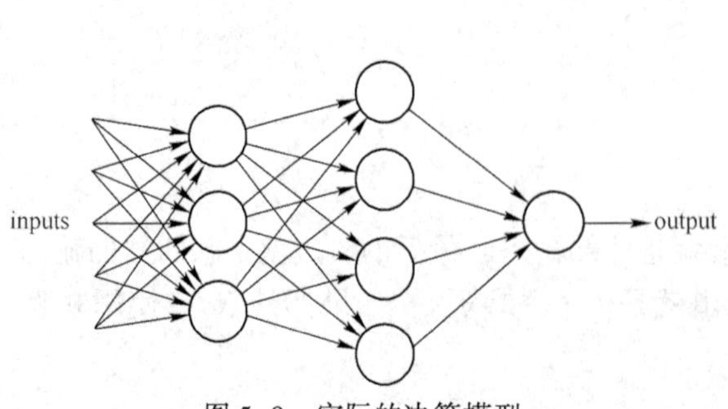

图 5-9　实际的决策模型

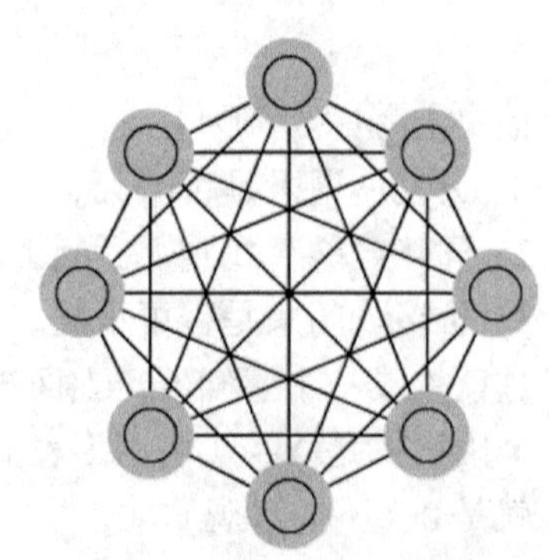
图 5-10　递归神经网络

5.2.5 矢量化

为了方便后面的讨论，需要对上面的模型进行一些数学处理。

■ 外部因素 x_1、x_2、x_3 写成矢量 <x_1，x_2，x_3>，简写为 x。

■ 权重 w_1、w_2、w_3也写成矢量 <w_1，w_2，w_3>，简写为 w。

■ 定义运算 $w \cdot x = \sum(w \times x)$，即 w 和 x 的点运算，等于因素与权重的乘积之和。

■ 定义 b 等于负的阈值 $b=-\text{threshold}$。

感知器模型就变成了下面这样。

$$\text{output}=\begin{cases}0 & \text{if}(w \cdot x+b \leqslant 0)\\ 1 & \text{if}(w \cdot x+b>0)\end{cases}$$

5.2.6 神经网络的运作过程

一个神经网络的搭建，需要满足 3 个条件。

● 输入和输出。

● 权重 w 和阈值 b。

● 多层感知器的结构。

也就是说，需要事先画出神经网络构建图，如图 5-11 所示。

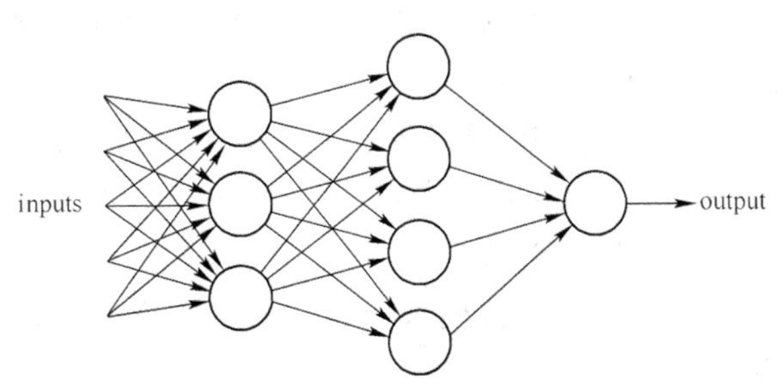

图 5-11　神经网络构建图

其中，最困难的部分就是确定权重（w）和阈值（b）。目前为止，这两个值都是主观给出的，但现实中很难估计它们的值，必须用一种方法找出答案。

这种方法就是试错法，如图 5-12 所示。其他参数都不变，w（或 b）的微小变动，记作 Δw（或 Δb），然后观察输出有什么变化。不断重复这个过程，直至得到对应最精确输出的那组 w 和 b，就是我们要的值。这个过程称为模型训练。

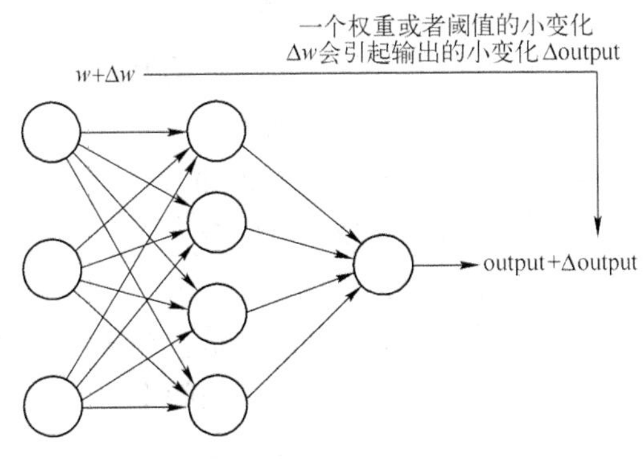

图 5-12　模型训练

因此，神经网络的运作步骤如下：

● 确定输入和输出。

● 找到一种或多种算法，可以从输入得到输出。

- 找到一组已知答案的数据集，用来训练模型，估算 w 和 b。
- 一旦新的数据产生，输入模型，就可以得到结果，同时对 w 和 b 进行校正。

5.3 机器学习的实现

不知道你在生活中是否留意过这样的现象：我们可以根据相貌轻易区分出异卵双胞胎的个体，却对同卵双胞胎、同卵三胞胎的个体很难分辨出来。造成这种现象的原因是异卵双胞胎的个体相貌有明显的区别，而同卵胞体的相貌极其相似，但其父母一般能很快地分辨出来，主要是父母经常观察孩子，尽管相貌极其相似也能提取出面貌特征来加以区分。

因此，根据大量的观察就能总结出不同个体的相貌特征，正是以这些特征作为依据的来区别不同的个人。

上面的例子就是简化版的人类学习机制：从大量现象中提取反复出现的规律与模式。这一过程在人工智能中的实现就是机器学习。从形式化角度定义，如果算法利用某些经验使自身在特定任务类上的性能得到改善，就可以说该算法实现了机器学习。而从方法论的角度看，机器学习是计算机基于数据构建概率统计模型并运用模型对数据进行预测与分析的学科。

5.3.1 关键因素

1. 预测问题的分类

机器学习是从数据中来，到数据中去。假设已有数据具有一定的统计特性，则不同的数据可以视为满足独立同分布的样本。机器学习要做的就是根据已有的训练数据推导出描述所有数据的模型，并根据得出的模型实现对未知的测试数据的最优预测。

在机器学习中，数据并非通常意义上的数量值，而是对对象某些性质的描述。被描述的性质叫作属性，属性的取值称为属性值，不同的属性值有序排列得到的向量就是数据，也叫实例。在区分双胞胎的例子中，可以根据人的相貌特征的典型属性如肤色、眼睛大小、鼻子长短、颧骨高度等加以区分。如双胞胎个体甲就是属性值｛浅、大一点、短、低｝的组合，双胞胎个体乙则是属性值｛浅、小一点、短、低｝的组合。

根据线性代数的知识，数据的不同属性之间可以视为相互独立，因而每个属性都代表了一个不同的维度，这些维度共同形成了特征空间。每一组属性值的集合都是这个空间中的一个点，因而每个实例都可以视为特征空间中的一个向量，即特征向量。需要注意的是这里的特征向量不是和特征值对应的那个概念，而是指特征空间中的向量。根据特征向量对输入数据进行分类就能够得到输出。

在前面的例子中，输入数据是一个人的相貌特征，输出数据就是双胞胎个体甲/双胞胎个体乙两人中选一。而在实际的机器学习任务中，输出的形式可能更加复杂。根据输入输出类型的不同，预测问题可以分为以下 3 类。

1）分类问题：输出变量为有限个离散变量，当个数为 2 时即为最简单的二分类问题。

2）回归问题：输入变量和输出变量均为连续变量。

3）标注问题：输入变量和输出变量均为变量序列。

2. 误差性能

但在实际生活中，每个人都不是同一个模子刻出来的，所以其长相自然也会千差万别，但在整个人类体中，没有血缘关系的两个人也可能会很相似，外人对这两人的辨识也就可能会出错。

同样的问题在机器学习中也会存在。一个算法既不可能和所有训练数据符合得分毫不差，也不可能对所有测试数据预测得精确无误。因而误差性能就成为机器学习的重要指标之一。

在机器学习中，误差被定义为学习器的实际预测输出与样本真实输出之间的差异。在分类问题中，常用的误差函数是错误率，即分类错误的样本占全部样本的比例。

误差可以进一步分为训练误差和测试误差两类。训练误差指的是学习器在训练数据集上的误差，也称经验误差；测试误差指的是学习器在新样本上的误差，也称泛化误差。

训练误差描述的是输入属性与输出分类之间的相关性，能够判定给定的问题是不是一个容易学习的问题。测试误差则反映了学习器对未知的测试数据集的预测能力，是机器学习中的重要概念。实用的学习器都是测试误差较低，即在新样本上表现较好的学习器。

学习器依赖已知数据对真实情况进行拟合，即由学习器得到的模型要尽可能逼近真实模型，因此要在训练数据集中尽可能提取出适用于所有未知数据的普适规律。然而，一旦过于看重训练误差，一味追求预测规律与训练数据的符合程度，就会把训练样本自身的一些非普适特性误认为所有数据的普遍性质，从而导致学习器泛化能力的下降。

3. 过拟合和欠拟合

在前面的例子中，如果从没见过双胞胎中的任何一个人，对于每次只出现双胞胎的一个人，这时候双胞胎两人就可以相互替换，以假乱真，思维中就难免出现“同一人”的错误定式，这就是典型的过拟合现象，把训练数据的特征错当作整体的特征。过拟合出现的原因通常是学习时模型包含的参数过多，从而导致训练误差较低，但实际测试误差较高。

与过拟合对应的是欠拟合。如果说造成过拟合的原因是学习能力太强，造成欠拟合的原因就是学习能力太弱，以至于训练数据的基本性质都没能学到。如果学习器的能力不足，甚至会把黑猩猩的图像误认为人，这就是欠拟合的后果。

在实际的机器学习中，欠拟合可以通过改进学习器的算法克服，但过拟合却无法避免，只能尽量降低其影响。由于训练样本的数量有限，因而具有有限个参数的模型就足以将所有训练样本纳入其中。可模型的参数越多，能与这个模型精确相符的数据也就越少，将这样的模型运用到无穷的未知数据当中，过拟合的出现便不可避免。更何况训练样本本身还可能包含一些噪声，这些随机的噪声又会给模型的精确性带来额外的误差。

整体来说，测试误差与模型复杂度之间呈现的是抛物线的关系。当模型复杂度较低时，测试误差较高；随着模型复杂度的增加，测试误差将逐渐下降并达到最小值；之后当模型复杂度继续上升时，测试误差会随之增加，对应着过拟合的发生。

4. 学习任务

在人类的学习中，有的人可能有高人指点，有的人则是无师自通。在机器学习中也有类似的分类。根据训练数据是否具有标签信息，可以将机器学习的任务分成以下 3 类。

1）监督学习：基于已知类别的训练数据进行学习。

2）无监督学习：基于未知类别的训练数据进行学习。

3）半监督学习：同时使用已知类别和未知类别的训练数据进行学习。

受学习方式的影响，效果较好的学习算法执行的都是监督学习的任务。即使号称自学成才、完全脱离了对棋谱依赖的 AlphaGo Zero，其训练过程也要受围棋胜负规则的限制，因而也脱不开监督学习的范畴。

监督学习假定训练数据满足独立同分布的条件，并根据训练数据学习出一个由输入到输出的映射模型。反映这一映射关系的模型可能有无数种，所有模型共同构成了假设空间。监督学习的任务就是在假设空间中根据特定的误差准则找到最优的模型。

根据学习方法的不同，监督学习可以分为生成方法与判别方法两类。

生成方法是根据输入数据和输出数据之间的联合概率分布确定条件概率分布 $P(Y|X)$，这种方法表示了输入 X 与输出 Y 之间的生成关系；判别方法则是直接学习条件概率分布 $P(Y|X)$ 或决策函数 $f(X)$，这种方法表示了根据输入 X 得出输出 Y 的预测方法。两相对比，生成方法具有更快的收敛速度和更广的应用范围，判别方法则具有更高的准确率和更简单的使用方式。

5.3.2 实现过程

在模型选择中，为了对测试误差做出更加精确的估计，一种广泛使用的方法是交叉验证。交叉验证思想在于重复利用有限的训练样本，通过将数据切分成若干子集，让不同的子集分别组成训练集与测试集，并在此基础上反复进行训练、测试和模型选择，达到最优效果。

如果将训练数据集分成 10 个子集 $D_{1\sim10}$进行交叉验证，则需要对每个模型进行 10 轮训练，其中第一轮使用的训练集为 D_2~D_10这 9 个子集，训练出的学习器在子集 D_1上进行测试；第二轮使用的训练集为 D_1和 D_3~D_10这 9 个子集，训练出的学习器在子集 D_2上进行测试。依此类推，当模型在 10 个子集全部完成测试后，其性能就是 10 次测试结果的均值。不同模型中平均测试误差最小的模型也就是最优模型。

除了算法本身，参数的取值也是影响模型性能的重要因素，同样的学习算法在不同的参数配置下，得到的模型性能会出现显著的差异。因此，调参，也就是对算法参数进行设定，是机器学习中重要的工程问题，这一点在今天的神经网络与深度学习中体现得尤为明显。

假设一个神经网络中包含 1000 个参数，每个参数又有 10 种可能的取值，对于每一组训练/测试集就有 1000^{10}个模型需要考察，因而在调参过程中，一个主要的问题就是性能和效率之间的折中。

5.4 深度学习

对许多机器学习问题来说，特征提取不是一件简单的事情。在一些复杂问题上，要通过人工的方式设计有效的特征集合需要很多的时间和精力，有时甚至需要整个领域数十年的研究投入。例如，假设想从很多照片中识别汽车。现在已知的是汽车有轮子，所以希望在图片中抽取“图片中是否出现了轮子”这个特征。但实际上，要从图片的像素中描述一个轮子的模式是非常难的。虽然车轮的形状很简单，但在实际图片中，车轮上可能会有来自车身的阴影、金属车轴的反光，周围物品也可能会部分遮挡车轮。实际图片中各种不确定的因素让我们很难直接抽取这样的特征。

深度学习解决的核心问题之一就是自动地将简单的特征组合成更加复杂的特征，并使用这些组合特征解决问题。深度学习是机器学习的一个分支，它除了可以学习特征和任务之间的关联以外，还能自动从简单特征中提取更加复杂的特征。图 5-13 中展示了深度学习和传统机器学习在流程上的差异。深度学习算法可以从数据中学习更加复杂的特征表达，使得最后一步权重学习变得更加简单且有效。

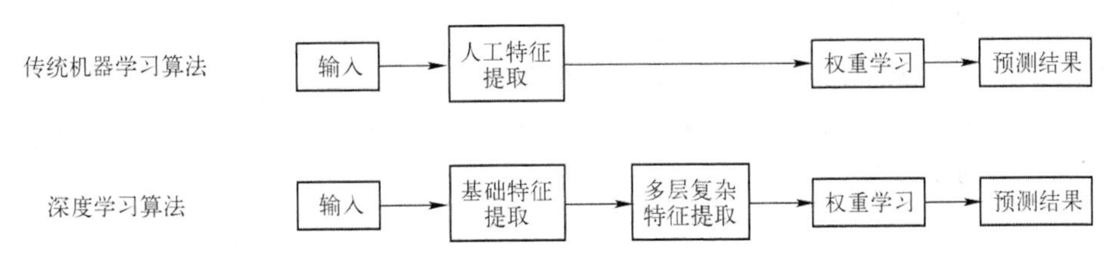

图 5-13　传统机器学习和深度学习流程对比

在图 5-14 中，展示了通过深度学习解决图像分类问题的具体样例。深度学习可以一层一层地将简单特征逐步转化成更加复杂的特征，从而使得不同类别的图像更加可分。比如图 5-14 中展示了深度学习算法可以从图像的像素特征中逐渐组合出线条、边、角、简单形状、复杂形状等更加有效的复杂特征。

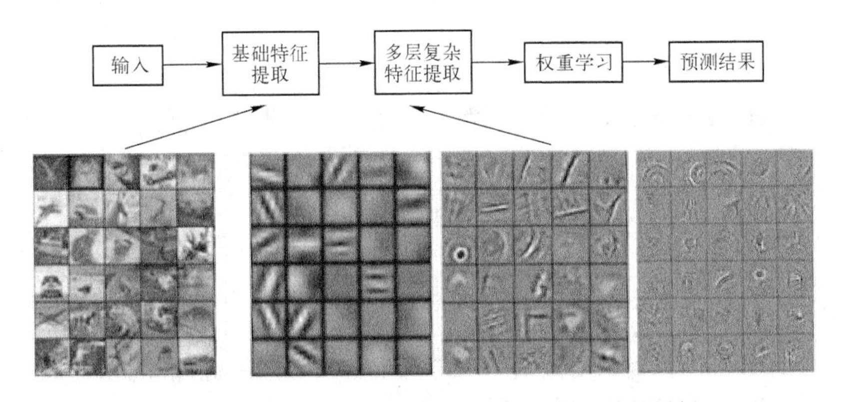

图 5-14　深度学习在图像分类问题上的算法流程样例

深度学习是指多层神经网络上运用各种机器学习算法解决图像、文本等各种问题的算法集合。深度学习从大类上可以归入神经网络，不过在具体实现上有许多变化。深度学习的核心是特征学习，旨在通过分层网络获取分层次的特征信息，从而解决以往需要人工设计特征的重要难题。深度学习是一个框架，包含多个重要算法：

- Convolutional Neural Networks（CNN）卷积神经网络。
- AutoEncoder 自动编码器。
- Sparse Coding 稀疏编码。
- Restricted Boltzmann Machine（RBM）限制波尔兹曼机。
- Deep Belief Networks（DBN）深信度网络。
- Recurrent neural Network（RNN）多层反馈循环神经网络。

对于不同问题（图像、语音、文本），需要选用不同网络模型才能达到更好效果。

此外，最近几年增强学习（Reinforcement Learning）与深度学习的结合也创造了许多了不起的成果，AlphaGo 就是其中之一。

总的来说，人工智能、机器学习和深度学习是非常相关的几个领域。图 5-15 总结了它们之间的关系。人工智能是一类非常广泛的问题，机器学习是解决这类问题的一个重要手段，深度学习则是机器学习的一个分支。在很多人工智能问题上，深度学习的方法突破了传统机器学习方法的瓶颈，推动了人工智能领域的发展。

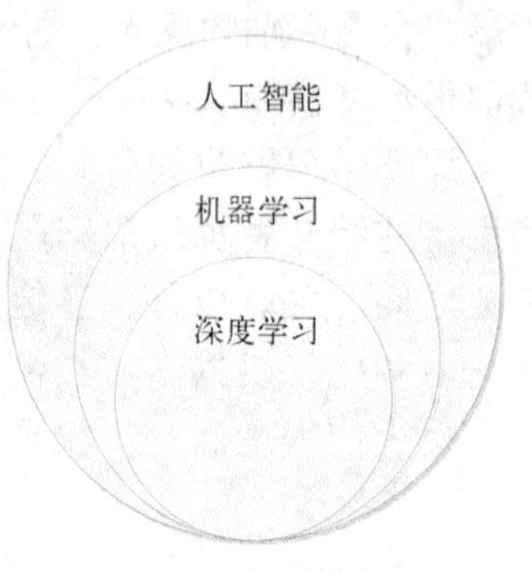

图 5-15　人工智能、机器学习以及深度学习之间的关系

5.5　深度学习的工具

TensorFlow 是一款很受欢迎的人工智能学习系统，是目前流行的深度学习开源工具，它是谷歌于 2015 年 11 月 9 日正式开源的计算框架。TensorFlow 计算框架可以很好地支持深度学习的各种算法，但它的应用也不限于深度学习。

TensorFlow 是基于谷歌内部第一代深度学习系统 DistBelief 改进而来的通用计算框架。DistBelief 是谷歌 2011 年开发的内部深度学习工具，这个工具在谷歌内部已经获得了巨大的成功。

相比 DistBelief，TensorFlow 的计算模型更加通用、计算速度更快、支持的计算平台更多、支持的深度学习算法更广而且系统的稳定性也更高。

包括网页搜索在内，TensorFlow 已经被成功应用到了谷歌的各款产品之中。如今，在谷歌的语音搜索、广告、电商、图片、街景图、翻译、YouTube 等众多产品之中都可以看到基于 TensorFlow 的系统。

TensorFlow 也受到了工业界和学术界的广泛关注。如今，包括优步（Uber）、Snapchat、Twitter、京东、小米等国内外科技公司也纷纷加入了使用 TensorFlow 的行列。正如谷歌在 TensorFlow 开源原因中所提到的一样，TensorFlow 正在建立一个标准，使得学术界可以更方便地交流学术研究成果，工业界可以更快地将机器学习应用于生产之中。

除了 TensorFlow，目前还有一些主流的深度学习开源工具，如 Caffe、Deeplearning4j、Microsoft Cognitive Toolkit、MXNet、Theano 和 Torch 等。

任务实施

图 5-16　数字手势识别 App

经过学习情境 3 和学习情境 4 的学习，小明已经可以借用第三方的库实现机器的视觉识别和语音识别，他还不满意，能否让机器自己有思维呢？让机器具有自我思考的能力，可以利用 TensorFlow 这个深度学习的计算框架使机器具有自我思考的能力。

本学习情境的实施，主要从让机器自我思考的角度，学习认知系统设计与应用所需要知识与技能，以一个基于卷积神经网络的手写数字识别 App 的设计与应用为载体，主要功能为：通过手机摄像头识别做出的手写数字，能够识别数字 0，1，2，3，4，5，6，7，8，9，10 对应的手势，见图 5-16。包括以下两个子学习任务：

- 任务 1：让机器决策思考训练——决策层的识别模型训练。
- 任务 2：让机器执行认知指令——决策层应用设计。

5.6　任务 1　让机器决策思考训练——决策层的识别模型训练

任务描述

就像人一样，想让机器产生“条件反射”的功能，首先得让机器有“条件”。本任务就是采用 TensorFlow 在移动设备中实现手写数字识别的功能，如何让移动设备感知人的各种数字手势呢？那就得让机器接受“条件”的刺激形成“定势思维”，本任务就是为“反射”这一决策层做出模型训练，创造“条件”。

任务要求

在 Window 的环境中搭建 TensorFlow 环境，收集手写数字的数据进行机器“思维定式”的模型训练。

任务目标

通过决策层识别模型训练的子任务，达到以下的目标：

❖ 知识目标

- 了解 TensorFlow 的环境搭建。
- 了解 TensorFlow 的基本操作和语法。
- 了解 TensorFlow 的模型训练过程。

❖ 能力目标

- 能搭建 TensorFlow 在 Windows 下的开发环境。

◆ 能运用 TensorFlow 编写简单程序进行模型训练。

❖ 素质目标

善于查找资料分析并解决设计过程中的问题。

5.6.1 TensorFlow 的基本操作

1. 计算图模型

TensorFlow 是一种计算图模型，即用图的形式来表示运算过程的一种模型。TensorFlow 程序一般分为图的构建和图的执行两个阶段。图的构建阶段也称为图的定义阶段，该过程会在图模型中定义所需的运算，每次运算的结果以及原始的输入数据都可称为一个节点（operation，op）。通过以下程序来说明图的构建过程：

```
import TensorFlow as tf
m1 = tf.constant([3,5])
m2 = tf.constant([2,4])
result = tf.add(m1,m2)
print(result)

>>Tensor("Add_1:0",shape=(2,),dtype=int32)
```

程序定义了图的构建过程，“import TensorFlow as tf”，是在 Python 中导入 TensorFlow 模块，并另起名为“tf”；接着定义了两个常量 op，m1 和 m2，均为 1×2 的矩阵；最后将 m1 和 m2 的值作为输入创建一个矩阵加法 op，并输出最后的结果 result。

从最终的输出结果可知，其并没有输出矩阵相加的结果，而是输出了一个包含 3 个属性的 Tensor。有关 Tensor 的介绍在后面讲解。

以上过程便是图模型的构建阶段：只在图中定义所需要的运算，而没有去执行运算，见图 5-17。

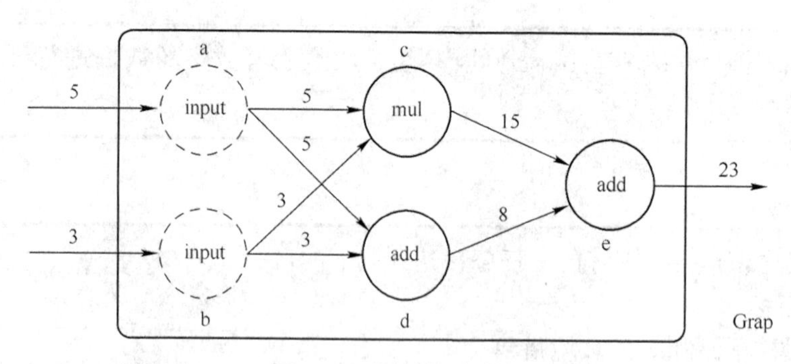

图 5-17　图的构建阶段

第二个阶段为图的执行阶段，也就是在会话（session）中执行图模型中定义好的运算。程序如下：

```
sess = tf.Session()
print(sess.run(result))
sess.close()

>>[5,9]
```

上述程序描述了图的执行过程，首先通过“tf.session()”启动默认图模型，再调用 run()方法启动、运行图模型，传入上述参数 result，执行矩阵的加法，并打印出相加的结果，最后在任务完成时，要记得调用 close()方法，关闭会话。

除了上述的 session 写法外，建议把 session 写成如下的程序所示“with”代码块的形式，这样就无须显式地调用 close 释放资源，而是自动关闭会话。

```
with tf.Session() as sess:
    res = sess.run([result])
print(res)
```

此外，还可以利用 CPU 或 GPU 等计算资源分布式执行图的运算过程。一般无须显式地指定计算资源，TensorFlow 可以自动地进行识别，如果检测到用户的 GPU 环境，会优先的利用 GPU 环境执行用户的程序。但如果计算机中有多于一个可用的 GPU，这就需要我们手动的指派 GPU 去执行特定的 op。下面程序段 TensorFlow 中使用 with…device 语句来指定 GPU 或 CPU 资源执行操作。

```
with tf.Session() as sess:
    with tf.device("/gpu:2")
        m1 = tf.constant([3,5])
        m2 = tf.constant([2,4])
        result = tf.add(m1,m2)
```

上述程序中的“tf.device("/gpu:2")”是指定了第二个 GPU 资源来运行下面的 op。依次类推，还可以通过“/gpu:3”“/gpu:4”“/gpu:5”……来指定第 N 个 GPU 执行操作。

TensorFlow 中还提供了默认会话的机制，下面程序段中通过调用函数 as_default()生成默认会话。

```
import TensorFlow as tf
m1 = tf.constant([3,5])
m2 = tf.constant([2,4])
result = tf.add(m1,m2)
sess = tf.Session()
    with sess.as_default():
        print(result.eval)
>>[5,9]
```

可以看到程序与之前的有相同的输出结果。在启动默认会话后，可以通过调用 eval()函数，直接输出变量的内容。

计算图模型是 TensorFlow 的核心概念，TensorFlow 要使用图模型的主要目的如下。

1）图模型的最大好处是节约系统开销，提高资源的利用率，可以更加高效的进行运算。因为在图的执行阶段，只需要运行我们需要的 op，这样就大大地提高了资源的利用率。

2）这种结构有利于提取中间某些节点的结果，方便以后利用中间的节点去进行其他运算；还有就是这种结构对分布式运算更加友好，运算的过程可以分配给多个 CPU 或是 GPU 同时进行，提高运算效率。

3）因为图模型把运算分解成了很多个子环节，所以这种结构也让求导变得更加方便。

2. Tensor

Tensor（张量）是 TensorFlow 中最重要的数据结构，用来表示 TensorFlow 程序中的所有数据。

实际上，可以把 Tensor 理解成 *N* 维矩阵（*N* 维数组）。其中零维张量表示的是一个标量，也就是一个数；一维张量表示的是一个向量，也可以看作是一个一维数组；二维张量表示的是一个矩阵；同理，*N* 维张量也就是 *N* 维矩阵。

在计算图模型中，操作间所传递的数据都可以看作是 Tensor。那 Tensor 的结构到底是怎样的呢？可以通过下面程序更深入学习一下。

```
#导入 TensorFlow 模块
import TensorFlow as tf
a = tf.constant([[2.0,3.0]],name="a")
b = tf.constant([[1.0],[4.0]],name="b")
result = tf.matmul(a,b,name="mul")
print(result)

>>Tensor("mul_3:0",shape=(1,1),dtype=float32)
```

程序输出结果表明：构建图的运算过程输出的结果是一个 Tensor，且其主要由 3 个属性构成：Name、Shape 和 Type。Name 代表的是张量的名字，也是张量的唯一标识符，可以在每个 op 上添加 name 属性来对节点进行命名，Name 的值表示的是该张量来自于第几个输出结果（编号从 0 开始），上例中的“mul_3:0”说明是第一个结果的输出。shape 代表的是张量的维度，上例中 shape 的输出结果（1,1）说明该张量 result 是一个二维数组，且每个维度数组的长度是 1。最后一个属性表示的是张量的类型，每个张量都会有唯一的类型，常见的张量类型见表 5-1。

表 5-1　常见的张量类型

数据类型	Python 类型	描　　述
DT_FLOAT	tf.float32	32 位浮点数
DT_DOUBLE	tf.float64	64 位浮点数
DT_INT64	tf.int64	64 位有符号整型
DT_INT32	tf.int32	32 位有符号整型
DT_INT16	tf.int16	16 位有符号整型
DT_INT8	tf.int8 8	位有符号整型

（续）

数据类型	Python 类型	描　　述
DT_UINT8	tf. uint8	8 位无符号整型
DT_STRING	tf. string	可变长度的字节数组．每一个张量元素都是一个字节数组
DT_BOOL	tf. bool	布尔型
DT_COMPLEX64	tf. complex64	由两个 32 位浮点数组成的复数：实数和虚数
DT_QINT32	tf. qint32	用于量化 Ops 的 32 位有符号整型
DT_QINT8	tf. qint8	用于量化 Ops 的 8 位有符号整型
DT_QUINT8	tf. quint8	用于量化 Ops 的 8 位无符号整型

需要注意的是要保证参与运算的张量类型相一致，否则会出现类型不匹配的错误。

3. 常量、变量及占位符

TensorFlow 中对常量的初始化，不管是对数值、向量还是对矩阵的初始化，都是通过调用 constant( ) 函数实现的。constant( ) 函数在 TensorFlow 中的使用非常频繁，经常用于图模型中常量的定义。

```
#导入 TensorFlow 模块
import TensorFlow as tf
a = tf.constant([2.0,3.0],name="a",shape=(2.0),dtype="float64",verify_shape="true")
print(a)

>>Tensor("a_11:0",shape=(2,1),dtype=float64)
```

函数 constant( ) 有 5 个参数，分别为 value、name、dtype、shape 和 verify_shape。其中 value 为必选参数，其他均为可选参数。value 为常量的具体值，可以是一个数字，一维向量或是多维矩阵。name 是常量的名字，用于区别其他常量。dtype 是常量的类型，具体类型可参见表 5-1。shape 是指常量的维度，可以自行定义常量的维度。

verify_shape 验证 shape 是否正确，默认值为关闭状态（False）。也就是说当该参数 true 状态时，就会检测所写的参数 shape 是否与 value 的真实 shape 一致，若不一致就会报 TypeError 错误。

TensorFlow 还提供了一些常见常量的初始化，如：tf. zeros、tf. ones、tf. fill、tf. linspace、tf. range 等，均可以快速初始化一些常量。TensorFlow 还可以生成一些随机的张量，方便快速初始化一些随机值。如：tf. random_normal( )、tf. truncated_normal( )、tf. random_uniform( )、tf. random_shuffle( )等。

除了常量 constant( )，变量 variable( ) 也是在 TensorFlow 中常用的函数。变量的作用是保存和更新参数。执行图模型时，一定要对变量进行初始化，经过初始化后的变量才能拿来使用。变量的使用包括创建、初始化、保存、加载等操作。下面的程序展示了创建变量的多种方式，可以把函数 variable( ) 理解为构造函数，构造函数的使用需要初始值，而这个初始值是一个任何形状、类型的 Tensor。

```
#导入 TensorFlow 模块
import TensorFlow as tf
A = tf. Variable(3,name="number")
B = tf. Variable([1,3],name="vector")
C = tf. Variable([0,1],[2,3],name="matrix")
D = tf. Variable(tf. zeros([100]),name="zero")
```

变量在使用前一定要进行初始化，且变量的初始化必须在模型的其他操作运行之前完成。通常，变量的初始化有3种方式：初始化全部变量、初始化变量的子集以及初始化单个变量。

```
#初始化全部变量
int = tf. global_variables_initializer()
with tf. Session() as sess:
    Sess. run(init)
#初始化变量的子集
init_subset = tf. variables_initializer([b,c],name="init_subset")
with tf. Session() as sess:
    sess. run(init_subset)
#初始化单个变量
init_var = tf. variables(tf. zeros([2,5]))
with tf. Session() as sess:
    sess. run(init_var. initializer)
```

global_variables_initializer()方法是不管全局有多少个变量，全部进行初始化，是最简单也是最常用的一种方式；variables_initializer()是初始化变量的子集，相比于全部初始化的方式更加节约内存；Variable()是初始化单个变量，函数的参数便是要初始化的变量内容。

经常在训练模型后，需要用到 TensorFlow 变量的保存来保存训练的结果，以便下次再使用或是方便日后查看。变量的保存是通过 tf. train. Saver()方法创建一个 Saver 管理器，来保存计算图模型中的所有变量。

```
#初始化全部变量
import TensorFlow as tf
var1 = tf. Variable([1,3],name="v1")
var2 = tf. Variable([2,4],name="v2")
#对全部变量进行初始化
init = tf. initialize_all_variables()
#调用 Saver()存储方法
saver = tf. train. Save()
#执行图模型
with tf. Session() as sess:
sess. run(init)
#设置存储路径
Save_path = saver. save(sess,"test/save. ckpt")
```

TensorFlow 中还有一个非常重要的常用函数——placeholder( )。placeholder( )是一个数据初始化的容器，它与变量最大的不同在于 placeholder 定义的是一个模板，这样就可以在 session 运行阶段，利用 feed_dict 的字典结构给 placeholder 填充具体的内容，而不需要每次都提前定义好变量的值，大大提高了代码的利用率。Placeholder 的具体用法如下所示：

```
import TensorFlow as if
a = tf. placeholder( tf. float32,shape=[2],name=None)
b = tf. constant([6,4],tf. float32)
c = tf. add(a,b)
with tf. Session( ) as sess:
Print( sess. run( c,feed_dict={a:[10,10]}))
```

上述程序演示了 placeholder 占位符的使用过程。placeholder( )方法有 dtype、shape 和 name 三个参数构成。dtype 是必填参数，代表传入 value 的数据类型；shape 是选填参数，代表传入 value 的维度；name 也是选填参数，代表传入 value 的名字。可以把这 3 个参数看作形参，在使用时传入具体的常量值。这也是 placeholder 不同于常量的地方，它不可以直接拿来使用，而是需要用户传递常数值。

最后，TensorFlow 中还有一个重要的概念——fetch。fetch 的含义是指可以在一个会话中同时运行多个 op。这就方便在实际的建模过程中，输出一些中间的 op，取回多个 tensor。fetch 的具体用法如下。

```
import TensorFlow as if
a = tf. constant(5)
b = tf. constant(6)
c = tf. constant(4)
add = tf. add(b,c)
mul = tf. multiply(a,add)
with tf. Session( ) as sess:
    result = sess. run([mul,add])
    print(result)
```

程序展示了 fetch 的用法，即利用 session 的 run( )方法同时取回多个 tensor 值，方便查看运行过程中每一步 op 的输出结果。

5.6.2 TensorFlow 的安装与配置

目前，Windows、Linux 和 MacOS 均已支持 TensorFlow。下面将介绍在 Windows 系统中 TensorFlow 的安装。

在安装 TensorFlow 前，要先安装 Anaconda，因为它集成了很多 Python 的第三方库及其依赖项，方便在编程中直接调用。

Anaconda 下载地址为 https://www. anaconda. com/download/（分为 Python 3. 6 版本和 Python2. 7 版本，建议使用的是 Python3. 6 版本）。

下载好安装包后，按照提示一步步执行安装过程，直到出现如图 5-18 所示的安装成功界面，完成 Anaconda 的安装。

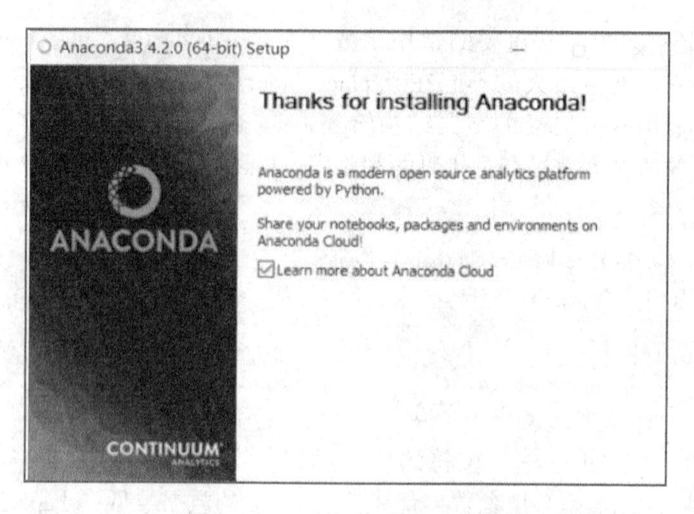

图 5-18　Anaconda 安装成功界面

安装好 Anaconda 后，便可以打开命令提示符，输入 pip install TensorFlow 完成 TensorFlow 的安装。

之后进入 Python 可执行界面，输入 import TensorFlow as tf 来检验 TensorFlow 是否安装成功。如果没有报任何错，可以正常执行，则说明 TensorFlow 已经安装成功。

5.6.3　损失函数和优化器

损失函数（Loss Function）是机器学习中非常重要的内容，它是度量模型输出值与目标值的差异，也是评估模型效果的一种重要指标，损失函数越小，表明模型的鲁棒性就越好。在训练神经网络时，预测值（y）与已知答案（$y\_$）的差距通过不断改变神经网络中所有参数，使损失函数不断减小，从而训练出更高准确率的神经网络模型。

常用的损失函数有均方误差、自定义和交叉熵等。

1. 均方误差损失函数

均方误差是 n 个样本的 预测值 y 与已知答案 $y_$之差的平方和，再求平均值。

$$MSE(y,y\_) = \frac{\sum_{i=1}^{n}(y_i - y\__i)^2}{n}$$

在 TensorFlow 中，用 loss_mse = tf. reduce_mean(tf. square(y_- y))表示。

2. 自定义损失函数

自定义损失函数根据问题的实际情况定制合理的损失函数。如下面的情况

$$Loss(y,y\_) = \sum_{i=1}^{n} f(y_i, y\__i), f(x,y) = \begin{cases} a(x-y) & x > y \\ b(y-x) & x < y \end{cases}$$

在 TensorFlow 中，用 loss = tf. reduce_sum(tf. where(tf. greater(y, y_), (y-y_) * loss_more, (y_-y) * loss_less))表示。

tf. greater(x,y)，返回 x>y 判断结果的 bool 型 tensor。其中 tf. where(condition, x = None, y = None, name = None)根据 condition 选择 x 或者 y。

3. 交叉熵（Cross Entropy）

交叉熵表示两个概率分布之间的距离。交叉熵越大，两个概率分布距离越远，两个概率

分布越相异；交叉熵越小，两个概率分布距离越近，两个概率分布越相似。交叉熵计算公式如下

$$H(y\_,y) = - \sum y\_ * \log y$$

在 TensorFlow 中，用 ce= - - tf. reduce_mean(y_ * tf. log(tf. clip_by_value(y, 1e- - 12, 1.0)))表示。

4. 优化器

深度学习的目标是通过不断改变网络参数，使得参数能够对输入做各种非线性变换拟合输出，本质上就是一个函数去寻找最优解，所以如何去更新参数是深度学习研究的重点。通常将更新参数的算法称为优化器，字面理解就是通过什么算法去优化网络模型的参数。常用的优化器就是梯度下降。

在 TensorFlow 中，提供了 11 种优化器：

- 基本优化：tf. train. Optimizer。
- 梯度下降优化：tf. train. GradientDescentOptimizer。
- Adadelta 优化：tf. train. AdadeltaOptimizer。
- Adagtad 优化：tf. train. AdagtadOptimizer。
- AdagradDA 优化：tf. train. AdagradDAOptimizer。
- 动量梯度下降优化：tf. train. MomentumOptimizer。
- Adam 优化：tf. train. AdamOptimizer。
- Ftrl 优化：tf. train. FtrlOptimizer。
- 近端梯度下降优化：tf. train. ProximalGradientDescentOptimizer。
- 近端 lAdagrad 优化 tf. train. ProximalAdagradOptimizer。
- RMSPro 优化：tf. train. RMSProOptimizer。

其中常用的有 GradientDescentOptimizer、MomentumOptimizer 和 AdamOptimizer 三种优化器。

5.6.4 TensorFlow 模型训练

模型训练的过程是一个找规律的过程，通过对离散的事件或者数据进行分析，找到一条规律可以表征这一事件或者数据的产生过程。通过一个监督学习方面的简单例子来理解，代码如下：

```
importTensorFlow as tf
import numpy as np
import os

os. environ['TF_CPP_MIN_LOG_LEVEL'] = '2'
# ===================

# create data
x_data = np. random. rand(100). astype(np. float32)
```

```
y_data = x_data * 0.1 + 0.3

#创建两个变量
#第一个参数表示的数据规模,后面两个表示的是数据上下界
Weights = tf.Variable(tf.random_uniform([1], -1.0, 1.0))
# bias 初始化为 0
biases = tf.Variable(tf.zeros([1]))

#构建一个 y
y = Weights * x_data + biases
#构建损失函数
loss = tf.reduce_mean(tf.square(y - y_data))

#迭代方式(梯度下降法)
optimizer = tf.train.GradientDescentOptimizer(0.5)
#训练语句
train = optimizer.minimize(loss)

#初始化
init = tf.global_variables_initializer()
with tf.Session() as sess:
    sess.run(init)  # Very important
    for step in range(201):
        sess.run(train)
        if step % 20 == 0:
            print("Step=%d Weights=%f biases=%f loss=%f" % (step, sess.run(Weights), sess.run
(biases), sess.run(loss)))
```

从上述程序中看到，在创建 create 数据时，其实就是创建了一个很简单的监督学习模型，就是一条 $y= 0.1x+0.3$ 的直线，xdata 和 ydata 是学习样本数据。然后，创建了两个变量 Weights 和 biases，通过梯度下降的方式，不断迭代，就可以迭代到想要的那几个解当中。

图 5-19 中可以看出代码的训练流程，初始化参数和训练次数后，随机选取一部分训练数据，通过前向传播获得预测值，再通过反向传播更新变量，经过判断达到是否训练目标，目标达到就结束，如果还没达到，则继续训练，最后通过规定的训练次数进行判断。

本例可以运行 Anaconda 的 Sypder 集成开发环境，录入上述的程序并运行，可以看到运行的结果，见图 5-20。

从图 5-20 中，看出经过 200 次迭代运算后，权重 Weights 的值为 0.100001，偏置 biases 的值为 0.300000，损失值 loss 为 0.00000，得到模型 y = Weights * x + biases = 0.100001x + 0.300000，这一模型与真实情况 y_data = x_data * 0.1 + 0.3 基本上一致，证明这次训练相当成功。

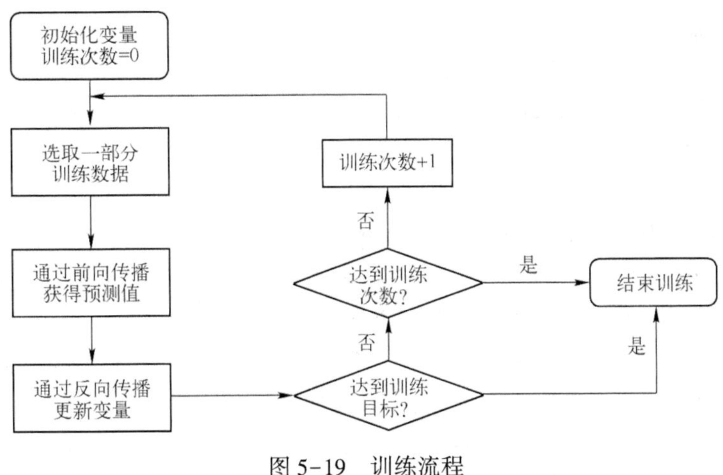

图 5-19　训练流程

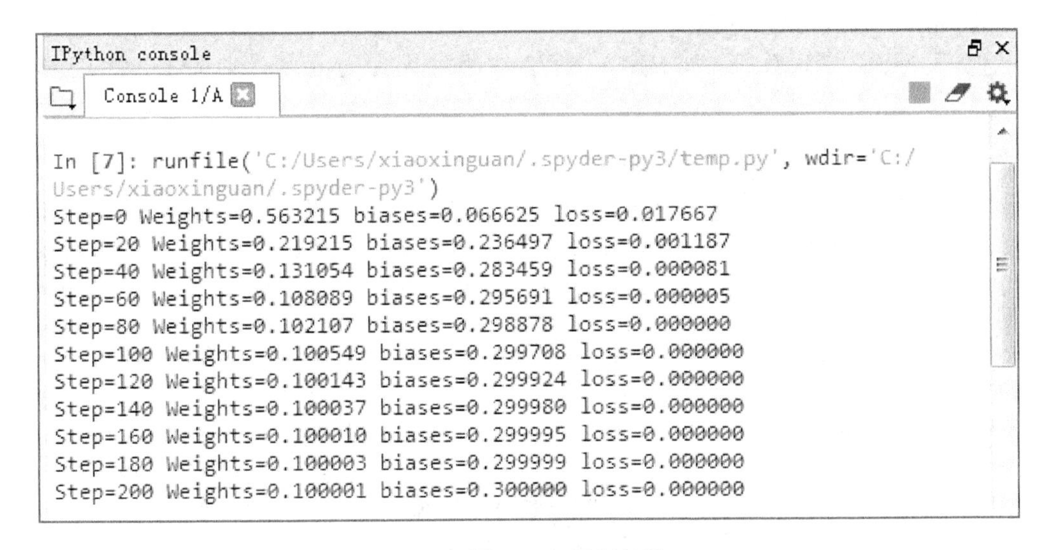

图 5-20　运行结果

上面的模型训练是一个非常简单的例子，实际情况的模型训练会变得更加烦琐。但过程包括了读取数据、定义模型、训练、保存模型这四步。定义模型是整个训练过程的关键，直接与模型的精确度密切相关。某项目训练的模型结构如图 5-21 所示，采用 4 层卷积网络来做的识别功能，每一层卷积之后，接一个池化层，最后接两个全连接层作为分类。

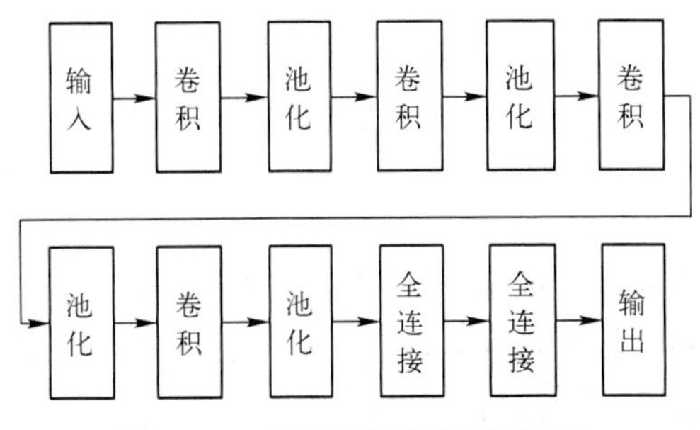

图 5-21　某项目训练的模型结构

5.6.5　过程实施

MNIST 手写数字识别所用到的模型，首先需要在 Windows 的 Anaconda 的 Sypder 集成开发环境中实现，具体过程如下。

1. 数据采集

MINIST 数据库是开源的，可以在 http://yann.lecun.com/exdb/mnist/下载，4 个文件下载后放到和训练的 python 文件同一个目录下，不用解压，然后作为数据输入。如图 5-22，这个 4 个文件，分别为 train-images-idx3-ubyte.gz（训练图片集）、train-labels-idx1-ubyte.gz（训练标签集）、t10k-images-idx3-ubyte.gz（测试图片集）和 t10k-labels-idx1-ubyte.gz（测试标签集）。

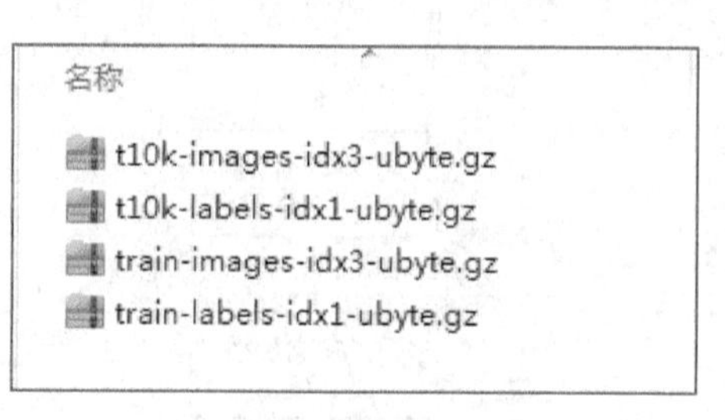

图 5-22　MINIST 数据库

从上述的文件夹中读取数据，如上述 4 个文件存放在 Mnist_data 文件夹下，可以采用以下的代码：

```
mnist = input_data.read_data_sets("Mnist_data/", one_hot=True)
```

数据采集是训练的第一步，这一过程是一个烦琐的过程。需要先标注图像相应标签，可以使用 labelImg 工具。每标注一张样本，即生成一个 XML 的标注文件。然后，把这些标注的 XML 文件，按训练集与验证集分别放置到两个目录下，如图 5-23 所示。

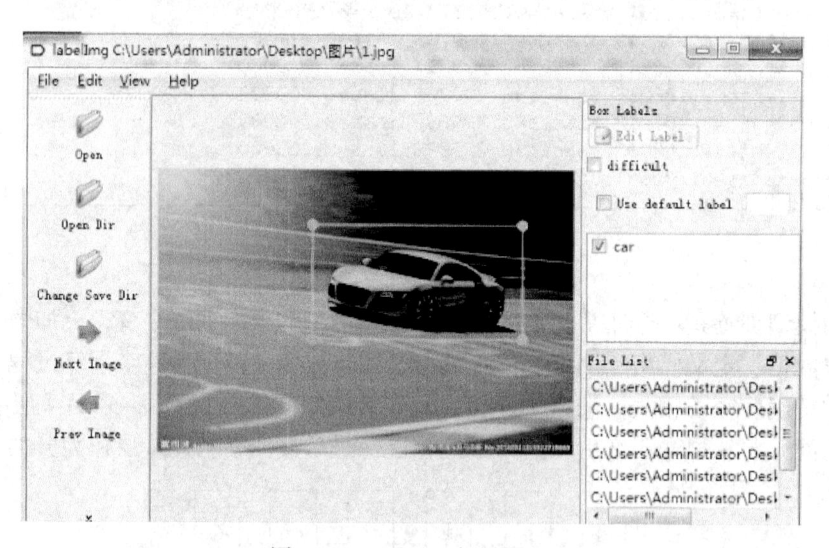

图 5-23　labelImg 标注图片

2. 定义训练模型

这里使用 Python 版的 TensorFlow 实现单隐含层的 SoftMax Regression 分类器，并将训练好的模型的网络拓扑结构和参数保存为 pb 文件。首先，需要定义模型的输入层和输出层节点的名字（通过形参“name”指定，名字可以随意，后面加载模型时，都是通过该 name 来传递数据的）。

```
#模型的输入层
x = tf.placeholder(tf.float32,[None,784],name='x_input')#输入节点:x_input.
#模型的输出层
pre_num=tf.argmax(y,1,output_type='int32',name="output")#输出节点:output
```

TensorFlow 默认类型是 float32，但希望返回的是一个 int 型，因此需要指定 output_type='int32'；但注意了，在 Windows 下测试使用 int64 和 float64 都是可以的，但在 Android 平台上只能使用 int32 和 float32，并且对应 Java 的 int 和 float 类型。

创建一个权重变量和偏置变量，形成以下模型。

```
with tf.name_scope('input'):
    x = tf.placeholder(tf.float32,[None,784],name='x_input')#输入节点名:x_input
    y_ = tf.placeholder(tf.float32,[None,10],name='y_input')
with tf.name_scope('layer'):
    with tf.name_scope('W'):
        #tf.zeros([3, 4], tf.int32) ==> [[0, 0, 0, 0], [0, 0, 0, 0], [0, 0, 0, 0]]
        W = tf.Variable(tf.zeros([784,10]),name='Weights')
    with tf.name_scope('b'):
        b = tf.Variable(tf.zeros([10]),name='biases')
    with tf.name_scope('W_p_b'):
        Wx_plus_b = tf.add(tf.matmul(x, W), b, name='Wx_plus_b')
```

3. 选择损失函数和优化器

本例中，使用交叉熵损失函数和梯度下降优化器，代码如下：

```
#定义损失函数和优化方法
with tf.name_scope('loss'):
    loss = -tf.reduce_sum(y_ * tf.log(y))
#定义优化方法
with tf.name_scope('train_step'):
    train_step = tf.train.GradientDescentOptimizer(0.01).minimize(loss)
    print(train_step)
```

4. 训练模型

设定训练的步数，开始训练，代码如下：

```
for step in range(100):
    batch_xs,batch_ys =mnist.train.next_batch(100)
    train_step.run({x:batch_xs,y_:batch_ys})
```

5. 保存模型

将训练好的模型保存为 .pb 文件，这就需要用到 tf.graph_util.convert_variables_to_constants 函数了。

```
#保存训练好的模型
#形参 output_node_names 用于指定输出的节点名称
```

```
output_graph_def = graph_util.convert_variables_to_constants(sess,
sess.graph_def,output_node_names=['output'])
with tf.gfile.FastGFile('model/mnist.pb', mode='wb') as f:#'wb'中 w 代表写文件,b 代表将数据以二进制方式写入文件。
    f.write(output_graph_def.SerializeToString())
```

6. 训练模型的完整代码

程序代码
训练模型的完整代码

训练模型的完整代码，可扫描二维码查看。

在当前文件夹中新建 Model 文件夹，在其下新建一个 mnist. pb 文件；运行上述代码进行训练，训练结果输出见图 5-24，并将模型保存在 mnist. pb 中。

```
In [12]: runfile('E:/code/mnist_test1.py', wdir='E:/code')
tensortflow:1.13.1
Extracting Mnist_data/train-images-idx3-ubyte.gz
Extracting Mnist_data/train-labels-idx1-ubyte.gz
Extracting Mnist_data/t10k-images-idx3-ubyte.gz
Extracting Mnist_data/t10k-labels-idx1-ubyte.gz
name: "train_step_2/GradientDescent"
op: "NoOp"
input: "^train_step_2/GradientDescent/update_layer_2/W/Weights/
ApplyGradientDescent"
input: "^train_step_2/GradientDescent/update_layer_2/b/biases/
ApplyGradientDescent"

测试正确率: 0.9182000160217285
```

图 5-24　模型训练结果

7. 测试模型

在 Python 中使用该模型 model/mnist. pb 进行简单的预测，代码如下：

```
importTensorFlow as tf
import numpy as np
from PIL import Image
import matplotlib.pyplot as plt

#模型路径
model_path = 'model/mnist.pb'
#测试图片
testImage = Image.open("data/test_image.jpg");

with tf.Graph().as_default():
    output_graph_def = tf.GraphDef()
    with open(model_path, "rb") as f:
        output_graph_def.ParseFromString(f.read())
        tf.import_graph_def(output_graph_def, name="")

    with tf.Session() as sess:
        tf.global_variables_initializer().run()
```

```
# x_test = x_test. reshape(1, 28 * 28)
input_x = sess. graph. get_tensor_by_name("input/x_input:0")
output = sess. graph. get_tensor_by_name("output:0")

#对图片进行测试
testImage=testImage. convert('L')
testImage = testImage. resize((28, 28))
test_input=np. array(testImage)
test_input = test_input. reshape(1, 28 * 28)
pre_num = sess. run(output, feed_dict={input_x: test_input})#利用训练好的模型预测结果
print('模型预测结果为:',pre_num)
#显示测试的图片
# testImage = test_x. reshape(28, 28)
fig = plt. figure(), plt. imshow(testImage,cmap='binary')   #显示图片
plt. title("prediction result:"+str(pre_num))
plt. show()
```

运行上述测试代码得到以下的测试结果，见图 5-25 所示。

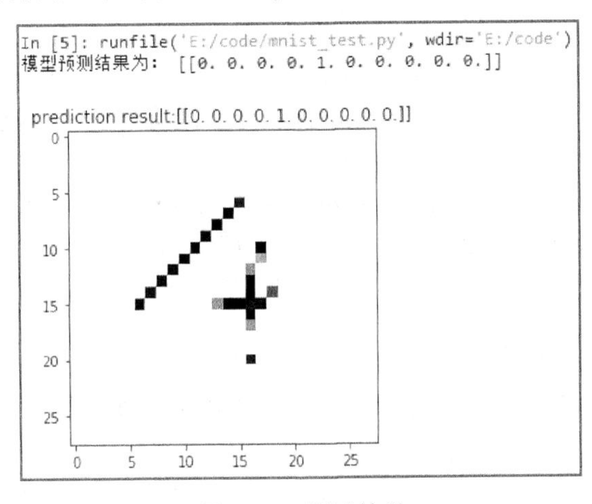

图 5-25　测试结果

5.7　任务 2　让机器执行认知指令——决策层应用设计

任务描述

通过任务 1 已经训练得到有关手写数字识别的模型，有了决策层的思维思考原型，可以移植这个模型到移动终端中，实现移动端手写数字识别的应用。

任务要求

在 Android 的开发环境中，使用 TensorFlow Lite 实现模型移植和手写数字识别。

任务目标

通过决策层应用设计的子任务，达到以下的目标：

❖ 知识目标

- 了解 TensorFlow Lite 轻量级解决方案的概况。
- 了解 TensorFlow Lite 的基本框架。
- 了解 TensorFlow Lite 的模型移植过程。

❖ 能力目标

- 能搭建 TensorFlow Lite 在 Android 下的开发环境。
- 能运用 TensorFlow Lite 编写简单程序进行模型移植和应用。

❖ 素质目标

善于查找资料分析并解决设计过程中的问题。

5.7.1 TensorFlow Lite 简介

TensorFlow Lite 是 Google 公司开发的 TensorFlow 针对移动和嵌入式设备的轻量级解决方案。它允许在低延迟的移动设备上运行机器学习模型，因此可以利用它进行分类，回归或获取想要的任何东西，而无需与服务器交互。

目前，TensorFlow Lite 为 Android 和 iOS 设备提供了 C ++ API，并且为 Android 开发人员提供了 JAVA Wrapper。此外，在 Android 设备上，解释器还可以使用 Android 神经网络 API 进行硬件加速，否则它将默认为 CPU 执行。

首先要明确，TensorFlow Lite 的目标是移动和嵌入式设备，它赋予了这些设备在终端本地运行机器学习模型的能力，从而不再需要向云端服务器发送数据。这样一来，不但节省了网络流量、减少了时间开销，而且还充分帮助用户保护自己的隐私和敏感信息。

5.7.2 TensorFlow Lite 的使用

为了实现 TensorFlow Lite 在移动端的应用，需要学习模型类型和模型调用。

1. 模型类型

正是由于 TensorFlow Lite 运行在客户端本地，开发者必须要在桌面设备上提前训练好一个模型。并且为了实现模型的导入，还需要认识一些其他类型的文件，比如：Graph Definition，Checkpoints 以及 Frozen Graph。各种类型的数据都需要使用 Protocol Buffers（简称 ProtoBuff）来定义数据结构，有了这些 ProtoBuff 代码，就可以使用工具来生成对应的 C 和 Python 或者其他语言的代码，方便装载、保存和使用数据。

Graph Def（Graph Definition）文件有两种格式：扩展名为 pb 的是二进制 binary 文件；而扩展名为 pbtxt 是更具可读性的文本文件。但是，实际使用中，二进制 pb 文件有着相当高的执行效率和内存优势，因此使用较为广泛。

2. 模型调用

TensorFlow Lite 提供了专用的 so 库和 jar 包来方便用户开发可以运行在客户端本地的应用程序。

（1）so 库

TensorFlow 的很多核心代码是 C++实现的，所以想在 Android 端调用里面的方法，就必须使用 so 的库 libTensorFlow_inference. so，这个 so 库可以通过官方下载方式或者通过使用 TensorFlow 源码通过 bazel 将其编译成 so 库的方式来得到。

（2）jar 包

还需要一个 libandroid_TensorFlow_inference_java. jar，这个 jar 文件向外暴露了很多 java API 便于我们通过它去调用 libTensorFlow_inference. so 中的 native 方法，这个 jar 包可以通过官方下载方式或者通过使用 TensorFlow 源码通过 bazel 将其编译成 jar 包的方式来得到。TensorFlow java API 的大部分调用接口都实现在 TensorFlowInferenceInterface 这个类里面，下面就介绍几个比较常用的方法：

```
inferenceInterface = new TensorFlowInferenceInterface ( )
```

注释：创建 TensorFlowInferenceInterface 实例的时候调用，它内部会去执行 System. loadLibrary("tensor-flow_inference")；加载 so 库后，这样就可以访问 TensorFlow 的核心代码。

```
inferenceInterface. initializeTensorFlow ( assetManager, modelFilename)
```

注释：初始化 TensorFlow，参数 1：AssetManager 用以操作 assets 目录下面的文件。参数 2：modelFilename，assets 目录下模型的路径，这个方法内部会生成一个 Graph 图，然后将模型中的图和数据导入，到此整个模型就加载完成了。

```
inferenceInterface. feed ( inputName, new int[ ]{inputSize * inputSize}, pixels)
```

注释：inputName 为模型图中输入节点数据占位符的名字。new int[ ]为输入数据的大小。pixels 为输入数据，此处为 float 类型的数组。通过这个方法将待验证数据传入模型中。

```
inferenceInterface. run ( outputNames)
```

注释：outputNames 为 string 类型的数组，模型中输出节点操作占位符的名字，即模型最后一层运算方法的名字，内部会通过 Session. Runner 执行这个节点的操作。

```
inferenceInterface. fetch ( outputName, outputs) ;
```

注释：outputName 为 string 类型的数组，输出节点名字。outputs 为 float 类型数组，这个方法会将 outputName 节点的输出存入 outputs 数组里面。

5.7.3 TensorFlow Lite 的实现过程

在 Android 中移植 TensorFlow Lite 的应用，需要经过以下 4 个步骤：

1）获取 TensorFlowInferenceInterface 实例，并初始化 TensorFlow 模型。

2）使用**feed** 方法，通过模型输入节点名字将待识别数据传入模型。

3）使用**run** 方法，通过模型输出节点名字启动模型进行识别操作。

4）使用**fetch** 方法，通过输出节点名字将模型的输出结果取出。

5.7.4 过程实施

1. 下载 TensorFlow 的 jar 包和 so 库

TensorFlow 的 jar 包和 so 库可以在 Github（https：//github. com/PanJinquan/TensorFlow）中下载得到。

2. Android Studio 配置

1）新建一个 Android 项目。

2）把训练好的 pb 文件（mnist. pb）放入 Android 项目中 app\src\main\assets 下，若不存在 assets 目录，则右击，从快捷菜单中选择 main->new->Directory，新建 assets 目录。

3）将下载的 libtensorflow_inference. so 和 libandroid_tensorflow_inference_java. jar 结构放在 libs 文件夹下，见图 5-26。

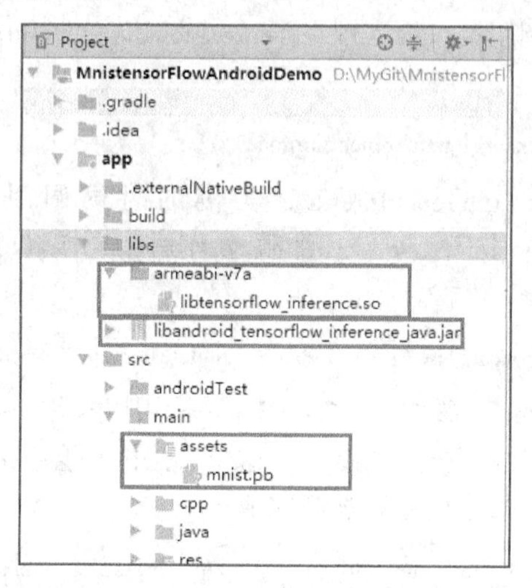

图 5-26 导入库和模板文件

4）app\build. gradle 配置。

在 defaultConfig 中添加平台类型，见图 5-27。

```
android {
    compileSdkVersion 28
    defaultConfig {
        applicationId "com.example.xiaoxinguan.mytest4"
        minSdkVersion 22
        targetSdkVersion 28
        versionCode 1
        versionName "1.0"
        testInstrumentationRunner "android.support.test.runner.AndroidJUnitRunner"
        multiDexEnabled true
        ndk {
            abiFilters "armeabi-v7a"
        }
    }

    sourceSets {
        main {
            jni.srcDirs = []
            jniLibs.srcDirs = ['libs']
        }
    }

    buildTypes {
        release {
            minifyEnabled false
            proguardFiles getDefaultProguardFile('proguard-android.txt'), 'proguard-rules.pro'
        }
    }
```

图 5-27 gradle 配置

```
multiDexEnabled true
        ndk {
            abiFilters "armeabi-v7a"
        }
```

增加源文件设置 sourceSets，见图 5-27。

```
sourceSets {
    main {
        jniLibs.srcDirs = ['libs']
    }
}
```

在 dependencies 中增加 TensorFlow 编译的 jar 文件 libandroid_tensorflow_inference_java.jar，见图 5-28。

```
implementation files('libs/libandroid_TensorFlow_inference_java.jar')
```

```
dependencies {
    implementation fileTree(dir: 'libs', include: ['*.jar'])
    implementation 'com.android.support:appcompat-v7:28.0.0'
    implementation 'com.android.support.constraint:constraint-layout:1.1.3'
    testImplementation 'junit:junit:4.12'
    androidTestImplementation 'com.android.support.test:runner:1.0.2'
    androidTestImplementation 'com.android.support.test.espresso:espresso-core:3.0.2'
    implementation files('libs/libandroid_tensorflow_inference_java.jar')
}
```

图 5-28　添加 TensorFlow inference 的依赖包

3. 模型调用

在需要调用 TensorFlow 的地方，加载 so 库 System.loadLibrary("TensorFlow_inference")并导入库 import org.TensorFlow.contrib.android.TensorFlowInferenceInterface。

4. 新建预测识别类

其实现方法如下：项目新建了一个 PredictionTF 类，该类会先加载 libTensorFlow_inference.so 库文件；PredictionTF(AssetManager assetManager, String modePath) 构造方法需要传入 AssetManager 对象和 pb 文件的路径。

从资源文件中获取 BitMap 图片，并传入 getPredict(Bitmap bitmap)方法，该方法首先将 BitMap 图像缩放到 28×28 的大小，由于原图是灰度图，需要获取灰度图的像素值，并将 28×28 的像素转存为行向量的一个 float 数组，并且每个像素点都归一化到 0~1，这个就是 bitmapToFloatArray(Bitmap bitmap, int rx, int ry)方法的作用。

然后将数据 feed 给 TensorFlow 的输入节点，并运行 TensorFlow，最后获取输出节点的输出信息。

具体的代码可扫描二维码查看。

程序代码
新建预测识别类代码

5. MainActivity

主活动的功能很简单，实现一个单击事件获取预测结果，具体代码如下：

```
package com. example. jinquan. pan. mnist_ensorflow_androiddemo;

import android. graphics. Bitmap;
import android. graphics. BitmapFactory;
import android. support. v7. app. AppCompatActivity;
import android. os. Bundle;
import android. util. Log;
import android. view. View;
import android. widget. ImageView;
import android. widget. TextView;

public class MainActivity extends AppCompatActivity {

    private static final String TAG = "MainActivity";
    private static final String MODEL_FILE = "file:///android_asset/mnist. pb"; //模型存放路径
    TextView txt;
    TextView tv;
    ImageView imageView;
    Bitmap bitmap;
    PredictionTF preTF;
    @Override        protected void onCreate(Bundle savedInstanceState) {
        super. onCreate(savedInstanceState);
        setContentView(R. layout. activity_main);

        // Example of a call to a native method
        tv = (TextView) findViewById(R. id. sample_text);
        txt=(TextView)findViewById(R. id. txt_id);
        imageView =(ImageView)findViewById(R. id. imageView1);
        bitmap = BitmapFactory. decodeResource(getResources(), R. drawable. test_image);
        imageView. setImageBitmap(bitmap);
        preTF =new PredictionTF(getAssets(),MODEL_FILE);//输入模型存放路径,并加载 TensoFlow
模型
    }

    public void click01(View v){
        String res="预测结果为:";
        int[] result= preTF. getPredict(bitmap);
        for (int i=0;i<result. length;i++){
            Log. i(TAG, res+result[i] );
            res=res+String. valueOf(result[i])+" ";
        }
        txt. setText(res);
        tv. setText(stringFromJNI());
    }
}
```

6. 编写界面

activity_main 布局文件的代码如下：

```
<?xml version="1.0" encoding="utf-8"?>
<LinearLayout xmlns:android="http://schemas.android.com/apk/res/android"
    android:layout_width="match_parent"
    android:layout_height="match_parent"
    android:orientation="vertical"
    android:paddingBottom="16dp"
    android:paddingLeft="16dp"
    android:paddingRight="16dp"
    android:paddingTop="16dp">
    <TextView
        android:id="@+id/sample_text"
        android:layout_width="wrap_content"
        android:layout_height="wrap_content"
        android:text="https://blog.csdn.net/guyuealian"
        android:layout_gravity="center"/>
    <Button
        android:onClick="click01"
        android:layout_width="match_parent"
        android:layout_height="wrap_content"
        android:text="click" />
    <TextView
        android:id="@+id/txt_id"
        android:layout_width="match_parent"
        android:layout_height="wrap_content"
        android:gravity="center"
        android:text="结果为:"/>
    <ImageView
        android:id="@+id/imageView1"
        android:layout_width="wrap_content"
        android:layout_height="wrap_content"
        android:layout_gravity="center"/>
</LinearLayout>
```

编译后运行测试结果，如图 5-29 所示，测试一张黑底白字的数字 2 的图片，预测结果为 2。

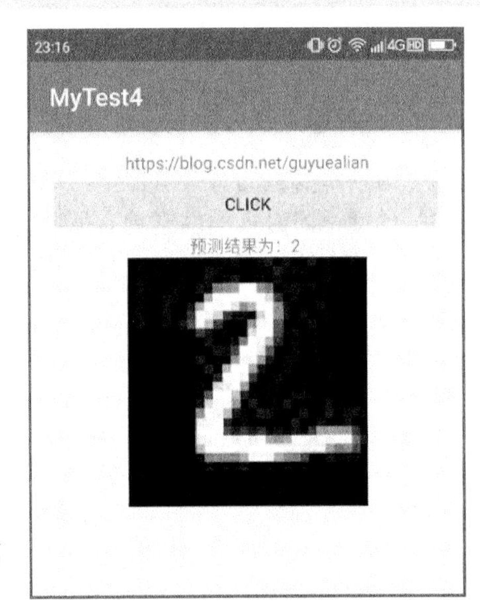

图 5-29 测试结果

想一想

以上的案例只是实现了手写数字识别的处理，经过多次测试，发现识别率比较低。怎么改进呢？

小结

通过本学习情境的学习，主要学习了有关人工智能的认知系统的设计与实现，学习了相关人工智能的核心概念，在移动端的应用需要首先在 Windows 系统中进行模型训练，对数据集采用神经网络进行尝试学习，得到一个能感知事物的思维模型，接着，再利用 TensorFlow Lite 的轻量级版本便可以实现。为深入学习人工智能的相关理论提供了良好的基础。

课后习题

第一部分

简答题

1）什么是机器学习？

2）什么是感知器？它有什么作用？

3）什么是深度学习？它与机器学习的区别是什么？

4）什么是损失函数？

第二部分

一、填空题

1）人工智能的底层模型是____________________。

2）机器学习可以分为____________、____________和______________三类。

3）____________是一款很受欢迎的深度学习工具。

4）TensorFlow 是一种______________，即用图的形式来表示运算过程的一种模型。

5）__________是 TensorFlow 中最重要的数据结构，用来表示 TensorFlow 程序中的所有数据。

6）常用的损失函数有__________、__________和__________等。

7）__________是度量模型输出值与目标值的差异。

二、简述题

1）请列举身边的有关机器学习的应用，并简要说一下其工作过程。

2）深度学习对人类的影响有哪些？请举例说明。

3）目前主流的深度学习工具有哪些，分别有什么优缺点？

附录　人工智能控制技术实训平台

1. 系统简介

人工智能控制技术开发平台是面向中、高等职业院校以及技工院校的电子类专业开展人工智能相关专业建设及教学所设计的一套教学设备，如图1所示。在本平台上可以进行“单片机技术应用实践”“传感器技术应用与实训”“自动控制技术与实训”“智能家居的控制开发”“DSP系统设计与应用”“FPGA设计与应用”“嵌入式系统设计与应用”“Linux系统应用开发”“Android应用与开发”“人机交互设计与应用”“移动互联开发与设计”“运动控制设计与应用”“视觉识别与应用”“语音识别与应用”“Python应用开发”“认知系统设计与应用”等与人工智能控制密切相关的课程教学与实训。本教学设备以小系统、多功能、易扩展为设计思路，主控箱以人工智能的“运动”“看懂”“听懂”和“思考”的“四会”维度为主线，设计出了运动控制模块、运动信号转换模块、运动执行部件、人工智能硬件模块、语音输入输出模块、视觉输入模块等，并将所有信号采用了3 mm香蕉座引出接线端子，这样既方便进行系统搭建设计与实践，也方便学校选配或者自己扩展应用模块，为教学实验、课程设计、毕业设计提供了良好的实验开发环境，也是科研、开发工作者的得力助手。

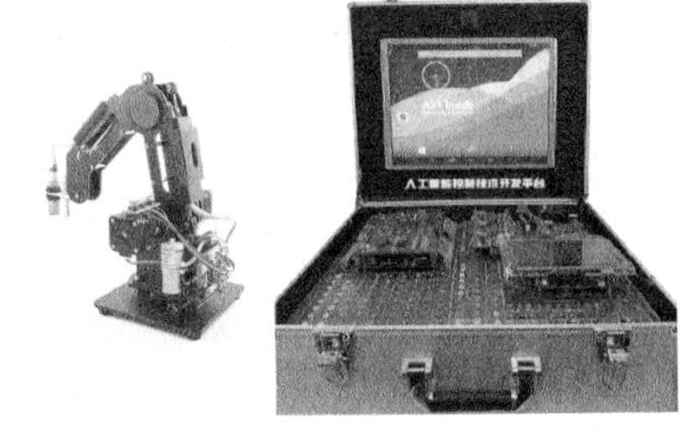

图1　人工智能控制技术实训平台

2. 系统组成

（1）硬件

1）人工智能硬件模块。

- 采用了ARM Cortex™-A7的四核CPU，主频高达1.2 GHz。
- 自带了MALI400 MP2的GPU。
- 拥有优秀的电源管理系统PMU——AXP223。
- 运行内存可选512 MB或者1 GB，总线频率533 MHz，系统高速运行性能优良。
- 同配有4 GB或者8 GB Flash存储器。
- 同时提供了CTP+VGA显示接口，可以连接5~15寸显示器。
- 具有以太网口、WiFi、蓝牙，具有1个USB OTG和3个USB host。
- 具有3个板上TTL串口，10个通用扩展IO口。
- 预安装了Android4.2的操作系统，可进行Linux+QT的人机交互界面开发。
- 可带键盘、鼠标。

2）运动控制模块。

- 采用了STM32F429芯片，内置1 MB Flash、256 KB RAM，主频高达180 MHz。
- 另带16 MB的串行Flash。
- 另带8 MB的SDRAM。

- 可用的 GPIO 口共 140 个。
- 具有 6 个 SPI 接口、3 个 I^2C 接口、4 个 USART、4 个 UART、2 个 CAN 接口、3 个共 24 个通道 12 位 ADC、2 个通道 12 位 DAC、14 个 TIM 定时器、1 个 LTDC 液晶接口、1 个以太网接口、1 个 DCMI 摄像头接口、1 个 SDIO 接口等。
- 提供了 12 路差分高速的光电隔离数字信号，可用于 6 路电机控制。
- 提供了 18 路低速光电隔离数字输出。
- 提供了 32 路低速光电隔离数字输入。
- 可预装 FreeRTOS 操作系统。
- 适合 42，57 步进 3A 以内的两相/四相/四线/六线步进电机，不适合超过 3A 的步进电机。
- 自动半流功能。
- 细分：整步、半步、1/8 步、1/16 步、最大 16 细分。

3）运动执行部件。

运动执行部件包括两部分：开发平台内嵌了一个步进电机和机械臂。其中机械臂的参数如下：

- X、Y、θ 的 3 个运动自由度，X 轴的运动范围为 0~295 mm，Y 轴的运动范围为 0~316 mm，θ 轴的运动范围为 0~270°［注：具体有偏差］。
- 驱动电机为高精度 42 行星减速电机，减速比为 1∶10，保持力矩为 4. 32 N · m，容许力矩为 4. 32 N · m，最在力矩为 8. 64 N · m，分辨率为 0. 18°。
- 1 个机械吸嘴。
- 3 个位置开关传感器。
- 1 个红外测距传感器。

4）视觉输入模块。

- 一路在线摄像头，高清 1280×720 像素分辨率。
- 另外还可以外加两路摄像头，通常采用工业相机。

5）语音输入/输出模块。

- 一路高精度的语音采样。
- 左右声道立体音输出。

6）智慧创新实用模块（可选）。

- 远程设备运行状态（电量、在线等情况）监控开发实训模块。
- 夜视灯开发实训模块。
- 智能遥控开发实训模块。
- 智能理疗仪开发实训模块。
- 智慧门锁开发实训模块。

（2）软件

1）人工智能硬件模块安装 Android 4. 2 系统。

2）工业运动控制模块采用 CCS、xilinx ISE 进行开发。

3）单片机运动控制采用 Keil 进行开发。

4）人工智能控制相关的视觉库为 Android 版的 OpenCV。

5）人工智能控制相关的语音库为科大讯飞语音开放平台。

6）Android 系统下的 Python 开发。

3. 系统特点

一个多功能综合的、适合高职高专、技工院校使用的人工智能控制技术开发平台，可以方便快速地掌握人工智能会运动、会看懂、会听懂、会思考的四维度应用开发的技术技能。

1）智能硬件综合平台：基于 Android 的 ARM、DSP、FPGA、STM32 的多核心平台。

2）人机交互综合平台：串口触摸屏、安卓移动应用、语音识别、视频识别、运动控制。

3）二次开发快捷平台：串口触摸屏 SDK、Android SDK、讯飞 SDK、安卓 OpenCV SDK。

4. 实训项目

（1）硬件驱动层项目

1）单片机流水灯控制。

2）单片机串口通信。

3）单片机步进电机控制。

4）单片机数据存储。

5）单片机网络通信。

6）单片机 ADC 采样。

7）单片机 DAC 输出。

8）单片机定时器实验。

9）单片机液晶显示。

10）步进电机驱动实验。

11）Python Android 的基础实验。

（2）运动控制项目

1）定级恒温系统设计与应用。

2）无级变温恒温系统设计与应用。

3）可运动的温度控制系统设计与应用。

（3）视觉识别项目

1）OpenCV For Android 的开发环境搭建。

2）OpenCV For Android 预览摄像头图像。

3）OpenCV For Android 摄像头参数设置。

4）OpenCV For Android 模板匹配和物体跟踪。

5）OpenCV For Android 的颜色识别。

6）OpenCV For Android 的形状识别。

7）OpenCV For Android 的人脸识别。

（4）语音识别项目。

1）语音听写系统的设计与应用。

2）语音合成系统的设计与应用。

3）语音析义系统的设计与应用。

（5）认知系统设计项目

1）生产线物料分拣机器人设计与应用。

2）堆垛机器人设计与应用。

3）智能家居语音服务机器人设计与应用。

参考文献

[1] 周志华．机器学习［M］．北京：清华大学出版社，2016.

[2] 李航．统计学习方法［M］．北京：清华大学出版社，2012.

[3] Pang-Ning Tan. 数据挖掘导论［M］．范明，范宏建，译．北京：人民邮电出版社，2011.

[4] 宗成庆．统计自然语言处理［M］．北京：清华大学出版社，2008.

[5] Kapoor. 深入 OpenCV Android 应用开发［M］．岳翰，译．北京：电子工业出版社，2016.

[6] 赵雷．Android OpenCV 应用程序设计［M］．北京：清华大学出版社，2015.

[7] 阮毅．电力拖动自动控制系统 运动控制系统［M］．北京：机械工业出版社，2016.

[8] 蔡自兴．智能控制原理与应用［M］．北京：清华大学出版社，2014.

[9] 震枫．大话自动化：从蒸汽机到人工智能［M］．北京：清华大学出版社，2019.

[10] Stuart J. Russell，Peter Norvig. 人工智能：一种现代的方法［M］．殷建平，等译．北京：清华大学出版社，2013.

[11] ITpro，Nikkei Computer. 人工智能新时代：全球人工智能应用真实落地 50 例［M］．杨洋，刘继红，译．北京：电子工业出版社，2018.

[12] 李德毅．人工智能导论［M］．北京：中国科学技术出版社，2018.

[13] 何之源．21 个项目玩转深度学习——基于 TensorFlow 的实践详解［M］．北京：电子工业出版社，2017.

[14] 王晓华．OpenCV+TensorFlow 深度学习与计算机视觉实战［M］．北京：清华大学出版社，2019.

[15] 黄文坚．TensorFlow 实战［M］．北京：电子工业出版社，2017.

[16] 卡斯基延．移动端机器学习实战 TensorFlow Lite CoreML 开发 Android 与 iOS 应用程序［M］．北京：人民邮电出版社，2019.